国防特色教材·动力机械及工程热物理

内燃机排放与污染控制

周　松　肖友洪　朱元清　编著

北京航空航天大学出版社

北京理工大学出版社　哈尔滨工业大学出版社
哈尔滨工程大学出版社　西北工业大学出版社

内容简介

内燃机排放污染问题是内燃机技术面临的最严峻挑战。本书系统阐述内燃机污染物的生成机理和影响因素；根据国内外最新资料，详细介绍汽油机和柴油机的低排放设计理论与应用技术；在排气后处理方面，主要论述催化转化原理、发动机催化转化器和微粒捕集器。另外，本书着重介绍我国及欧美国家车用发动机的最新排放标准和测量方法，并对国际海协船用发动机的排放法规及测试规程进行详细阐述。本书还对船用发动机排放污染物的消除措施进行详细论述。

本书可供从事内燃机，特别是车用内燃机和船舶内燃机设计、研究、制造、使用等方面的工程技术人员使用，可作为相关专业本科生和研究生有关课程的教材或教学参考书，也可供从事其他热力发动机生产、研究的科技人员及大气环境管理工作者参考使用。

图书在版编目(CIP)数据

内燃机排放与污染控制 / 周松，肖友洪，朱元清编著. -- 北京 : 北京航空航天大学出版社，2010.7
ISBN 978-7-5124-0006-1

Ⅰ. ①内… Ⅱ. ①周… ②肖… ③朱… Ⅲ. ①内燃机—排气—净化 Ⅳ. ①TK401

中国版本图书馆 CIP 数据核字(2010)第 010416 号

内燃机排放与污染控制

周　松　肖友洪　朱元清　编著
责任编辑　杨　波　史海文　李保国

*

北京航空航天大学出版社出版发行
北京市海淀区学院路 37 号(邮编 100191)　http://www.buaapress.com.cn
发行部电话:(010)82317024　传真:(010)82328026
读者信箱: bhpress@263.net　邮购电话:(010)82316936
北京时代华都印刷有限公司印装　各地书店经销

*

开本:787×960　1/16　印张:16.5　字数:370 千字
2010 年 7 月第 1 版　2010 年 7 月第 1 次印刷　印数:3 000 册
ISBN 978-7-5124-0006-1　定价:39.00 元

前　言

内燃机排放污染是世界各国政府和人民普遍关注的一大公害，国内外相继制定了有关内燃机排放污染物的标准，并且日趋严格。随着对环境保护认识的加深，以前不被重视的船舶发动机的排放污染也引起了人们的重视。国际海协对船用发动机氮氧化物和硫氧化物的排放进行了限制，并在2008年制定了进一步的排放控制标准。由于温室效应危害巨大，因此二氧化碳已被作为排放污染物而成为控制对象。世界各国和国际组织对二氧化碳的排放控制十分重视，IMO在2009年7月通过了新船能效设计指数和已有船能效运行指标，以减少船舶的二氧化碳排放。

内燃机排放污染物控制的优劣，既影响自然环境、人类健康，也影响内燃机、汽车、船舶等产品在国内外的销售和竞争能力。目前，我国内燃机排放标准正在进一步充实和完善，各发动机生产厂家、研究所和高等院校正在为减排而努力，有关高校纷纷开设了“内燃机排放控制”课程，已有一些有关排放的教材出版。但考虑到内燃机污染控制技术的迅速发展以及排放法规的不断完善，我们编写了本书，以反映最新的排放控制技术和法规，希望能对我国内燃机排放污染物净化工作的深入研究和有关人员的培训有所裨益。

作者在编写过程中，广泛研究、参考了国内外的研究成果和最新资料，同时也总结了作者在内燃机燃烧和排放领域内的研究成果和体会。在本书编撰中，周松负责全书的编写工作，肖友洪参与了第3,4,5,6章的编写工作，朱元清参与了第8,9章的编写工作。

由于作者水平有限，书中难免有不足之处，敬请读者不吝指教。

作　者

2010年3月

目 录

第 1 章 概 述 …… 1
1.1 大气污染 …… 1
1.1.1 大气成分 …… 1
1.1.2 大气污染来源及危害 …… 2
1.1.3 温室效应 …… 3
1.1.4 光化学反应和光化学烟雾 …… 6
1.2 内燃机排放的污染物及其危害性 …… 7
1.2.1 氮氧化物 …… 7
1.2.2 一氧化碳 …… 8
1.2.3 碳氢化合物 …… 8
1.2.4 颗 粒 …… 9
1.2.5 臭 氧 …… 9
1.2.6 二氧化硫 …… 9
1.2.7 二氧化碳 …… 10
1.3 内燃机排放的评价指标 …… 10
1.3.1 排放物浓度 …… 10
1.3.2 质量排放量 …… 11
1.3.3 比排放量 …… 11
1.3.4 排放指数 …… 11
1.4 内燃机污染物的排放水平 …… 12
1.5 内燃机燃料 …… 12
1.5.1 内燃机燃料的分类 …… 13
1.5.2 内燃机常用燃料的性质 …… 13
第 2 章 污染物生成机理及影响因素 …… 16
2.1 氮氧化物 …… 16
2.1.1 氮氧化物生成机理 …… 16
2.1.2 影响氮氧化物排放的因素 …… 21
2.2 一氧化碳 …… 30

2.2.1 一氧化碳生成机理……30
2.2.2 影响一氧化碳排放的因素……32
2.3 未燃碳氢……36
2.3.1 未燃碳氢生成机理……36
2.3.2 影响未燃碳氢排放的因素……43
2.4 颗 粒……50
2.4.1 颗粒生成机理……51
2.4.2 影响颗粒排放的因素……58
2.5 硫氧化物……65

第3章 汽油机的排放特性及低排放设计……67

3.1 汽油机的排放特性……67
3.1.1 稳态排放特性……67
3.1.2 瞬态排放特性……68
3.2 燃烧系统优化设计……70
3.2.1 燃烧室形状……70
3.2.2 压缩比……70
3.2.3 改善缸内气流运动……71
3.2.4 气门布置和火花塞位置……71
3.2.5 减小不参与燃烧的缝隙容积……72
3.2.6 活塞组设计……72
3.3 低排放供给系统……72
3.3.1 进气道汽油喷射系统……73
3.3.2 缸内直接喷射系统……73
3.3.3 二冲程发动机的缸内汽油直喷系统……74
3.3.4 电子控制燃油喷射系统……74
3.4 推迟点火提前角……75
3.5 点火系统和点火能量……76
3.6 排气再循环……78
3.7 可变进排气系统……79
3.8 汽油机冷启动、暖机和怠速排放控制……81
3.8.1 冷启动排放控制……81
3.8.2 暖机排放控制……82
3.8.3 怠速排放控制……82
3.9 曲轴箱排放控制……83

3.10 蒸发排放控制 …… 84
3.10.1 燃油蒸发损失 …… 84
3.10.2 蒸发排放控制系统 …… 84

第4章 柴油机的排放特性及低排放设计 …… 86

4.1 柴油机的排放特性 …… 86
4.1.1 稳态排放特性 …… 86
4.1.2 瞬态排放特性 …… 87
4.2 低排放柴油机设计概述 …… 88
4.3 低排放燃油喷射系统 …… 90
4.3.1 推迟喷油提前角 …… 90
4.3.2 提高喷油压力 …… 91
4.3.3 优化喷油规律 …… 92
4.3.4 低排放喷油器 …… 94
4.3.5 电子控制喷油系统 …… 95
4.4 低排放燃烧室设计 …… 96
4.4.1 燃烧方式 …… 96
4.4.2 非直喷式柴油机燃烧室设计 …… 97
4.4.3 直喷式柴油机燃烧室设计 …… 97
4.5 低排放进排气系统设计 …… 99
4.5.1 气流组织和多气阀技术 …… 99
4.5.2 增压与增压中冷 …… 99
4.5.3 排气再循环 …… 100

第5章 排气后处理 …… 103

5.1 催化技术的基本原理和概念 …… 103
5.1.1 催化反应的过程及扩散的影响因素 …… 103
5.1.2 吸附过程及相关概念 …… 105
5.1.3 催化作用的本质 …… 105
5.1.4 催化剂的性能要求 …… 107
5.1.5 催化剂的失活 …… 108
5.2 催化转化器 …… 111
5.2.1 催化转化器的结构 …… 111
5.2.2 催化转化器的性能指标 …… 115
5.3 常用气相污染物催化净化方法 …… 115

5.3.1 氧化催化净化法 …… 116
5.3.2 还原氧化催化净化法 …… 116
5.3.3 三效催化净化法 …… 117
5.4 颗粒捕集器 …… 119
5.4.1 颗粒捕集器的过滤材料 …… 119
5.4.2 颗粒捕集器的再生 …… 122
5.4.3 颗粒捕集器的失活 …… 124
5.5 柴油机 NO_x 还原催化转化器 …… 124
5.6 其他排气后处理技术 …… 125
5.6.1 四效催化转化器 …… 125
5.6.2 NO_x 吸收器 …… 126
5.6.3 低温等离子辅助催化系统 …… 127

第 6 章 内燃机替代燃料和新能源 …… 129

6.1 有机替代燃料 …… 129
6.1.1 天然气 …… 129
6.1.2 液化石油气 …… 133
6.1.3 醇燃料 …… 134
6.1.4 二甲醚 …… 138
6.1.5 生物燃料 …… 142
6.2 氢燃料 …… 143
6.3 太阳能 …… 146

第 7 章 车用内燃机的排放标准和排放测量 …… 148

7.1 国外发动机排放标准和控制历程 …… 148
7.1.1 机动车排放法规的演变 …… 148
7.1.2 国外汽车排放法规 …… 149
7.1.3 国外汽车排放测试规程 …… 156
7.2 我国控制汽车排放的标准和技术政策 …… 160
7.3 排气污染物的检测 …… 162
7.3.1 排气污染物的检测方法 …… 162
7.3.2 排气污染物的取样系统 …… 163
7.4 排气污染物的试验设备 …… 165
7.4.1 气体成分的测量 …… 165
7.4.2 颗粒及烟度测量 …… 170

7.4.3 燃油蒸发污染物的测量方法 …… 176

第 8 章 船舶发动机排放及其法规 …… 179

8.1 船舶发动机排放 …… 179
8.1.1 二氧化碳 …… 179
8.1.2 二氧化硫 …… 180
8.2 船舶柴油机主要排放物 …… 180
8.2.1 碳氢化合物 …… 180
8.2.2 一氧化碳 …… 181
8.2.3 氮氧化物 …… 182
8.2.4 颗 粒 …… 185
8.3 国际海协船舶发动机排放法规(MARPOL 公约附则Ⅵ) …… 187
8.4 船舶柴油机氮氧化物排放限制 …… 189
8.5 船舶柴油机硫氧化物排放限制 …… 191
8.6 国际海协其他气体污染物排放限制 …… 192
8.7 IMO NO_x 技术规范 …… 194
8.7.1 柴油机族、柴油机组以及母型机 …… 194
8.7.2 柴油机 NO_x 排放的测试与计算 …… 196
8.8 国际海协有关 CO_2 排放的限定 …… 201
8.8.1 新船能效设计指数 …… 202
8.8.2 能效运行指标 …… 207

第 9 章 降低船舶柴油机氮氧化物和硫氧化物的措施 …… 208

9.1 降低船舶柴油机氮氧化物和硫氧化物的机内措施 …… 208
9.1.1 氮氧化物 …… 208
9.1.2 硫氧化物 …… 219
9.2 降低船舶柴油机氮氧化物和硫氧化物的机外措施 …… 220
9.2.1 选择性催化还原技术 …… 221
9.2.2 船舶海水脱硫技术 …… 236

附录 课程中用到的主要缩略语一览 …… 242

参考文献 …… 245

第1章 概 述

1.1 大气污染

1.1.1 大气成分

人类赖以生存的环境，主要由大气、水和土壤等构成。内燃机的使用直接影响到大气环境的质量。

目前地球大气的主要成分如表1-1所列。当大气中出现外来物质，使空气成分发生变化，产生有害后果，或者使人不舒服时，就可定义为出现了大气污染。对人体有害的化学物质、有损人们感官的气味、烟雾引起的可见度降低等，都属于大气污染的范畴。

表1-1 大气的化学组成(体积分数 x)

成分		$x\times100$	$x\times10^{-6}$
对流层	基本成分		
	氮	78.084	
	氧	20.984	
	氩	0.934	
	氖		18
	氦		5.30
	氪		1.14
	氢		0.50
	氙		0.09
	二氧化碳		360
	污染成分		
	甲烷		1.7
	氮氧化物		0.30
	一氧化碳		0.13
	氨		0.006
	二氧化硫		0.002
	非甲烷烃		0.000 2
	臭氧		0.02～0.1

续表 1-1

成　分		$x \times 100$	$x \times 10^{-6}$
平流层	臭氧		0.1～10
	水蒸气		3～5

1.1.2 大气污染来源及危害

人需要呼吸清洁的空气。近 100 多年来，空气污染对人类健康和地球生态环境已造成了很大的威胁。19 世纪开始的工业革命，既创造了人类历史上前所未有的物质财富，同时也带来了严重的环境污染灾害。世界上许多城市都曾出现过很严重的空气污染事件。

例如，1930 年 12 月，比利时的 Mense 市出现由 SO_2污染为主因引起的 3 天大雾；1948 年美国宾夕法尼亚州出现以 SO_2为主的大雾；1952 年 12 月，英国伦敦出现煤烟型大雾，污染物主要是 SO_2和 TSP(总悬浮颗粒物)，持续时间长达 5 天，死亡 4 000 多人。这些污染事件都是由煤的燃烧而引起的空气污染，常称为煤烟型污染。1943 年，美国洛衫矶又出现了另一种形式的空气污染，主要是由汽车排放污染物中的 NO_x 和 HC(碳氢化合物)，在夏天强烈的阳光照射下经过一系列大气化学反应而形成的二次污染，通常称为光化学烟雾。这一类型的污染后来相继出现在世界许多大型城市中。

化石燃料(主要是煤和石油)的大量使用以及大规模工业生产过程，是造成大气污染的主要原因。例如煤在燃烧过程中排放的 SO_2和 NO_x 是形成酸雨的两种最主要的气体污染物；垃圾焚烧产生的二噁英(dioxins)等一些有毒、有害污染物，在浓度很低时就会危及人类健康和生态环境。

按照污染的范围，大气污染一般可分为 3 种类型：

① 局部污染——出现在一个城市或更小区域范围的空气污染，如北京、广州、沈阳等城市的空气污染，其距离尺度一般小于 100 km；

② 区域性污染——范围在 500 km 以上的地区出现的空气污染，以及这些污染物的跨国输送，最典型的是酸雨问题，如北美、欧洲和中国西南 3 大酸雨区；

③ 全球性污染——污染范围为数千公里以上的大气环境问题，如温室气体排放引起的全球气候变化(主要成分是 CO_2，CH_4等)，以及空调制冷剂和有机溶剂在使用中排放的氯氟烃(CFCs)类物质对地球平流层臭氧的破坏等。

大气污染事件的相继出现，引起公众和各国政府对空气污染的认识和重视。例如，1956 年英国通过世界第一部《清洁空气法》，其主要内容是针对煤烟型污染的控制。经过 20 多年的努力，绝大多数发达国家都已在 20 世纪 80 年代基本解决了城市煤烟型空气污染问题。

与此同时，另一类型的污染——机动车排放造成的空气污染却在许多城市逐渐加剧。研究表明，20 世纪 80 年代在欧洲的许多大城市，机动车的排放已经成为城市空气污染的主要来源。在美国，这一问题远比欧洲突出。由于洛杉矶很早就出现了严重的光化学烟雾事件，而且科学家经过十几年的研究，也已证明光化学烟雾主要是由机动车排放的 NO_x 和碳氢化合物，在大气中经过一系列光化学反应生成的臭氧等多种氧化性很强的物质所造成的，因此，1968 年美国国会在 1963 年《清洁空气法》的基础上，通过了《清洁空气法》修正案，主要内容是增加对汽车排放污染物的控制要求。随后的 20 多年，日本和欧洲也逐渐加强对汽车排放污染的控制。

近年来，随着海运和航空业的迅猛发展，船舶和飞机对大气环境的污染越来越严重，这已引起世界各国和国际组织的广泛关注，纷纷制定法规加强对船舶和飞机排放污染的控制。

1.1.3 温室效应

太阳是地球能量的终极来源。太阳光到达地球海平面时，其波长分布在 0.2～4 μm 内，其中 0.4～0.73 μm 为可见光，波长小于 0.4 μm 者为紫外线，大于 0.73 μm 者为红外线，辐射能密度高峰位于可见光区。

地球接收太阳光能后反射红外线，其峰值波长为 10 μm 左右，最大波长超过 40 μm。高空平流层中的臭氧吸收太阳光中的紫外线，使地球上的生物不会因紫外线的杀伤而灭绝。水蒸气吸收波长 0.8～4.0 μm 的近红外辐射能。水蒸气数量多，吸收谱带宽，在地球红外辐射的再吸收中起着主导作用。二氧化碳吸收波长 15 μm 左右的红外线，正好是水蒸气不吸收的谱带。而通过吸收地球反射的一部分红外线把能量再发射到地面的这些气体，使地球表面变暖，与在玻璃房顶温室中观察到的效应类似，这就是温室效应。图 1－1 是温室效应示意图。这些起到辐射能单向过滤器作用的温室气体，可让 48％的入射太阳辐射能通过，使地球表面变暖，并吸收 80％由地球表面反射的红外辐射能，防止它返回宇宙空间。温室效应把地球表面平均温度提高到＋15℃；否则，按地球接收的太阳能量与地球反射的红外线能量之间的平衡关系得出的温度将是－18℃。

但是，近 100 多年来由于碳基化石燃料的大量使用和森林的大量砍伐，作为主要温室气体的二氧化碳从工业时代开始时的 280 ppm 增加到现在的 360 ppm，目前正以每年 0.4％（即 1.5 ppm左右）的速率不断增加。这种温室气体的增加可能打乱地球的热平衡，导致严重后果。根据大多数学者的估计，如果温室效应气体浓度不断持续增加，将使地球表面温度持续增加，导致地球气候变化，其影响包括：

① 北半球冬季期更缩短，并且更冷、更湿，而夏季则变长且更干、更热，亚热带地区将更干燥，而热带地区则更湿；

② 由于气温增高，水汽蒸发加速，全球雨量每年将减少，全球各地区降水形态将会改变；

③ 改变植物、农作物分布及生长，可能加快农作物生长速度，造成土壤贫瘠，作物生长终

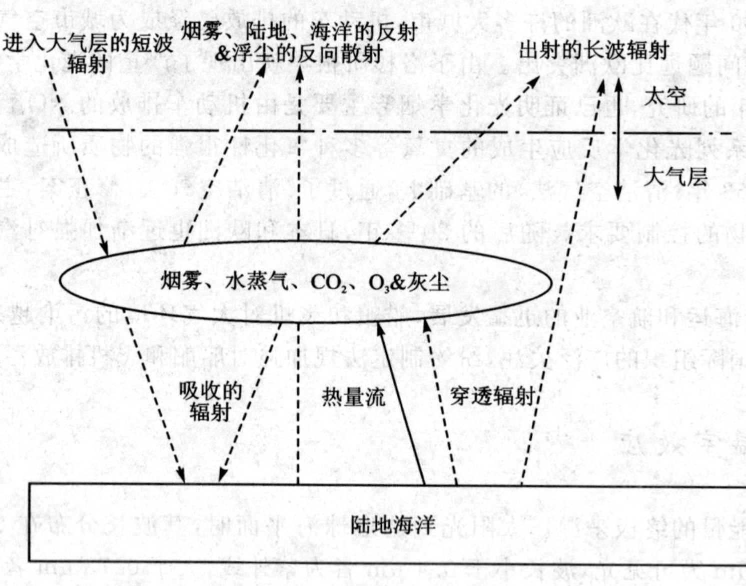

图 1-1　温室效应示意图

将受限制，还会间接破坏生态环境，改变生态平衡；

④ 海洋变暖，海平面将在 2100 年上升约 15～95 公分，导致低洼地区海水倒灌，全世界 1/3居住于海岸边缘的人口将遭受威胁；

⑤ 改变地区资源分布，导致粮食、水源、渔获量等的供应不平衡，最终引发国际间经济和社会问题。

可见温室效应的影响绝不只限于气温，控制温室气体排放是世界可持续发展的基础之一。

温室效应气体除了二氧化碳以外，还有甲烷(CH_4)、氧化亚氮(N_2O)、氢氟碳化物(HFCs)、全氟碳化物(PFCs)及六氟化硫(SF_6)等。每种温室效应气体对温室效应的作用是不同的。表 1-2 所列为主要温室气体的温暖化潜势。

表 1-2　主要温室气体温暖化潜势

温室气体		温暖化潜势
二氧化碳(CO_2)		1
甲烷(CH_4)		21
氧化亚氮(N_2O)		310
氢氟碳化物	HFC-23　(CHF_3)	11 700
	HFC-32　(CH_2F_2)	650
	HFC-41　(CH_3F)	150

续表 1－2

温室气体		温暖化潜势
氢氟碳化物	HFC－43－10mee （$C_2H_2F_{10}$）	1 300
	HFC－125 （C_2HF_5）	2 800
	HFC－134 （$C_2H_2F_4$）	1 000
	HFC－134a （$C_2H_2F_4$）	1 300
	HFC－152a （$C_2H_4F_2$）	140
	HFC－143 （$C_2H_3F_3$）	300
	HFC－143a （$C_2H_3F_3$）	3 800
	HFC－227ea （C_3HF_7）	2 900
	HFC－236fa （$C_3H_2F_6$）	6 300
	HFC－245ca （$C_3H_3F_5$）	560
全氟碳化物	全氟化甲烷（CF_4）	6 500
	全氟乙烷（C_2F_6）	9 200
	全氟丙烷（C_3F_8）	7 000
	全氟丁烷（C_4F_{10}）	7 000
	全氟环丁烷（C－C_4F_8）	8700
	全氟戊烷（C_5F_{12}）	7 500
	全氟己烷（C_6F_{14}）	7 400
	六氟化硫（SF_6）	23 900

注：以上数字为以 CO_2 温室效应强度为 1 所折算出的数字。

从表 1－2 可以看出，单位二氧化碳气体对温室效应的作用最小。但由于二氧化碳在大气中的总量很大，它对温室效应总的作用并不小。政府间气候变化专门委员会（IPCC）根据各种温室气体温暖化潜势 GWP 及其在大气中的总浓度，估算出不同温室气体的变暖效应，如表1－3 所列。

表 1－3 主要温室效应气体对温室效应的贡献 %

CO_2	CH_4	N_2O	CFC
55	15	6	24

由表 1－3 可见，CO_2 是人类活动排放温室气体中最重要的一种，CFC 居其次。

1.1.4 光化学反应和光化学烟雾

内燃机和其他污染源排放到大气中的碳氢化合物 HC 和氮氧化物(主要是 NO),在太阳光(主要是波长 0.3～0.4 μm 的紫外线)作用下会发生复杂的光化学反应,生成以臭氧、醛和过氧乙酰基硝酸酯为主的光化学烟雾:

$$2NO + O_2 \xrightarrow{h\nu^*} 2NO_2 \tag{1-1}$$

$$NO_2 + h\nu \rightarrow NO + O \tag{1-2}$$

$$O + O_2 \rightarrow O_3 \tag{1-3}$$

$$O_3 + NO \rightarrow NO_2 + O_2 \tag{1-4}$$

$$O + NO_2 \rightarrow NO + O_2 \tag{1-5}$$

$$O + HC \rightarrow RCHO + R^- \tag{1-6}$$

$$R^- + O_2 \rightarrow RO_2^- \tag{1-7}$$

$$RO_2^- + NO \rightarrow NO_2 + RO^- \tag{1-8}$$

$$RO^- \rightarrow O + R^- \tag{1-9}$$

$$RO^- + NO_2 \rightarrow RNO_3 \tag{1-10}$$

$$O + HC \rightarrow RCHO + RCO_2^- \tag{1-11}$$

$$RCO_2^- + NO \rightarrow NO_2 + RCO^- \tag{1-12}$$

$$RCO^- + NO_2 + O_2 \rightarrow ROCONO_3 \tag{1-13}$$

反应式(1-1)使整个链反应开始。当没有阳光时,这一反应进行得非常慢。在阳光作用下 NO 转变为 NO_2的速度很快。NO_2的光化分解反应式(1-2)产生原子态氧,导致进一步的一系列反应。但 NO_2与氧烷基 RO^- 反应式(1-10)生成烷基硝酸酯,又使反应链中止。

原子态氧 O 与氧分子反应式(1-3)生成臭氧 O_3,它对人体有很大毒害。

当没有 HC 时,上述反应式(1-2)～(1-5)终将达到平衡状态。由于反应式(1-4)对臭氧起消除作用,故反应式(1-3)产生的 O_3浓度很低。但当有 HC 时,反应式(1-6)经反应式(1-7)使 NO 在反应式(1-8)中氧化为 NO_2,这一反应比反应式(1-4)进行得快,消耗了 NO,使反应式(1-4)很少发生,结果使 O_3大量生成。

反应式(1-6)生成的醛类 RCHO 有刺鼻的气味,分子中出现双键者(如丙烯醛等)则更甚。随着分子质量的加大,气味越来越重。

在上述光化学链反应式(1-1)～(1-13)中,只有反应式(1-10)是链反应的终点,生成的烷基硝酸酯 RNO_3,不继续反应,构成光化学烟雾的一部分。

---

* :$h\nu$ 为光子。

反应式(1-11)~(1-13)最后生成过氧乙酰基硝酸酯 $ROCONO_3$(PAN),它是光化学烟雾的成分之一,同时已被证实有致癌性。

1.2 内燃机排放的污染物及其危害性

内燃机用传统的碳氢燃料在空气过量完全燃烧时,主要排出二氧化碳(CO_2)和水蒸气(H_2O),还有多余的氧(O_2)和基本上可认为不参与燃烧反应的氮(N_2)。

完全燃烧产生的 CO_2,过去并不认为是一种大气污染物。近年来因为化石燃料的大量使用,使地球大气中的 CO_2 含量迅速增加,造成明显的温室效应,使地球的平均温度逐步提高。

含氢燃料燃烧产生的 H_2O,一般不被认为是大气污染物,因为大气本身含有大量的 H_2O,而且 H_2O 是地壳的主要成分。

现代内燃机燃烧过程占有的时间极短,可燃气不可能完全混合均匀,燃烧室中温度快速变化又不均匀,燃料的氧化反应不可能完全。这意味着内燃机排气中会出现不完全燃烧产物(例如 CO),甚至完全未燃烧的燃料,在使用碳氢化合物燃料的情况下称为未燃碳氢(Unburned HC)或总碳氢(THC)或简称碳氢(HC)。内燃机燃烧室中最高燃烧温度达到 2 000℃,甚至更高。在这么高的温度下,空气中的氮在高温下氧化生成各种氮氧化物(NO,NO_2),成为另一种排气污染物。

在柴油机中,喷嘴将燃油直接喷入到气缸中,燃油在燃烧前和燃烧过程中的极短时间内与气缸中的空气混合形成可燃混合气。因此,燃料与空气混合不均匀,在高温环境下缺氧的碳氢燃油会发生裂解、脱氢等反应,最后生成碳基粒子。后者接着又吸附了多种未燃烧或未完全燃烧的碳氢化合物,形成排气颗粒。

此外,燃料中含有的硫使内燃机排放出 SO_2 和 SO_3 以及硫酸盐。

综上所述,内燃机的排气中,燃烧产物包括 CO_2,H_2O,HC,CO,NO_x,SO_x 及颗粒等,在这些物质中,除了 H_2O 以外,其余物质都对环境有害,是发动机排放出来的污染物。

以下各小节分别简述内燃机排放的主要污染物对人体和环境的危害。

1.2.1 氮氧化物

内燃机排放的氮氧化物绝大部分是一氧化氮(NO),少量是二氧化氮(NO_2),可用 NO_x 表示。NO 是无色气体,化学性质不很活跃,具有中等毒性。对于它在空气中可能存在的浓度,没有直接的毒性。高浓度的 NO 能引起中枢神经的障碍,会影响肺的功能。NO 在空气中氧化比较缓慢,而在紫外线作用下能迅速氧化成 NO_2。NO_2 是褐色气体,有刺激性气味,被吸入人体后与水结合生成硝酸,引起咳嗽、气喘,甚至肺气肿。自然环境中含有微量的 NO_2,其含量低于 20 ppb。空气中 NO_2 浓度为 5 ppm 时,就会被人所感知;超过 100 ppm,会引起呼吸系统疾病;达到 150 ppm 以上时,对人体有致命的危险;浓度超过 500 ppm 时,几分钟内就会出现肺浮肿而死亡。NO_2的环境限值为 0.05 ppm。NO_2的另一大危害是它参与光化学反应,形成臭氧、醛和 PAN。

1.2.2 一氧化碳

一氧化碳(CO)是无色、无味的气体,是一种对血液和神经系统毒性很强的污染物。空气中的一氧化碳,通过呼吸系统,进入人体血液内,与血液中的血红蛋白(Hemoglobin, Hb)、肌肉中的肌红蛋白、含二价铁的呼吸酶结合,形成可逆性的结合物。在正常情况下,经过呼吸系统进入血液的氧,将与血红蛋白结合,形成氧血红蛋白(O_2Hb),被输送到机体的各个器官和组织,参与正常的新陈代谢活动。如果空气中的一氧化碳浓度过高,大量的一氧化碳将进入机体血液。进入血液的一氧化碳,优先与血红蛋白结合,形成碳氧血红蛋白(COHb),一氧化碳与血红蛋白的结合力比氧与血红蛋白的结合力大 200~300 倍。碳氧血红蛋白的解离速度只是氧血红蛋白的 1/3 600。

一氧化碳与血红蛋白的结合,不仅降低了红血球携带氧的能力,而且还抑制、延缓氧血红蛋白的解析和释放,导致机体组织因缺氧而坏死,严重者则可能危及人的生命。一氧化碳对机体的危害程度,主要取决于空气中的一氧化碳的浓度和机体吸收高浓度一氧化碳的时间长短。如果空气中的一氧化碳浓度达到 10 ppm,10 分钟过后,人体血液内的碳氧血红蛋白可达到 2%以上,从而引起神经系统反应,例如,行动迟缓,意识不清。如果一氧化碳浓度达到 30 ppm,人体血液内的碳氧血红蛋白可达到 5%左右,可导致视觉和听力障碍;当血液内的碳氧血红蛋白达到 10%以上时,机体将出现严重的中毒症状,例如,头痛、眩晕、恶心、胸闷、乏力和意识模糊等;一氧化碳浓度再高时,就会导致死亡。

1.2.3 碳氢化合物

碳氢化合物(HC)包括未燃烧和未完全燃烧的燃油、润滑油及其裂解和部分氧化产物,如烷烃、烯烃、环烷轻、芳烃、醛、酮和有机酸等数百种成分。烷烃基本上无味,对于它在空气中可能存在的浓度,没有发现对人体健康有什么直接影响。烯烃略带甜味,有麻醉作用,对黏膜有刺激性,经代谢转化会转变成对基因有毒的环氧衍生物。烯烃是与氮氧化物一起形成有害的光化烟雾的罪魁祸首之一。芳烃有芳香味,却有危险的毒性。苯在较高的浓度下可能引起白血病,有损肝脏和中枢神经系统的作用;多环芳烃(PAH)及其衍生物有致癌作用。具有诱变性的 PAH,其活性不仅与分子构成有关,还与其立体结构密切相关。例如,苯并(a)芘(BaP)是致癌的,而苯并(e)芘(BeP)则没有直接致癌作用。醛类是刺激性物质,其毒性随分子质量的减小而增大,且因出现双键而增强。来自内燃机排气的醛类主要是甲醛(HCHO)、乙醛

(CH_3CHO)和丙烯醛(CH_2═CHCHO)。它们都刺激眼黏膜、喉和支气管,对血液有毒害。在工作环境中连续暴露的最大允许体积分数分别为:HCHO 是 2 ppm,CH_3CHO 是 100 ppm,CH_2═CHCHO 是 0.1 ppm。

1.2.4 颗 粒

内燃机排出的废气有白烟、蓝烟和黑烟,其中含有大量的颗粒。白烟、蓝烟主要是液相颗粒,由高沸点的未燃烃和水组成。黑烟主要是由碳烟粒子形成。燃烧时使用不同燃料、燃料添加剂、滑油添加剂,排出的固体颗粒会有所不同,如燃烧重油,会排出含金属元素的灰分;燃烧含铅汽油,则会排出含铅氧化物的颗粒等。

颗粒的危害性与颗粒粒径大小及其组成有关,粒径小的危害性大,小于 5～10 μm 的颗粒,会深入呼吸道及肺叶组织,并在其中沉积,不易排出,引起肺组织等病变。柴油机排出的颗粒常吸附有很强致癌性的芳香烃等物质。颗粒粒径越小,比表面积越大,越容易吸附有毒物质。细小的颗粒容易悬浮在空中,不易沉降,可以随风漂移到离污染源很远的地方,形成污染。

为了表示颗粒的危害,把颗粒分为两类:粗颗粒 PM10 和细颗粒 PM2.5。粗颗粒 PM10 是指空气动力学当量直径在 10 μm 以下的颗粒,又称为可吸入颗粒。直径大于 10 μm 的颗粒可以通过呼吸系统过滤掉,不会进入肺部,对人体危害相对较小。粗颗粒 PM10 可随人的呼吸沉积肺部,累积在呼吸系统中,引发许多疾病。PM10 是衡量颗粒对人体危害的一个重要指标。细颗粒 PM2.5 是指空气动力学当量直径小于或等于 2.5 μm 的颗粒,也称为可入肺颗粒。细颗粒对人体的危害比粗颗粒还要大,已知粒径 1 μm 左右的颗粒物在肺部沉积率最高,细小颗粒可以进入肺泡、血液,引发严重疾病。细颗粒 PM2.5 表示对人体有高度危险性的颗粒。

1.2.5 臭 氧

臭氧是刺激性很强的气体,具有强氧化性,臭氧刺激和破坏深呼吸道黏膜和组织,对眼睛有轻度刺激性。空气中含有 0.2 mg/m^3 的臭氧时,就会使人明显感觉呼吸困难,引起咳嗽、头痛;含有 0.2～0.94 mg/m^3 时,对鼻和喉头黏膜有刺激作用;含有 0.6～1.0 mg/m^3 时,对眼睛有刺激作用;含有 1.0 mg/m^3 时,引起肺活量减少;含有 1.88～18.8 mg/m^3 时,可出现咳嗽、胸痛和呕吐等症状;达到 20 mg/m^3 时,会引起肺气肿。

1.2.6 二氧化硫

内燃机燃料中的硫燃烧后产生二氧化硫 SO_2,它在空气中会缓慢地氧化为 SO_3,而在氧化催化剂作用下会快速地转化为 SO_3。

SO_2是一种无色的气体，有很强的亲水性，与水结合形成亚硫酸，对人的口鼻黏膜有强烈的刺激性。当空气中 SO_2的浓度达到 8 ppm 时，人开始感到难受。SO_2 使呼吸道内腔缩小，阻力增加，呼吸量减少，并刺激鼻喉，引起咳嗽。如 SO_2 的浓度进一步增大，则会引起呼吸困难、呼吸道红肿、胸闷，形成支气管炎、哮喘病，甚至肺气肿，直至死亡。

一般燃烧排出的二氧化硫在大气中只停留一周左右时间，但当它遇到水汽，变成硫酸烟雾后，就能长时期停留在大气中，这对人和环境有极大危害。硫酸烟雾的毒性比二氧化硫的大10 倍。

1.2.7 二氧化碳

二氧化碳是无色、无味的气体，密度比空气略大，能溶于水，是完全燃烧的产物。人体的正常新陈代谢也产生二氧化碳，二氧化碳在新鲜空气中含量约为 0.03%，过多的二氧化碳对人体和环境都有危害。

二氧化碳对人体的危害最主要的是刺激人的呼吸中枢，导致呼吸急促，引起头痛、神智不清等症状，表 1-4 所列为空气中 CO_2含量对人体的影响。

表 1-4 空气中 CO_2 含量对人体的影响

空气中 CO_2的含量/%	症 状	空气中 CO_2的含量/%	症 状
2.5	经数小时无任何症状	8.0	呼吸困难
3.0	无意识地呼吸次数增加	10.0	意识不清，不久导致死亡
4.0	出现局部刺激症状	20.0	数秒后瘫痪，心脏停止跳动
6.0	呼吸量增加		

二氧化碳对环境的危害主要是温室效应。

1.3 内燃机排放的评价指标

为了评定内燃机对环境的污染程度或排放特性，常采用下列评价指标。

1.3.1 排放物浓度

在一定排气容积中，有害排放物所占的容积（或质量）比例，称为排放物的浓度。通常表示体积浓度的单位有%，ppm 和 ppb。浓度较大时可用%，浓度较小时用 ppm，而浓度极小时用

ppb。常用表示质量浓度的单位有 kg/m^3,kg/L 和 mg/L 或 mg/m^3。质量浓度一般用于表征内燃机固态污染物的排放,如柴油机颗粒排放。考虑到排放量的数量级,常用的单位为 mg/m^3。为了数据的普遍性,气体的体积一般要换算到标准大气状态。物理标准大气状态对应压力为 1.013×10^5 Pa,温度为 273.15 K。内燃机行业工程标准大气状态一般为压力 1.0×10^5 Pa(其中水蒸气分压 1 000 Pa),温度 298 K。在标准状态(压力为 1.0×10^5 Pa、温度为 20℃)下,浓度单位之间有如下的关系:1 ppm = 0.000 1 % = 0.001 mr/22.4 (mg/L) = mr/22.4 (mg/m^3),其中 mr 为有害排放物的相对分子质量。

1.3.2 质量排放量

内燃机排放物的浓度表示内燃机在某工况下的排放严重程度,这种指标为内燃机的研究和开发工作者广泛应用。但在环境保护实践中,要求对污染源的环境污染物进行总量控制,以保护环境品质。因此,对内燃机要确定单位时间的排放量,称为质量排放量 G(常用单位 g/h),或者按某排放标准规定的办法进行一次测试的排放量,称为循环工况排放质量或工况质量排放量(常用单位 g/test),或者安装内燃机的车辆按规定的工况组合(称为测试循环)行驶后折算到单位里程的排放量,可称为行程质量排放量(常用单位 g/km)。

$$G = CQ_r \tag{1-14}$$

式中:C——为排气中排放物的浓度,g/m^3;

Q_r——为内燃机排出的废气流量,m^3/h。

1.3.3 比排放量

每单位功率小时(kW·h)排放出的污染物的质量(g)称为比排放量,单位用 g/(kW·h)表示,即

$$g = \frac{G}{P_e} = \frac{CQ_r}{P_e} \tag{1-15}$$

式中:P_e——发动机有效功率(kW)。

发动机比排放量,可以客观地评价不同种类、不同大小内燃机的排放性能。比排放量可以根据测得的发动机功率、排气流量、污染物浓度或摩尔分数、污染物密度等数据进行计算。

1.3.4 排放指数

排放指数(EI)定义为燃烧单位质量的燃料所排放的污染物质量,也称该污染物的排放率,理论上是个无量纲量,但在实践中往往用 g/kg 这样的单位,使数值便于处理。排放指数

在研究各种燃烧排放源对大气环境的影响时经常用到，因为根据燃料消耗量和排放指数，可以很方便地估算污染物总量。对于内燃机来说，排放指数随工况变化十分复杂，所以应用不多。

$$g_T = \frac{G}{B} = \frac{CQ_r}{B} \tag{1-16}$$

式中：B——每小时燃料消耗量，kg/h。

g_T是从排放方面评价燃烧过程完善程度的指标。

1.4 内燃机污染物的排放水平

内燃机的污染物都是在燃烧过程中生成的，对燃烧过程产生影响的因素都会影响污染物的生成和排放。各种污染物的生成机理各不相同，各种因素对污染物排放的影响也不相同。由于燃烧的组织、燃料成分、燃烧室结构等的不同，不同发动机的污染物排放水平也不同。根据相关资料，表 1-5 和 1-6 列出了一般车用和工程机械用柴油机排气中污染物的排放范围。

表 1-5 柴油机排气中有害物质的浓度范围

燃烧室类型	NO_x/ ($\times 10^2$ ppm)	CO/ ($\times 10^2$ ppm)	HC(C)折合成碳数浓度 /($\times 10^2$ ppm)	SO_x/ ($\times 10$ ppm)	颗粒/ (mg/Nm³)	C_nH_mO/ ($\times 10$ ppm)
直喷式	10～20	6～25	5～10	2～20	250～500	5～8
非直喷式	5～15	3～10	2～5	2～20	150～250	2～4

表 1-6 车用和工程用柴油机排气中有害物质排放范围 g/kW·h

燃烧室类型	NO_x	CO	HC
直喷式	10～20	4～12	2～5
间喷式	5～12	3～8	1～3

1.5 内燃机燃料

内燃机通过燃烧过程把燃料的化学能转化为机械能。虽然，石油资源日益短缺，但由于石油系燃料独特的优点，到目前为止，石油系燃料仍占内燃机燃料的绝大部分，其使用量占所有内燃机燃料的 90%以上。

1.5.1 内燃机燃料的分类

石油产品可分为:石油燃料、石油溶剂与化工原料、润滑剂、石蜡、石油沥青和石油焦等6类。其中,各种燃料的产量最大,约占总产量的90%;各种润滑剂的品种最多,产量约占5%。

石油系燃料按照沸点范围(又称馏程)的不同可分为汽油、喷气燃料、柴油、重油和润滑油等。

汽油按在气缸中燃烧时抗爆震燃烧性能的优劣,由其辛烷值可分为(见1.5.2小节)70,80和90号汽油。

汽油是目前石油系燃料中用量最大的品种,是一种含 C_5~C_{11} 的低沸点馏分,是多种烃类复杂的混合物,含有150多种烃。汽油的沸点范围为30~205℃,密度为0.70~0.78 kg/L。汽油的黏度在20℃时为0.28~0.59 mm^2/s,闭口测量的闪点为−38~−45℃。汽油的含硫量不超过 1.5×10^{-3},其芳烃体积含量约为10%~45%。普通汽油的辛烷值为89~93,高级汽油的辛烷值为97~99。(相关定义见1.5.2小节)

柴油可根据其沸点范围分为轻柴油和重柴油。轻柴油按凝固点可分为:5#柴油、0#柴油、−10#柴油、−20#柴油、−35#柴油和−50#柴油。发动机主要根据使用时的气温决定选用的柴油种类。

柴油广泛用于大型车辆、船舰,是各种烃类的复杂混合物,含有100多种烃。其沸点范围有180~370℃和350~410℃两类,前者称为轻柴油,后者称为重柴油。柴油密度为0.83~0.86 kg/L,黏度明显比汽油大,达到3~8 mm^2/s,闪点为65~80℃,十六烷值为45~65,苯胺点为60~80。柴油的含硫量不超过总质量的0.2%,其芳烃质量含量约为20%~34%。

重油尤其是船用燃料油主要根据雷氏黏度(见1.5.2小节)来分类,主要有:RMD15-120号船用燃料油、RME25-180号船用燃料油、RMG35-380号船用燃料油。重油主要用于大功率中、低速柴油机。

重油是指350℃以上的馏分和残渣,其密度一般为0.90~1.00 kg/L,最高达到1.173 kg/L(煤焦油),船用燃料油的密度为0.845~0.880 kg/L。这些燃料油的运动黏度(50℃)一般为10~750 mm^2/s,最高达到雷氏1号黏度6 000 s。这些燃料油的含硫量远高于轻柴油的相应值,一般为0.5%~5%,同时还含有相当量的钒、钠、硅、铝和水分、灰分等,一般达到1%~5%。

润滑油则根据其使用的机械设备及作用的不同分为汽油机机油和柴油机机油、机械油(包括高速机械油)、压缩机机油、汽轮机机油、冷冻机机油和气缸油、齿轮油、液压油、电器用油等。

1.5.2 内燃机常用燃料的性质

石油系燃料的技术指标主要有黏度、含硫量、闪点、辛烷值(汽油)、抗爆指数(汽油)十六烷值(柴油)、苯胺点(柴油)、碳芳烃度、氢芳烃度和计算的碳芳烃指数 CCAI(Calculated Carbon Aromaticity Index)(重油)等,其定义分别如下。

1. 黏 度

黏度是对流动性阻抗能力的度量,其大小表示燃料油的易流性、易泵送性和易雾化性能的好坏。黏度是燃料油最重要的性能指标,是划分燃料油等级的主要依据。黏度有动力黏度、运动黏度和雷氏黏度3种不同表示方式。动力黏度是指当流体流动的速度梯度等于1时,单位面积上由于流体的黏性所产生的内摩擦力大小;运动黏度是动力黏度与其同温度下的密度比值;雷氏黏度是以50 mL的燃料油在规定的温度下流过雷氏1号黏度计所需的时间。

2. 含硫量

含硫量是指燃料中的含硫量。根据含硫量的高低,燃料油可以划分为高硫、中硫和低硫燃料油。燃料油中的硫含量过高会引起金属设备腐蚀和环境污染。

3. 闪 点

指在规定的加热条件下,并按一定的间隔用火焰在加热油品所逸出的蒸气和空气混合物上划过,能使油面发生闪火现象的最低温度,以℃表示。闪点是涉及燃料使用安全的指标,闪点过低会带来着火的隐患。

4. 辛烷值(ON)

辛烷值的定义是:取抗爆性能很好的异辛烷(C_8H_{18})的辛烷值为100,取抗爆性能很差的正庚烷(C_7H_{16})的辛烷值为0。把异辛烷和正庚烷组成不同配比的标准混合油。凡汽油的试验油样在标准的辛烷试验机(美国燃料协作研究会的CFR汽油机)上实验时的抗爆性能与上述某种标准混合油的抗爆性能相同时,就定这种混合油中异辛烷所占的体积百分数为该油样的辛烷值,以ON表示。根据试验方法的不同辛烷值可分为马达法辛烷值(MON)和研究法辛烷值(RON)。辛烷值是汽油燃烧时抗爆震燃烧性能的指标。辛烷值越高,表示汽油燃烧时抗爆震燃烧性能越好。

5. 十六烷值(CN)

十六烷值以CN表示,定义为:取正十六烷的十六烷值为100(十六烷是正烷烃中在常压、常温下属液体状态的,碳数最多而着火性能最好的正烷烃),取α-甲基萘的十六烷值为零。以正十六烷和α-甲基萘不同的比例混合的燃料油在标准的十六烷值试验机(柴油机)上进行着火性能试验,得出着火性能随混合油中正十六烷所占的比例增加而改善的情况。凡是试验用柴油样品的着火性能与某种混合比的上述混合油的着火性能相同,就定该混合油中的正十六烷所占的百分比值为这种油样的十六烷值。十六烷值是柴油燃烧性能好坏的指标，十六烷值越高，表示柴油的燃烧性能越好。

6. 苯胺点

柴油苯胺点高低是其着火性能好坏的指标。其定义为：以苯胺为溶剂，与柴油 1∶1 等体积混合，其临界点(最低的)溶解温度称为苯胺点，单位为℃。苯胺点与柴油的化学组分和馏分组成有密切关系。柴油的苯胺点越高，则它在柴油机中着火性能越好。

7. 碳芳烃度、氢芳烃度和计算的碳芳烃指数 CCAI

重油难以用十六烷值、苯胺点来衡量其着火性能，所以用碳芳烃度和氢芳烃度来表征重质燃料油的着火性能。碳芳烃度是指燃料油中芳烃苯环中结合的碳原子百分数。如果以氢来表示，则为氢芳烃度，即燃料油中芳烃苯环上附属的氢原子百分数。其根本原理就是燃料油中含芳烃越多，其着火性能越差。

第 2 章　污染物生成机理及影响因素

为了降低内燃机排气的气相污染物，首先需要弄清这些有害成分在缸内是如何形成并存留在排气中的，也就是要弄清污染物的生成机理及影响因素。尽管从 20 世纪 60 年代起对污染物生成机理已做了大量研究，但迄今为止仍有许多问题尚未完全弄清。对常规燃料而言，有些气相污染物（如醛等）的排放浓度很低，法规中也尚未予以限定，因此，本章仅讨论氮氧化物、一氧化碳未燃碳氢和颗粒等常见污染物的生成机理及影响因素。

2.1　氮氧化物

氮氧化物包括 NO，NO_2，N_2O_3，N_2O，N_2O_5，N_2O_4以及 NO_3，其中对环境危害性最大的是 NO 和 NO_2。通常提到氮氧化物（NO_x）污染，主要是指 NO 及 NO_2 污染。在内燃机排气中，NO_2的浓度比 NO 低得多，大约占 5%左右，所以对 NO_x 的研究主要针对 NO。

2.1.1　氮氧化物生成机理

燃料燃烧过程中所形成的 NO 是通过几个不同反应生成的：

① 燃烧空气中的 O_2与 N_2反应生成 NO(热 NO，Thermal NO)；

② 空气中的 N_2通过两步反应生成 NO(快速型 NO，Prompt NO)；

③ 燃料中的氮氧化生成 NO(燃料型 NO，Fuel NO)。发动机实际排放的 NO 主要来源于热 NO。

1. 热 NO 生成

在高温燃烧过程中，空气中的氮和氧进行反应而生成的氮氧化物的机理相当复杂，目前已被广泛接受的理论称为“捷尔杜维奇机理”(Zeldovich Mechanism)。应用该机理的化学反应部分平衡和平衡理论及由化学反应动力学研究得到的有关化学反应速度常数数据，不仅可以用来解释热氮氧化物的生成机理，而且还可以比较准确地预测热氮氧化物的生成浓度。

根据捷尔杜维奇机理，空气中的 N_2的键能很大，即使在高温情况下，O_2和 N_2直接反应式(2-1)生成 NO 的反应仍进行得非常缓慢。

$$N_2 + O_2 \rightarrow 2NO \tag{2-1}$$

实际上在高温环境下，NO 的生成起始于 N_2和 O 的反应，即高温分解产生的氧原子引发生成 NO 的链锁反应。氧原子先与空气中的氮气发生续链反应，生成 NO 和氮原子，接着氮原

子又与氧气发生续链反应，生成 NO 和氧原子，即

$$O_2 \rightleftharpoons 2O \tag{2-2}$$

$$O + N_2 \underset{k_{b1}}{\overset{k_{f1}}{\rightleftharpoons}} NO + N \tag{2-3}$$

$$N + O_2 \underset{k_{b2}}{\overset{k_{f2}}{\rightleftharpoons}} NO + O \tag{2-4}$$

式中：k_{f1}，k_{f2}，k_{b1}，k_{b2} 分别为上述两个反应的正向和逆向反应速率常数。一般，按上述机理计算所得到的燃烧室内 NO 的生成浓度与实测结果具有良好的一致性。

除上述两个反应外，OH 自由基对氮原子的氧化也生成 NO，即

$$N + OH \underset{k_{b3}}{\overset{k_{f3}}{\rightleftharpoons}} NO + H \tag{2-5}$$

这一反应是在两个自由基之间进行的，所以速率较低，对 NO 生成量所起作用较小，过去通常不予考虑。但随着排放法规对 NO 的限制越来越严，就有必要把它考虑进去。式(2-3)～(2-5)合在一起，称为扩充的捷尔杜维奇机理。

表 2-1 给出了上述 3 个反应式的 6 个反应速率常数。综观这 6 个常数可以发现，式(2-3)的正向反应活化能很高，对温度非常敏感，显然控制了 NO 生成的整个链反应系统，使氧原子浓度与反应温度成为 NO 生成的两个关键因素。

表 2-1　反应速率常数

反应速率常数	表示式/[$cm^3 \cdot (mol \cdot s)^{-1}$]	温度范围/K
k_{f1}	$7.6\times10^{13}\exp(-38\,000/T)$	2 000～5 000
k_{b1}	1.6×10^{13}	300～5 000
k_{f2}	$6.4\times10^{9}\exp(-3\,150/T)$	300～3 000
k_{b2}	$1.5\times10^{9}\exp(19\,500/T)$	1 000～3 000
k_{f3}	1.0×10^{14}	300～2 500
k_{b3}	$2.0\times10^{14}\exp(-23\,650/T)$	2 200～4 500

将质量作用定律应用于上述 3 个反应，可得到 NO 的生成率为

$$d[NO]dt = k_{f1}[O][N] - k_{b1}[NO][N] + k_{f2}[N][O_2] - k_{b2}[NO][N] + k_{f3}[N][OH] - k_{b3}[NO][H] \tag{2-6}$$

式中：[ ]表示物质浓度。由于化学平衡时，同一反应的正向与逆向反应速率相等，即

$$R_1 = k_{f1}[O]_e[N_2]_e = k_{b1}[NO]_e[N]_e \tag{2-7}$$

$$R_2 = k_{f2}[N]_e[O_2]_e = k_{b2}[NO]_e[O]_e \tag{2-8}$$

$$R_3 = k_{f3}[N]_e[OH]_e = k_{b3}[NO]_e[H]_e \tag{2-9}$$

因此，各逆向反应速率常数可以用正向反应速率常数和各成分的平衡浓度$[\ ]_e$表示。研

究表明，在 NO 生成反应中，除 NO 和 N 的特征平衡时间相对较长外，其他成分的平衡可假定为瞬时平衡。这样，设 $\alpha=[N]/[N]_e$，$\beta=[NO]/[NO]_e$，则式(2-6)可表示为

$$d[NO]/dt = R_1(1-\alpha\beta)+R_2(\alpha-\beta)+R_3(\alpha-\beta) \tag{2-10}$$

类似地，利用质量作用定律可得到 N 的生成率公式。考虑到 N 的浓度变化相对 NO 的更慢，为求解方便起见，对 N 作稳态假设，于是

$$d[N]/dt = R_1(1-\alpha\beta)+R_2(\beta-\alpha)+R_3(\beta-\alpha)=0 \tag{2-11}$$

由式(2-11)可解得 $\alpha=(R_1+R_2\beta+R_3\beta)/(R_1\beta+R_2+R_3)$，代入式(2-10)，得

$$d[NO]/dt = 2R_1(1-\beta^2)/\{1+\beta[R_1/(R_2+R_3)]\} \tag{2-12}$$

这就是由扩充的捷尔杜维奇机理计算的热 NO 生成率公式，式中 R_1，R_2，R_3 均与燃烧产物中各成分的平衡浓度和温度有关。计算中所涉及的平衡浓度，包括氧原子浓度，取决于燃空当量比* φ、温度 T 和压力 P。因此，很明显，NO 生成率是 T，P，φ 和[NO]的函数。在 T，P，φ 保持常数的情况下，[NO]随时间 t 的增加而增加，于是 β 趋于 1，有

$$d[NO]/dt \to 0,[NO] \to [NO]_e$$

即 NO 浓度逐渐接近平衡浓度。

根据研究，温度在 1 200 ℃以下时，热 NO 生成不多，但当温度达到 1 200 ℃以上时，NO 生成量急剧增加，每增加 100 ℃，NO 大约增加 10 倍。

由于生成热 NO 的反应都是平衡反应，需要一定的时间才能达到平衡浓度。因此，高温滞留时间也是影响 NO 生成的关键因素，减少在高温环境中的滞留时间，可以减少热 NO 的生成。

2. 快速型 NO 生成

20 世纪 70 年代，费涅莫(Fenimore)研究了 NO_x 的生成，他发现不是所有 NO_x 的生成，尤其是在稀薄火焰中，都可以用捷尔杜维奇机理来解释。费涅莫给出了另一种反应机理，即

$$N_2+CH \to HCN+N \tag{2-13}$$

$$N+O_2 \to NO+O \tag{2-14}$$

$$N+OH \to NO+H \tag{2-15}$$

$$2CO+N_2 \to 2CNO \tag{2-16}$$

$$CN+O \to NO+C \tag{2-17}$$

$$CN+O_2 \to NO+CO \tag{2-18}$$

费涅莫机理(Fenimore Mechanism)只发生在存在碳氢团的不完全燃烧区域。这种 NO 生成非常快，因此被称为快速型 NO(Prompt NO)。与热 NO 不同，快速型 NO 与温度关系并不密切，费涅莫机理在很大的温度范围内都适用。在内燃机中，快速型 NO 只占总 NO 的很小

*：过量空气系数 φ_a 的倒数。

一部分，一般低于5%。

3. 燃料型NO生成

上面所讨论的NO的生成机理都是针对空气中的氮在高温下转变为NO而提出的。一般常用燃料含氮不多，但重油中大约含0.2%～0.5%的氮(质量比)，燃油中的氮以有机物的形式存在，例如嘧啶、胺和氨基化合物等。尽管用化学方法能将氮从燃料中除去，但至今仍因成本太高而未能应用。这些含氮有机物在燃烧过程中蒸发并发生分解，形成较小的含氮有机物，之后较小的含氮有机物可按两个路径反应：

① 氧化形成NO；

② 通过分解或与NO反应生成N_2。

两种反应都在气相中进行，都是表面催化反应(颗粒表面)。具体反应机理非常复杂，涉及到多种物质。为了简化起见，把上述反应简化为

$$NH_3 + O_2 \rightarrow NO \tag{2-19}$$

$$NH_3 + NO \rightarrow N_2 \tag{2-20}$$

$$NH_3 \rightarrow N_2 \tag{2-21}$$

上述方程中，NH_3代表燃料中的含氮有机物。

在众多影响燃烧的因素中，燃空比对燃料型NO(Fuel NO)的生成影响最大。当实际燃空比大于理论燃空比时增加空气，燃料NO增加很少；但当实际燃空比小于理论燃空比时，减少空气会导致燃料NO生成急剧减少。与热NO不同，燃料NO对温度并不敏感，在800～1 700 ℃范围内降低温度，燃料NO生成所受的影响不大。

在方程(2-20)中，燃料中的含氮有机物可以与NO反应生成N_2，减少了NO的排放，这个反应在实际中用于减少排气中的NO，根据有无催化剂，可分为SCR和SNCR。

4. 一氧化二氮的生成

除了上面3种NO的生成模式外，还有一种观点认为空气中的N_2还通过一氧化二氮(N_2O)生成NO，其反应过程为

$$O + N_2 + M \rightarrow N_2O + M \tag{2-22}$$

其中，M可以是任意气体成分。

式(2-22)生成的NO_2根据不同条件，可以进一步还原成N_2或氧化成NO。一般来说，形成N_2的可能性较大，但是当空气量和温度增加时，由NO_2生成的NO也增加。其反应式为

$$N_2O + O \rightarrow 2NO \tag{2-23}$$

由于发动机中NO生成的机理非常复杂，目前通过N_2O生成NO的详细机理还未完全清楚。

5. NO 生成的平衡过程与非平衡过程

如前所述，如果不考虑燃料含氮，则内燃机排气中的 NO 主要靠热反应生成。前面已经提到，决定 NO 在热反应中生成速率的主要因素是氧原子浓度和反应温度。在一定的氧原子浓度和反应温度下，如果反应时间足够长，热 NO 浓度可达到相应的平衡浓度。在同一初始温度和压力下，可燃混合物燃烧后，NO 平衡浓度随燃空当量比 φ 的不同而变化。对于稀混合气（$\varphi<1$），氧原子充足，故 NO 平衡浓度主要取决于气体温度。在稀混合气一侧，φ 越接近 1，气体温度就越高，NO 平衡浓度也越大。但当 φ 趋近 1 时，氧开始不足，这时 NO 平衡浓度开始下降。所以，NO 平衡浓度的最大值不是出现在 $\varphi=1$ 处，而是在接近 1 的稀混合气一侧。在浓混合气一侧，随着 φ 增加，气体温度降低，氧原子急剧减少，因此，NO 浓度随 φ 的增加而急剧下降。上述变化趋势如图 2－1 所示。

在产生氧原子的分解反应中，气体物质的量随反应度的增加而增加。由化学热力学的勒・夏特列（Lechatelier）原理可知，压力增加使这一分解反应的反应度减小。在稀混合气中，由于 NO 平衡浓度与氧浓度关系不大，因而压力对 NO 生成的影响也就不明显。但在浓混合气中，NO 平衡浓度主要受氧浓度影响，这就使压力增加所造成的氧原子浓度下降，明显影响 NO 的平衡浓度，使 NO 平衡浓度减小。

NO 平衡浓度只能定性地说明在内燃机中影响 NO 生成的主要因素。实际上，在内燃机中，热 NO 生成的时间极其短暂（以 ms 计），因此，所生成的 NO 浓度低于燃烧温度所对应的平衡浓度。当膨胀冲程时缸内气体温度不断下降，虽然相应温度的 NO 平衡浓度迅速下降，但缸内 NO 的实际浓度却由于逆向反应速率太低而几乎没有下降。这种反应“冻结”使内燃机 NO 排放浓度大大高于排气温度对应的平衡浓度。实际测定和计算都已表明，在内燃机中 NO 浓度“冻结”的温度为 1 700～1 800 K。以上情况说明，在内燃机中 NO 生成具有非平衡过程的特征，对于这种非平衡过程，反应时间、温度和氧原子浓度一起，对 NO 的排放浓度起着重要作用。

图 2－2 所示的是内燃机的燃烧产物在高温区的停留时间对 NO 生成量的影响。图中虚线和点划线分别表示在上止点前 30 °CA 曲轴转角形成的燃烧产物区中 NO 平衡浓度和非平衡浓度随时间的变化情况。由于该产物区在上止点前形成，有较长的高温区停留时间，因此其 NO 最高浓度与最大平衡浓度比较接近。图中实线表示在上止点后 10 °CA 形成的燃烧产物区中 NO 浓度随时间的变化情况。由于该产物区在上止点后形成，气体温度较低，且在高温区停留时间也短，因此该区的 NO 最高浓度比最大平衡浓度低得多，并且其 NO 浓度在上止点后 40 °CA 附近就已冻结。

在内燃机的工作循环中，决定 NO 生成的工质状态不仅随时间变化，而且其空间分布也不均匀，因而从进气阀关闭到排气阀打开这段时间 τ 内，整个气缸容积 V 内由热反应生成的 NO 质量 G_{NO}，可以通过积分得到，即

$$G_{NO}=\iint_{\tau V}\frac{d[NO]}{dt}dVdt \tag{2-24}$$

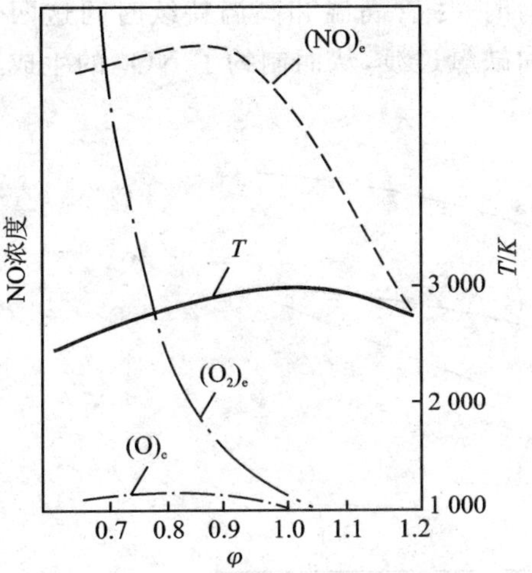

图 2-1　NO 平衡浓度与 φ 的关系

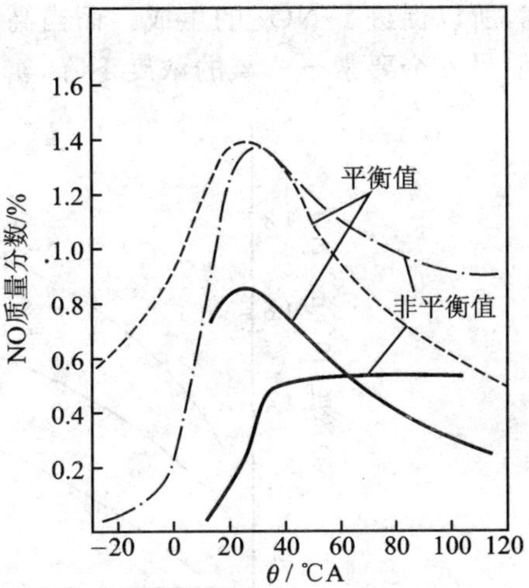

($\varphi=0.9$；$n=1200$ r/min)

图 2-2　NO 生成的非平衡过程

2.1.2　影响氮氧化物排放的因素*

影响氮氧化物生成率和排放率的根本因素是燃烧温度、氧原子浓度和工质在高温环境下的持续时间(即形成氮氧化物的反应时间)。但是,这 3 个因素是通过柴油机的喷油系统参数、进气系统参数、运转参数、燃烧室结构参数以及其他参数等影响着氮氧化物的排放率。各种参数对 NO_x 排放率有影响且互相影响。下面简要分析发动机主要参数对 NO 排放的影响。

1. 负荷对氮氧化物排放率的影响

负荷越高,则 NO_x 的排放率也越高。图 2-3 和图 2-4 分别给出了直喷式柴油机和涡流燃烧室柴油机 NO_x 排放浓度随负荷的变化规律。这两图表明:NO_x 排放浓度随负荷的增加而增加。但从低负荷到中负荷时,NO_x 的增加速度大;而从中负荷到高负荷时,NO_x 的增加速度变小,曲线变为平缓。这反映出温度和过量空气系数对 NO_x 排放浓度的综合影响。另外,尽管在不同燃料和不同燃烧系统中,负荷对 NO_x 排放浓度的影响程度有所差异,但其总趋势是一致的。

在负荷对 NO_x 排放浓度的影响关系中,起关键作用的是火焰温度和缸内平均温度随负荷

* :本节及后面与影响排放污染物排放因素相关的内容主要引用于文献[2]。

的增高以及高温持续时间随负荷增加而延长。图 2-3 和图 2-4 曲线前段陡峭而后段平缓的原因是：在低负荷时，循环喷油量少，缸内过量空气系数大，燃烧供氧量充分，NO_x 生成三要素同时存在，所以促进了 NO_x 的生成。而当高负荷时，尽管高温和高温持续时间这两个因素有增无减，但另一个要素——氧的浓度下降，富氧向缺氧过渡，从而制约了 NO_x 的生成速率。

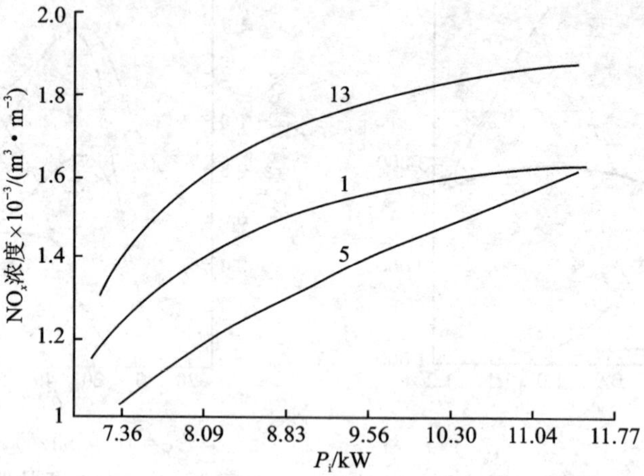

（D=110 mm，ω 型燃烧室，n=1 500 r/min，压缩比 ε=16，1，5，13 是三种燃油，见表 2-2，θ=18°CA）

图 2-3　直喷式柴油机 NO_x 排放浓度随指示功率 P_i 的变化

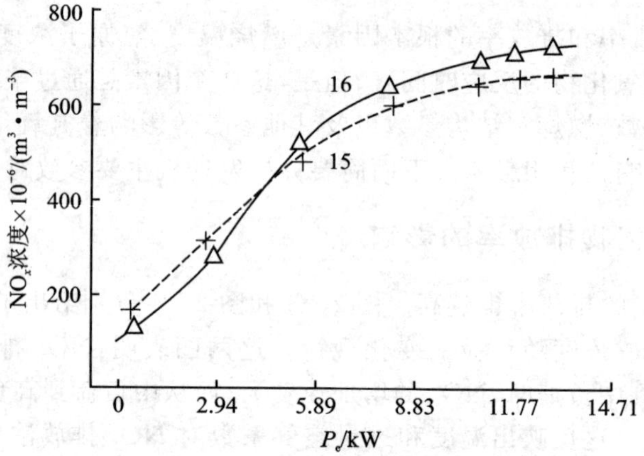

（S195 柴油机，n=2 200 r/min，15，16 为不同燃油，见表 2-2，θ=17°CA）

图 2-4　涡流燃烧室柴油机 NO_x 排放浓度随有效功率 Pe 的变化

2. 转速对 NO_x 排放浓度的影响

转速 n 对 NO_x 排放浓度的影响是错综复杂的，是许多影响因素的综合。而且，转速对

NO_x 的影响又随燃烧室类型和结构、进气系统以及喷油系统而异。所以，很难简单地概述它们之间的关系。NO_x 随 n 增加而降低或增加的现象都可能出现。

图 2-5 和 2-6 分别给出了 NO_x 浓度随转速和过量空气系数 φ_a 以及活塞顶内燃烧室口径比 d_k/D 的变化关系。从图 2-5 可以看出，当燃烧系统（如燃烧室和喷油提前角等）一定时，转速越高，则 NO_x 的浓度越低。直喷式燃烧室和间隔式燃烧室都存在这一现象。这是因为：转速越高，则在喷油提前角 θ 一定时，提前喷油的实际时间越短（如 $\theta=25°$CA 时 $n=$1 600 r/min的提前喷油时间——从上止点算起——为 2.604 ms；而当 $n=$2 800 r/min 时，这一时间降为 1.438 ms，只是前者的 57%），使参加预混合燃烧的燃油量较少，初期放热量和放热率峰值较低，从而使最高燃烧温度较低。同时，以 ms 计的燃烧持续时间较短，即氮处于高温持续时间较短。这两个方面都促使 NO_x 的生成率和排放浓度降低。

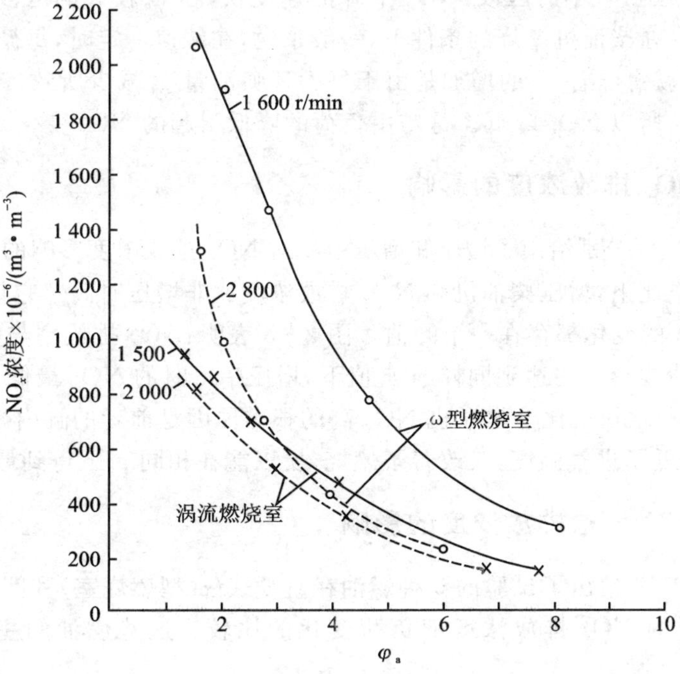

○—4100 柴油机，ω 型燃烧室，$\theta=25°$CA；×—S195 柴油机，涡流燃烧室，$\theta=18.5°$CA；实线—较低速；虚线—较高速

图 2-5　NO_x 浓度随转速和过量空气系数 φ_a 的变化

但是，转速的改变会引起燃烧室内工质流动状况发生改变，从而改变了混合气形成的速度和品质，最后反映到燃烧过程的品质和有害气体的排放率。如图 2-6 所示，当活塞顶内燃烧室的口径比不同时，它们对 NO_x 的排放浓度随转速变化的情况是不同的：口径比 d_k/D 越大，NO_x 的排放浓度越低；反之，d_k/D 越小，NO_x 的排放浓度越高。因为后者燃烧室内的涡流强

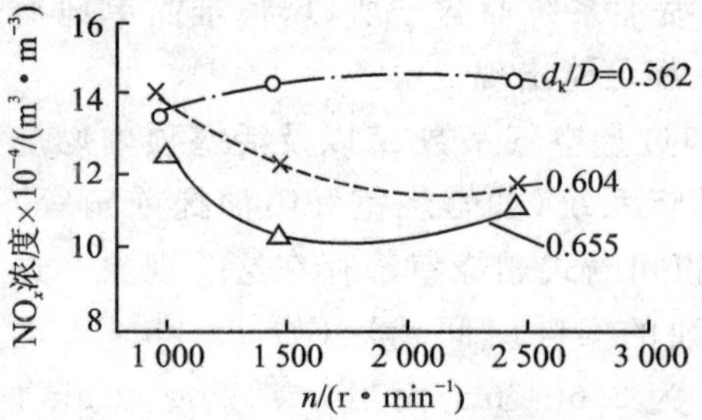

图 2-6 NO_x 浓度随转速和燃烧室口径的变化

度大，混合气形成速度和燃烧速度增加，燃烧温度高于前者。图 2-6 还表明：d_k/D 适中时，NO 随 n 增加而降低，并达到一个低限值。而大涡流强度的燃烧室（$d_k/D=0.562$），其 NO-n 曲线较为平坦，相反例子见图 2-10。

3. 过量空气系数对 NO_x 排放浓度的影响

图 2-5 给出了直喷式和间喷式燃烧室在不同转速下 NO_x 浓度随过量空气系数 φ_a 的变化关系。图 2-5 表明，4 条曲线均随 φ_a 的增加而明显下降，而且，在 φ_a 较小的区段，NO_x 下降的速度快；在 φ_a 较大的区段，NO_x 下降的速度变平缓。这是因为：在柴油机燃烧的条件下，一般来说，在转速一定时，每循环吸入缸内的空气大致是一定的。这就意味着：φ_a 的增加是由于每循环喷油量 g_b 减少所致。它使缸内放热率和平均燃烧温度降低，所以 NO_x 降低。这与由负荷的降低引起的 NO_x 变化是一致的。

4. 增压对 NO_x 排放浓度的影响

图 2-7 和图 2-8 分别给出了增压和增压中冷对 NO_x 排放浓度影响的几种形式。图 2-7 表明：在相同的燃空比下，增压柴油机和 NO_x 排放浓度比非增压时高。它们二者 NO_x 的排放浓度随燃空比 F/A 的变化都存在一个峰值。图 2-8 表明：NO_x 排放率与油耗率 g_e 之间的变比关系，大约呈双曲线形。在达到同样的 g_e 值下，增压中冷时的 NO_x 最低。

在相同 F/A 下，增压机比非增压机 NO_x 高的根本原因是前者的缸内燃烧温度高于后者。而增压中冷正是降低了进气温度，又改善了燃烧，所以能在相同 g_e 下得到最低的 NO_x 值。

5. 燃油品质对 NO_x 排放浓度的影响

图 2-3 和图 2-4 给出了试验的 5 种燃油在直喷式（ω 型燃烧室）和间喷式（涡流燃烧室）柴油机上试验所得的 NO_x 排放浓度随负荷变化的比较。这些燃油的主要指标如表 2-2 所列。

从这些图表可以看出：燃油品质对 NO_x 浓度有明显的影响。从图 2-3 中 3 种燃油的曲线看：13 号油的 NO_x 浓度最大，5 号油的 NO_x 浓度最小，1 号油居中。而这 3 种油的芳烃含率分别是：13 号油最低（14.22%），5 号油最高（34.12%），1 号油居中（23.63%）。这就证实，柴油品质影响燃烧过程最本质和最明显的指标是其芳烃含率 A(%)。影响柴油机 NO_x 排放浓度的最本质和最明显的因素也是其芳烃含率 A(%)。

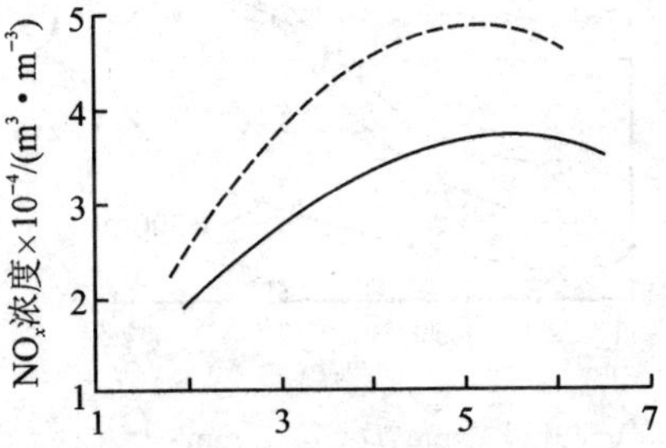

虚线—增压;实线—自然吸气(中速机)

图 2-7 增压对 NO_x 排放浓度的影响

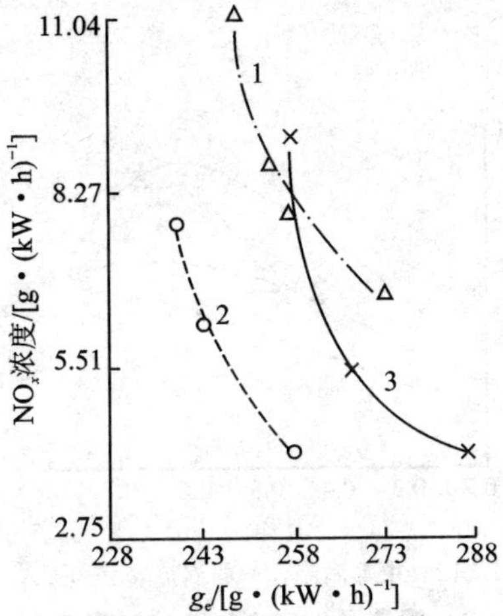

1—增压;2—增压中冷;3—非增压

图 2-8 增压、增压中冷与自然吸气时 NO_x 排放率的对比(直喷式柴油机)

表 2-2 试验用几种燃油的主要指标

油 号	油 名	CN	芳烃含率 A/(%)	低热值/(mJ·kg^{-1})	相对密度 20℃	运动黏度 20℃/(mm^2·s^{-1})	平均分子量
1	上炼 0 柴	60	23.63	42.75	0.8269	4.423	208.9
5	上炼宽柴	60	34.12	42.71	0.8266	3775	190.3
13	上炼直馏柴油	73	14.22	43.25	0.8112	4.516	220.6
15	胜炼宽柴	54	37.27	42.69	0.8489	10.30	—
16	胜炼 0 柴	46.5	34.68	42.70	0.8573	5.13	—

注:油号是试验用编号;上炼、胜炼为上海炼油厂和胜利炼油厂;0 柴、宽柴为 0 号柴油和宽馏分柴油。

柴油中芳烃含率 A(%)越大,则在喷油提前角一定时,其滞燃期越长,着火越难和越晚,而且放热时间较晚。图 2-3 表示了这方面的试验结果,该图表明:低芳烃的 13 号油的 NO_x 排放浓度最高,而高芳烃的 5 号油 NO_x 排放浓度最低(在一定负荷范围内)。

6. 气流运动对 NO_x 排放浓度的影响

柴油机燃烧室内的气流运动越强,则喷入气缸内的燃油的破碎、雾化、加热、蒸发和与空气的混合都会加速,从而缩短滞燃期,提前着火并能加速燃烧,燃烧强烈度增加,最高燃烧温度和压力升高。这就使 NO_x 的浓度增加。图 2-9 和图 2-10 表示了这方面的实验结果。

图 2-10 表明,涡流比越大,则 NO 的浓度越高;而在相同涡流比 Ω 下,则转速越高,NO 的浓度也越高。

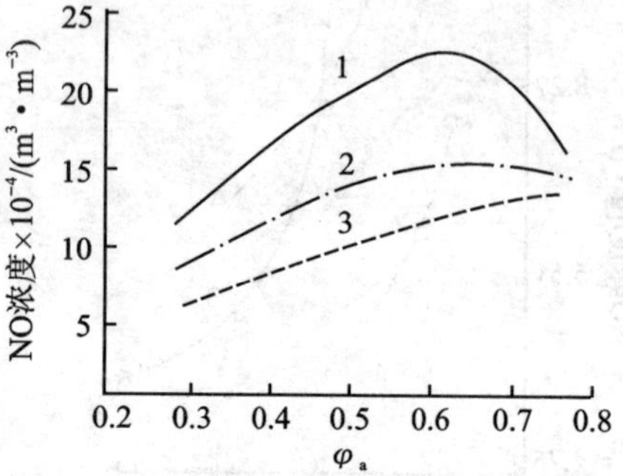

1—强涡流；2—中等涡流；3—弱涡流，$\theta=20°CA$

图 2-9 涡流强度对 NO 浓度的影响

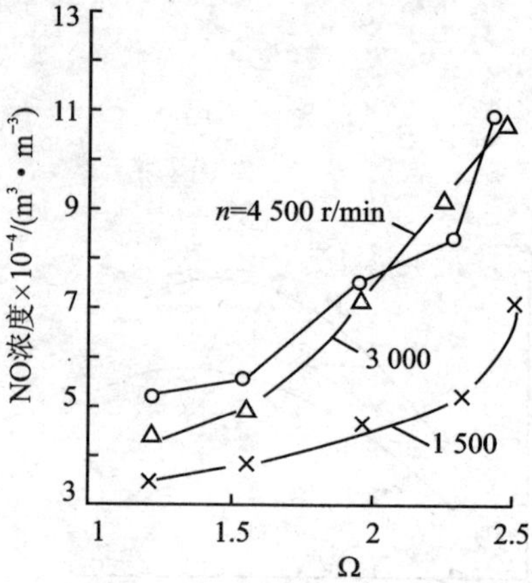

（气门升程 9 mm，$D=79.5$ mm）

图 2-10 NO 浓度与涡流比 Ω 和速度的关系

7. 燃烧室内温度对 NO_x 排放浓度的影响

燃烧室内的温度或燃烧温度是影响 NO_x 排放浓度最主要的因素。在其他条件相同时，只要能升高燃烧室内温度或火焰温度的因素，都会使 NO_x 浓度增加；反之，都会使 NO_x 浓度降低。

图 2-11 给出了 NO_x 浓度与燃烧室内最高平均温度 T 之间的统计关系。图 2-12 给出了燃烧室内 NO_x 的生成率与温度和曲轴转角之间的关系。由这两图可知，燃烧室内的 NO_x 的生成浓度与其最高平均燃烧温度 T 成带状线性关系；燃烧室内出现最高燃烧温度 T_z 的瞬间，几乎也是出现 NO_x 生成率峰值的瞬间（略有滞后）。而且，NO_x 在缸内出现峰值的时间是很短的，NO_x 在上止点后 10～30 °CA 内生成，随后迅速下降。

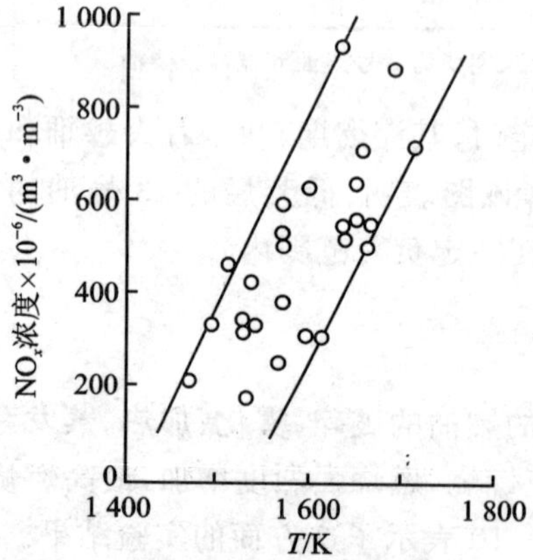

图 2-11 NO_x 浓度与燃烧室内最高平均温度 T 之间的统计关系

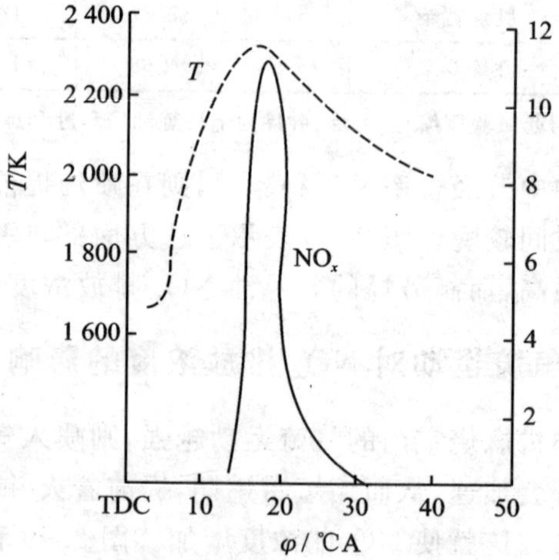

图 2-12 燃烧室内 NO_x 的生成率与温度和曲轴转角 φ 之间的关系

8. 高温下滞留时间对 NO_x 排放浓度的影响

氮与氧在高温下滞留的时间长短是影响 NO 和 NO_x 生成率的主要因素之一。图 2－13 给出了有关结果。NO_x 生成的三要素中，只要高温、富氧和高温下滞留时间长这三者缺一就能抑制 NO_x 的生成。由于 NO 的生成反应比燃烧反应缓慢，所以，即使在高温和富氧下，只要设法缩短其滞留时间，例如在高温火焰发生后立即转入冷却，即能有效地减少 NO 的生成。或者是在高温火焰中使供氧不足，也能抑制 NO 的生成。

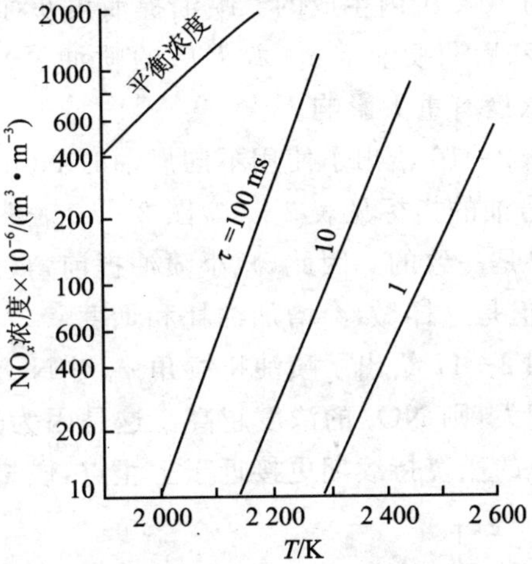

（正庚烷，化学计量空燃比，一个大气压，计算值）

图 2－13　高温下滞留时间对 NO_x 浓度的影响

9. 压缩比对 NO_x 排放浓度的影响

增加压缩比有两个后果：① 最高压缩压力和最高压缩温度以至整个热力循环温度提高；② 燃烧室内单位容积内的含氧量增加。这两点均有利于 NO_x 的生成。

图 2－14 给出了上止点附近燃烧室内氧的浓度与压缩比的关系。图 2－15 给出了 NO_x 浓度与压缩比 ε_c 之间的关系。从图 2－15 可知，压缩比 ε_c 对 NO_x 浓度的影响是明显的。但这是在 ε_c 较低范围内出现的。如果两种压缩比都较高，则 ε_c 的差别对 NO_x 的排放浓度将不很明显。

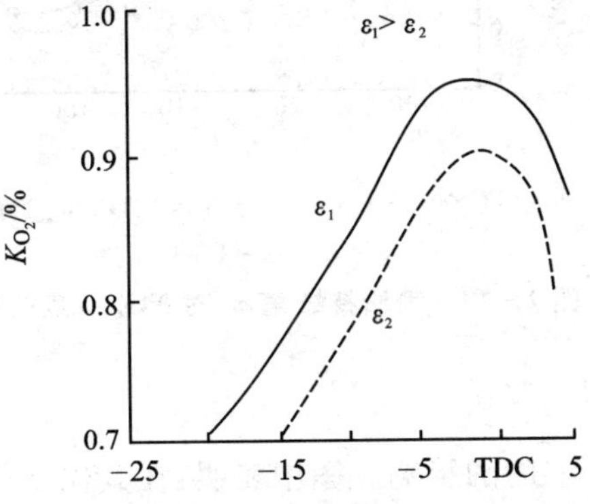

图 2－14　压缩比 ε_c 对上止点附近燃烧室内氧的浓度 K_{O_2} 的影响

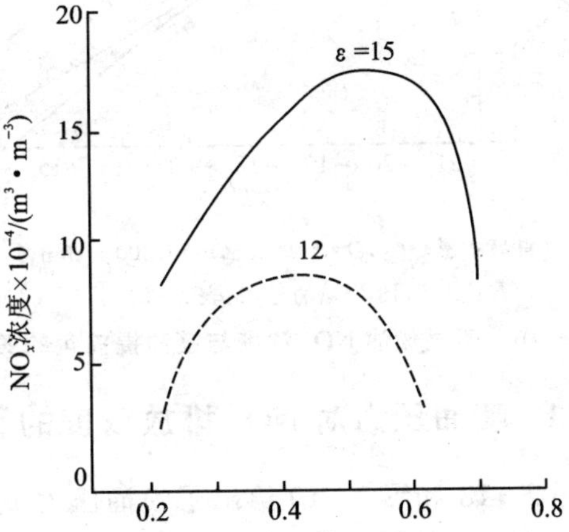

（θ＝20°CA，n＝3 000 r/min，φ＝燃空当量比）

图 2－15　压缩比 ε_c 对 NO_x 浓度的影响

10. 喷油提前角和喷油持续角对 NO_x 排放浓度的影响

缸内快速取样技术和全气缸取样技术的测量表明，柴油机的 NO 几乎全部是在燃烧开始初期的 20°CA 内生成的。喷油提前角 θ 对滞燃期、燃烧持续期、初期喷油量 q_i（滞燃期内的喷油量）和后期喷油量 q_a（着火后的喷油量）以及它们的比例 q_i/q_a 等有一系列的影响，因而对 NO_x 浓度有重大影响。

图 2-16 给出了使用不同燃油时 NO_x 浓度随喷油提前角 θ 减小而降低的情况。其中 1，5，13 号油的指标见表 2-2。图 2-16 表明，不管使用哪一种燃油，NO_x 随 θ 减小而迅速降低的趋势是一致的。因此，减小喷油提前角（延迟喷油）成为降低 NO_x 排放浓度最方便而有效的措施，但是这样做，会增加油耗和烟度。

图 2-17 给出了喷油持续角 φ_{in} 对 NO_x 浓度的影响。该图表明：喷油持续期越短，即喷油速率越大，则 NO_x 的浓度越高。这是因为这时的 q_i/q_a 增加，参加预混合燃烧的燃油量增加，从而总的燃烧持续期更接近于上止点，燃烧的最高温度和压力升高。

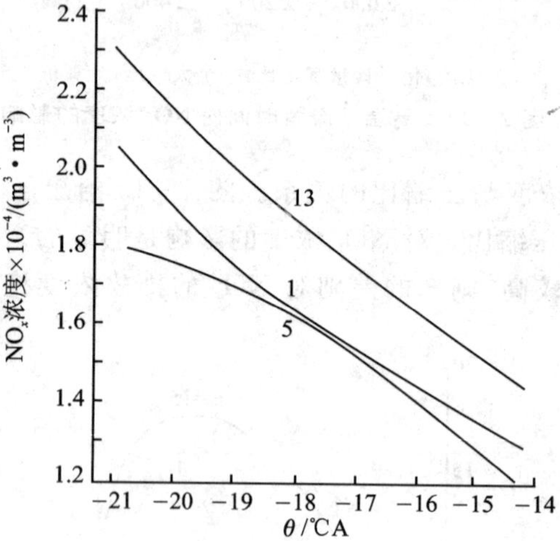

（直喷式燃烧室，D=110 mm，n=1 500 r/min，1，5，13 为燃油号，见表 2-2）

图 2-16 不同燃油 NO_x 浓度与喷油提前角的关系[2]

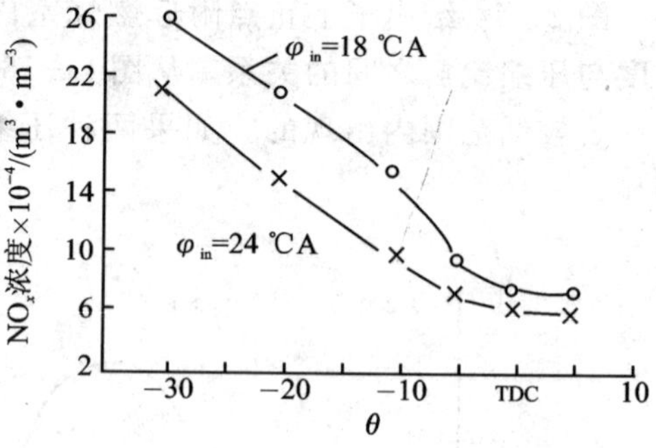

○—4 孔×0.33 mm，×—4 孔×0.30 mm[当量比 φ=0.27(α=1.389)]

图 2-17 喷油持续角 φ_{in} 对 NO_x 浓度的影响

11. 喷油压力对 NO_x 排放浓度的影响

图 2-18 和图 2-19 给出了喷油压力 p_{in} 对 NO_x 浓度的影响。图中表明：在其他条件相同情况下，增加喷油压力 p_{in}，则 NO_x 增加。这是因为：p_{in} 增加，喷油速率和喷孔处的压力差相应增加，使喷油持续期缩短，同时喷雾质量改善，初期喷油量 q_i 占循环喷油量 q 的比例增加。这些都使混合气形成速度和燃烧速度加大，燃烧的定容程度增加，最高燃烧温度和压力增加，最

后反映在 NO_x 的浓度增加上。

图 2－19 中还给出了 NO_x 排放率与有效油耗率 b_e 的关系。在一定的 p_{in} 下，NO_x 的增加与 b_e 的下降是反向的。一般来说，降低 NO_x 会引起 b_e 的增加。所以，要折中考虑。

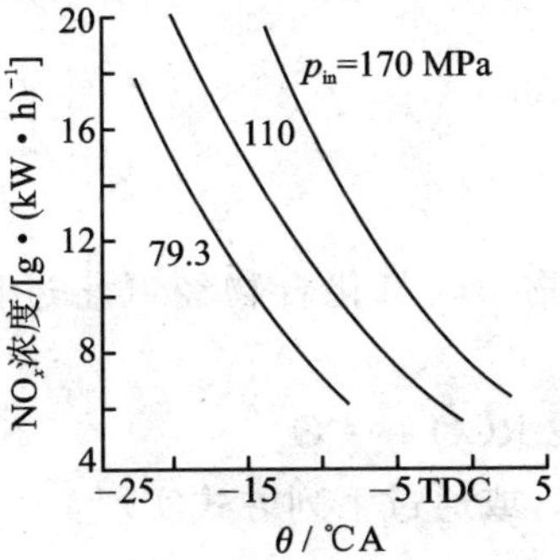

NO_2 为 NO 和 NO_2 折合到 NO_2 的量，θ 为喷油提前角

图 2－18　喷油压力 p_{in} 对 NO_x 排放率的影响

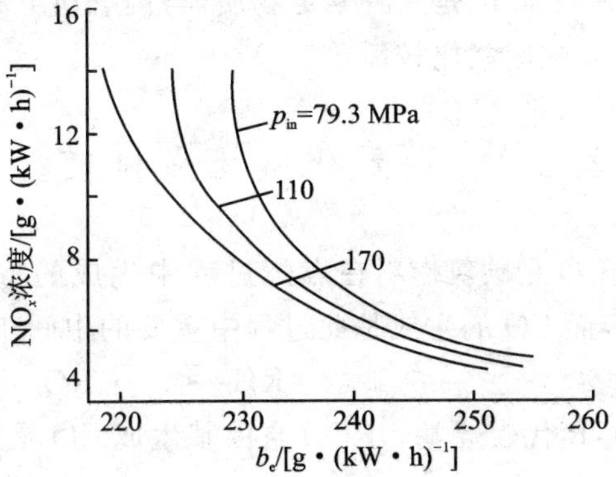

图 2－19　NO_x 排放率与有效油耗的关系

12. 燃烧室类型对 NO_x 排放浓度的影响

图 2－5 同时给出了直喷式燃烧室（ω 型）与涡流燃烧室 NO_x 浓度的比较。该图表明：直喷式燃烧系统的 NO_x 浓度远比非直喷式燃烧系统的 NO_x 浓度高。这是因为：后者在副室燃烧时，虽属高温，但过量空气系数小，缺氧。所以，NO_x 的生成被抑制。而在主燃烧室燃烧时，由于是部分燃油的燃烧，最高燃烧温度被降低，而且处于活塞下行阶段，燃烧室容积不断增加，氮和氧在高温中滞留的时间缩短，抑制了 NO_x 的生成。

即使同是直喷式柴油机，当燃烧室的型式不同时，其排放率也各异。图 2－20 给出了直喷式柴油机中几种典型燃烧室排放率的相对比较。就 NO_x 的排放率来说，球型燃烧室最高，弱涡流的浅盆型燃烧室最低，深盆型燃烧室居中。这是因为球型燃烧室的收口度和涡流强度最大；而浅盆型燃烧室口部较大，涡流强度最小；深盆型燃烧室在这两方面居中。

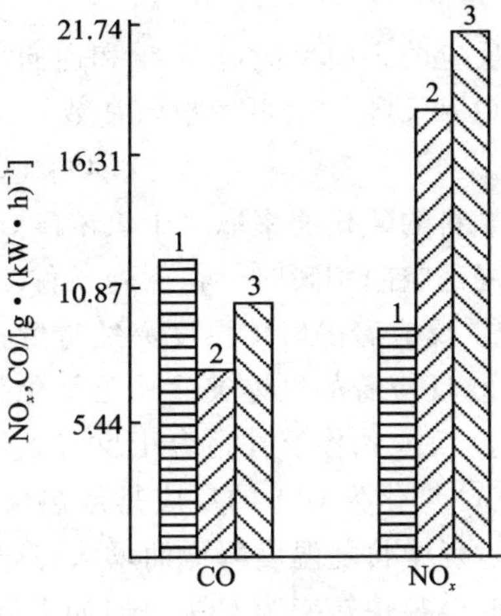

1—浅盆型燃烧室（墨西哥帽式）；
2—深盆型燃烧室；3—球型燃烧室

图 2－20　非燃烧直喷式柴油机不同燃烧室排放率的比较

2.2 一氧化碳

一氧化碳是一种常见物质，与内燃机其他排放污染物（例如 NO_x 和 HC）相比，其生成机理及影响因素比较简单。

2.2.1 一氧化碳生成机理

CO 是碳氢燃料在燃烧过程中生成的重要中间产物。碳氢化合物经氧化过程最后生成 CO_2，而 CO 的生成是此过程中重要的中间步骤，即

$$RH \rightarrow R \rightarrow RO_2 \rightarrow RCHO \rightarrow RCO \rightarrow CO \tag{2-25}$$

其中，R 代表烃基。RCO 自由基生成 CO 是通过热分解，或通过下列方式实现：

$$RCO + \left\{\begin{matrix} O_2 \\ OH \\ O \\ H \end{matrix}\right\} \rightarrow CO + \cdots\cdots \tag{2-26}$$

生成的 CO 接着主要通过反应(2-27)氧化为 CO_2：

$$CO + OH \underset{k_{b1}}{\overset{k_{f1}}{\rightleftharpoons}} CO_2 + H \tag{2-27}$$

这一反应的正向反应速率 k_{f1} 和逆向反应速率 k_{b1} 均较大，一般情况下可认为反应瞬时平衡，因而，CO 和 CO_2 浓度可用平衡常数 k_1 表示，即

$$[CO]/[CO_2] = (1/k_1)\{[H]/[OH]\} \tag{2-28}$$

燃料的氧化速率取决于氧浓度、工质温度以及化学反应所占有的时间。如果燃料燃烧过程中局部空间和瞬时存在下列条件之一，则 CO 不能继续燃烧生成 CO_2 而就被排出机外：

① 反应着的气体温度突然过低；

② 反应着的气体突然缺乏氧化剂；

③ 反应物停留在适合于反应条件（如温度和浓度等）的时间过短。

CO 氧化为 CO_2 的反应是放热反应，放热反应的平衡常数随温度降低而增大，故在内燃机膨胀过程中将随温度降低而增大，这就说明，只要 OH 基供应充分，高温中形成的 CO 在温度下降时会很快转变为 CO_2。但如果混合物过浓，则 OH 基将主要被 H 夺走而束缚在 H_2O 中，CO 就难以被完全氧化，留在燃气中而排出气缸。

反应系统中 OH 和 H 的浓度主要决定于如下 7 个基本反应：

$$H + O_2 \rightleftharpoons OH + O \tag{2-29}$$

$$O + H_2 \rightleftharpoons OH + H \tag{2-30}$$

$$OH + H_2 \rightleftharpoons H_2O + H \tag{2-31}$$

$$H + O + M \rightleftharpoons OH + M \tag{2-32}$$

$$H + OH + M \rightleftharpoons H_2O + M \tag{2-33}$$

$$H + H + M \rightleftharpoons H_2 + M \tag{2-34}$$

$$O + O + M \rightleftharpoons O_2 + M \tag{2-35}$$

其中，式(2－32)～(2－35)都是三分子反应，其反应速率比式(2－29)～(2－31)双分子反应的反应速率低得多。在内燃机膨胀过程中，上述双分子反应的正向和逆向反应速率均很大，可认为处于连续平衡状态，而三分子反应因其反应速率过低而可忽略不计。这种所谓"部分平衡"使[H]和[OH]偏离完全平衡时的值。如果[H]和[OH]虽偏离平衡值，但[H]/[OH]与$[H]_e/[OH]_e$仍接近，则由于$[CO_2] \approx [CO_2]_e$，根据式(2－28)，[CO]值仍与$[CO]_e$接近。但是，[H]偏离平衡值的程度比[OH]的大，且在膨胀过程中随着温度的下降这种偏离越来越大，因此使[CO]偏离$[CO]_e$的程度也越来越大。图 2－21 所示的是在膨胀过程中 CO 浓度的变化规律，由图可知，CO 的氧化确实受化学反应动力学因素的控制。

上述机理的正确性已通过计算值和实测值的比较而确认。图 2－22 所示的是 CO 排放实测值与计算值的对比，两者相当一致。图 2－22 中还给出了分别与燃烧期平均气体温度和排气温度相对应的 CO 平衡浓度(曲线 1 和曲线 2)，可以看到，CO 排放浓度曲线在这两个平衡浓度曲线之间。

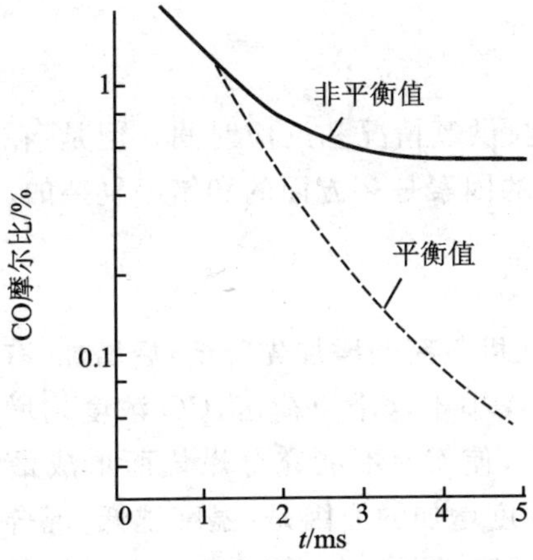

图 2－21　膨胀过程中 CO 浓度变化

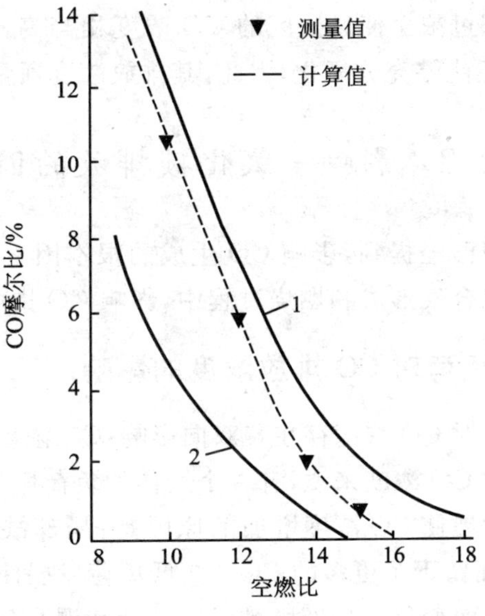

图 2－22　CO 排放浓度随空燃比的变化

CO 的氧化率可以由上述"部分平衡"假设导出。设反应式(2－29)～(2－31)的平衡常数

分别为 k_2,k_3,k_3，则由平衡常数定义推得：

$$[OH]=(k_2k_3)^{\frac{1}{2}}[H_2]_e^{\frac{1}{2}}[O_2]_e^{\frac{1}{2}}/[H_2O]_e \tag{2-36}$$

$$[H]=k_6(k_2k_3)^{\frac{1}{2}}[H_2]_e^{\frac{1}{2}}[O_2]_e^{\frac{1}{2}}/[H_2O]_e \tag{2-37}$$

由式(2－27)，得

$$-\frac{d[CO]}{dt}=k_{f1}[CO][OH]-k_{b1}[CO_2]_e[H] \tag{2-38}$$

将式(2－36)、式(2－37)代入式(2－38)，并考虑到水煤气反应平衡常数 $k_{wg}=k_1/k_4$，则

$$-\frac{d[CO]}{dt}=k_{b1}k_4(k_2k_3)^{\frac{1}{2}}[H_2]_e^{\frac{1}{2}}[O_2]_e^{\frac{1}{2}}[CO][k_{wg}-[CO_2][H_2]_e/[CO][H_2O]_e] \tag{2-39}$$

也有用经验公式表示的，如

$$-\frac{d[CO]}{dt}=k_0[CO][O_2]_e^{\frac{1}{2}}[H_2O]_e^{\frac{1}{2}}\exp(-E/RT) \tag{2-40}$$

式中：$k_0\approx 1.3\times 10^{14}\ cm^3\cdot(mol\cdot s)^{-1}$；$E/R\approx 15\ 100$

综上所述，由于化学反应动力学的作用，即便在稀混合气情况下，高温分解出来的 CO 也不能在膨胀期全部氧化为 CO_2，而必然从排气中逸出，但排出的 CO 浓度一般很低。然而，对于浓混合气，不完全燃烧将形成大量无法继续氧化的 CO。经常在接近理论燃空比或过浓情况下工作的传统汽油机，其 CO 排放浓度较高，而对于过量空气系数较大的柴油机，尽管喷油造成局部过浓会使过浓区的 CO 浓度相当高，但是，在随后浓区中物质向空气区的扩散过程中，CO 还能够充分氧化，因此，其排放浓度通常比汽油机的低得多。

2.2.2 影响一氧化碳排放的因素

上面已经提到，影响 CO 生成的根本因素是温度、供氧情况和反应时间。但是，在内燃机的实际混合气形成和燃烧过程中，影响 CO 排放浓度的因素是多方面的和错综复杂的。

1. 负荷对 CO 排放浓度的影响

负荷对 CO 浓度存在着双向影响：CO 浓度随发动机负荷的增加先降低、后增加，有一个谷值。即对 CO 浓度来说，有一个最佳的负荷区。大于或小于这个负荷区，CO 浓度均增加。向高负荷发展使 CO 浓度增加的原因是：局部缺氧加剧，使 CO 不能充分燃烧而形成最终产物 CO_2，从而留下了更多的 CO。向低负荷发展使 CO 浓度增加的原因是：温度越低，混合气随负荷的降低而变稀。局部区域温度过低和混合气过稀的情况严重化，使 CO 失去温度条件而不能继续氧化为 CO_2，火焰至低温区淬熄现象愈益严重。所以 CO 浓度也增加。图 2－23 给出了这方面的试验结果。其中宽馏分柴油与 0 号柴油的变化趋向是一致的。

2. 过量空气系数对 CO 排放浓度的影响

图 2－24 给出了过量空气系数 φ_a 对 CO 排放浓度的影响。从该图可见，φ_a 对 CO 浓度的影响也是双向的。这种情况与 CO——负荷曲线相类似，只是坐标方向正好与之相反，即过量空气系数的增大相应于负荷的降低，而负荷的增加相应于过量空气系数的减小。

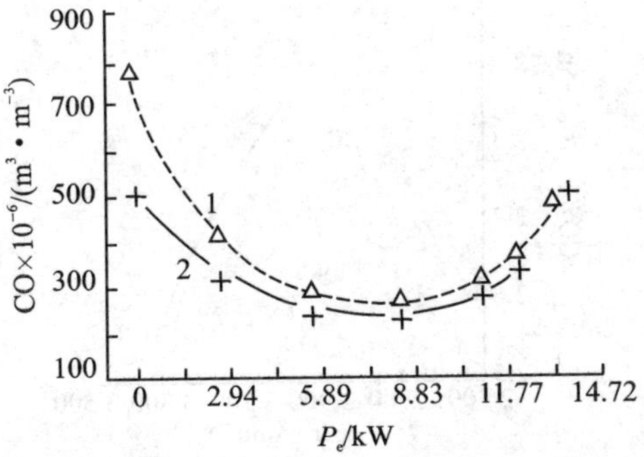

1—0 号柴油即 16 号油；2—齐鲁宽馏分柴油，即 15 号油，其指标见表 2－2（S195 柴油机，2 200 r/min）

图 2－23　负荷对 CO 浓度的影响

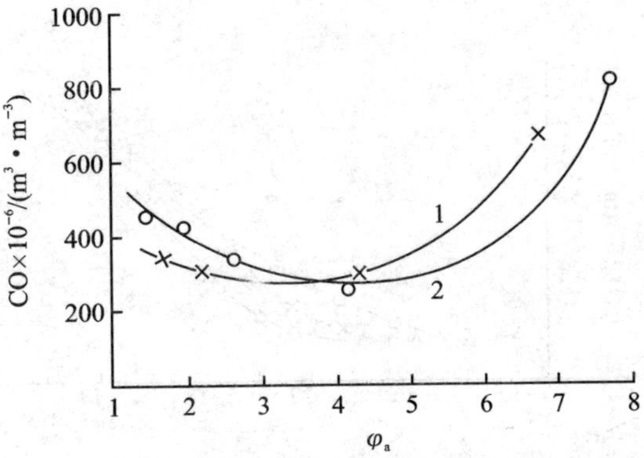

1—2 000 r/min；2—1 500 r/min（S195 柴油机）

图 2－24　过量空气系数对 CO 浓度的影响

过量空气系数增大使 CO 浓度增大的原因是：混合气变稀、燃烧室内温度下降，局部地区温度过低和混合气超过稀限，火焰在低温区和稀混合区淬熄的现象增加，使 CO 浓度增大。

过量空气系数减小使 CO 浓度增大的原因是：循环喷油量增加，而氧浓度并未增大，缺氧的现象随 φ_a 的减小而急增（特别是局部缺氧）。另外，一般来说，随循环喷油量增加，转速也增大。从而使实际用于混合气形成和燃烧的时间变短，混合气品质变差，混合不均匀的现象加剧。CO 与 CO_2 化学反应的时间缩短，使部分 CO 来不及继续被氧化变成 CO_2，最终仍以 CO 的形式排出机外。

3. 喷油提前角对 CO 排放浓度的影响

图 2－25 给出了喷油提前角 θ 对 CO 浓度的影响。图中表明：随着 θ 的缩小（即延迟喷油），CO 浓度增加。其原因是：θ 缩小后，滞燃期也缩短，滞燃期内的喷油量 g_i（初期喷油量）减少，而着火后的喷油量 g_a（后期喷油量）增多。从而使参加预混合燃烧的燃料量 g_p 减少，而参加扩散燃烧的燃油量 g_d 增加。后者燃烧虽然缸内平均温度较高，但混合气中已混有燃烧产物，局部缺氧严重，而且给予高温下的燃烧时间缩短。这就使 CO 浓度随 θ 的缩小而升高。而且，转速越高，这种升高的曲线陡度越大，即对 θ 缩小的敏感度越大。这是因为：转速越高，用于混合气形成和燃烧以及 CO 转变为 CO_2 的反应时间越短。

4. 涡流比对 CO 排放浓度的影响

涡流比对 CO 浓度的影响与燃烧系统结构有关。一般来说,燃烧室内增加涡流比,能使 CO 浓度降低。但其降低效果受多方面因素的制约。图 2－26 表示了这方面的试验结果。

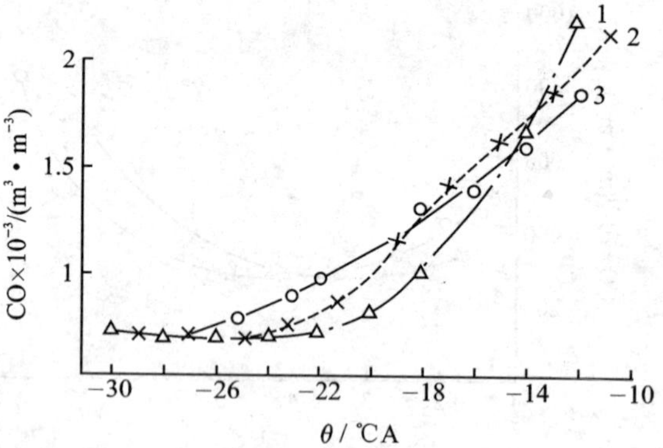

1—2 400 r/min;2—2 200 r/min;3—2 000 r/min

(75%负荷,喷嘴 4×0.45×160°)

图 2－25 喷油提前角对 CO 浓度的影响

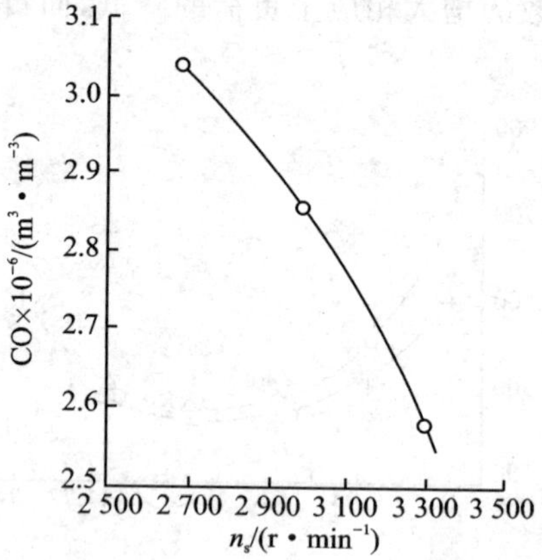

(6135 柴油机,1 000 r/min,n_s 为涡流试验台叶轮转速)

图 2－26 涡流转速 n_s 对 CO 浓度的影响

燃烧室内的涡流比增加后,气流运动促进了混合气的形成,提高了混合气的均匀性,减少了燃烧的异相性。燃烧室内局部地区混合气过浓或过稀的现象减少。另外,涡流能加速燃烧,使缸内的最高燃烧压力和温度提高。这些都有利于 CO 浓度的降低。

5. 气缸直径对 CO 排放浓度的影响

在中小功率高速非增压柴油机中,气缸直径 D 越小,则其 CO 排放浓度越大。图 2－27 表示了这方面的统计关系。D 的减小使 CO 排放率升高的原因是:D 的减小使燃烧室容积呈 D^3 缩小。这就使燃烧室空间的面容比(表面积与容积之比)迅速加大,燃烧室的冷却表面积相应加大,使混合气和燃烧着的火焰猝冷的几率增加。同时沿燃烧室壁面的低温区增加。另外,一般来说,随着缸径的缩小,发动机的设计转速会有所增加。而转速的增加,使混合气形成和燃烧时间以及用于 CO 转化为 CO_2 的反应时间均缩短。所有上述三方面的因素都使 CO 排放率增加。

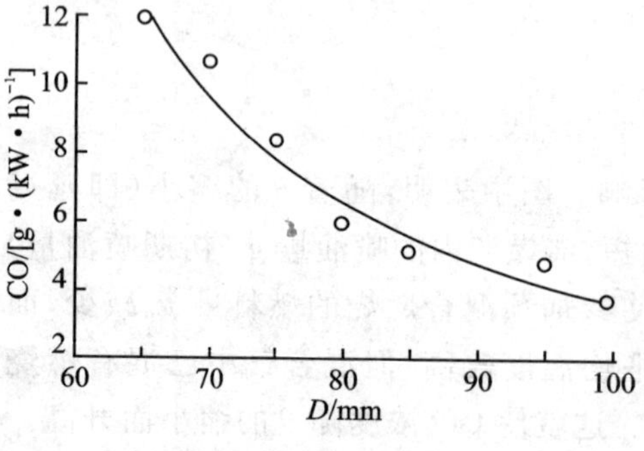

图 2－27 气缸直径 D 对 CO 排放浓度的影响

6. 燃油品质对 CO 浓度的影响

燃油品质对 CO 浓度有明显的影响。特别是燃油的芳烃含率 A(%)和十六烷值对 CO 浓度起着本质性的影响。图 2-28 给出试验所得的 3 种不同品质燃油的 CO 浓度的比较。

图中 1 号油为 0 号柴油，作为比较的基准油；5 号油的芳烃含率高(A=34.12%)，13 号油为直馏柴油，未掺入其他柴油，其芳烃含率最低，只有 14.22%，而十六烷值最高，高达 75。试验证实：燃油的芳烃含率越高，十六烷值越低，则其 CO 排放浓度越高，而且在相当大的负荷范围和喷油提前角范围内都高。

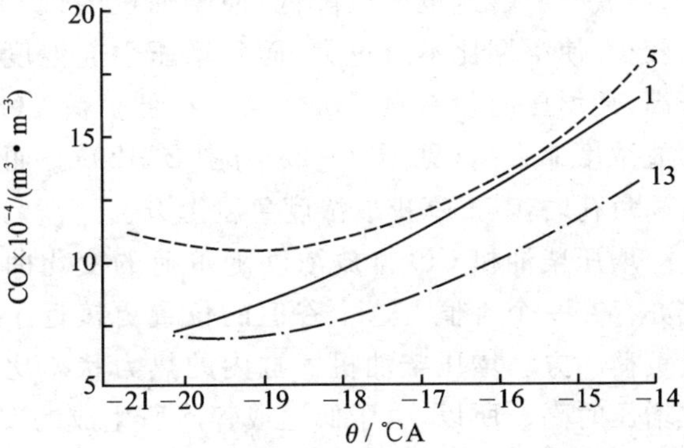

(1,5,13 燃油的指标见表 2-2,110 单缸试验柴油机，ω 型燃烧室，θ 为喷油提前角)

图 2-28　燃油品质对 CO 排放浓度的影响

产生这样结果的原因是：燃油含芳烃率越高(图中线 5)，一般来说，十六烷值越低，滞燃期越长。当喷油提前角一定时，则它的着火晚，燃烧延迟。而且，这种油的含碳量高，氢碳原子数比 H/C 比较低。加上芳烃中的苯环(特别是多环芳烃)的着火和燃烧较难，以至燃烧的持续期拖长。这一切都使 CO 浓度增加。

7. 燃烧室类型对 CO 排放浓度的影响

不同的燃烧室类型和结构，其 CO 浓度有明显的差别。表 1-5 和表 1-6 以及图 2-20 给出不同燃烧室类型和结构 CO 浓度的比较。

从表 1-5 和表 1-6 看出：非直喷式燃烧室的 CO 浓度远比直喷式燃烧室的 CO 浓度小。这是因为前者有强烈的气流运动，而且是两次混合和两次燃烧。所以，间喷式燃烧室内的混合气形成和燃烧比较充分和完善，使各种排气有害成分都较少。

在直喷式燃烧室中，由于结构不同以及与其匹配的喷油系统和气流运动情况的不同，其 CO 浓度也有一定的差别。图 2-20 表示了这方面的试验结果。该图表明：一般来说，球型燃烧室是直喷式燃烧室中 CO 浓度较大的一种燃烧室，而活塞顶内深盆型(深坑型)燃烧室的 CO 浓度较小。因为前者油被喷到冷壁上，此处温度较低，使一部分 CO 难以氧化为 CO_2。而深盆型燃烧室壁的温度较高，而活塞顶隙空间又比浅盆型燃烧室的要小，所以，CO 浓度较小。

8. 增压对 CO 排放率的影响

柴油机废气涡轮增压以后，其供气和供氧情况与非增压时不同。发动机的负荷和转速越低，压气机的转速也相应降低，使柴油机的供气量较少，使空燃比不致过大，而且增压引起温度升高，使增压时没有自然吸气柴油机低负荷 CO 排放浓度那么高(见图 2－23 与图 2－29)。而在高负荷时，其 CO 排放浓度急剧上升。

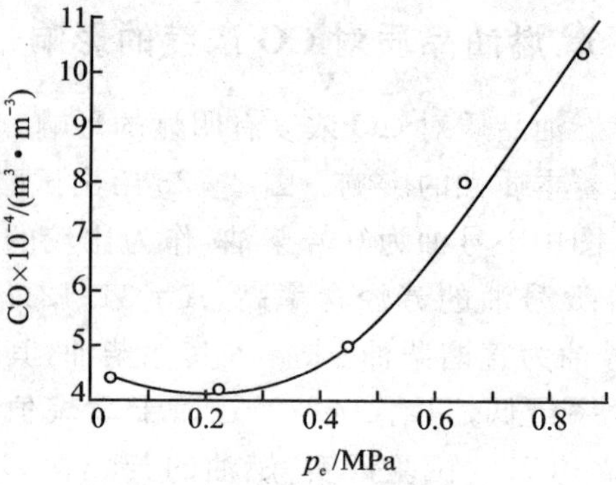

(6110Z 柴油机，2 400 r/min，低增压，直喷式燃烧室)

图 2－29 废气涡轮增压柴油机 CO 排放浓度随负荷的变化

增压柴油机 CO 排放浓度随负荷的变化曲线亦存在一个谷值。这个谷值的位置更接近于低负荷一方。增压柴油机气缸内的热力状态比非增压时高。所以，由于低温或猝冷所生成的 CO 排放量比非增压时要低。

2.3 未燃碳氢

通常，人们把内燃机逸出物中没有燃烧和部分燃烧的碳氢化合物统称为未燃碳氢。除排气中的未燃碳氢外，还有燃油系统蒸发逸出的以及由气缸内经过活塞、活塞环、气门导杆等处漏出并散入大气的未燃碳氢。内燃机的排气有害物质中，未燃碳氢是最复杂的有害物质。到目前为止，已从碳氢化合物中分离出 200 多种化合物。根据对内燃机排气的平均组分分析结果，排气碳氢化合物中含烷烃 44.3%，含烯烃 41.8%，芳烃 13.8%。芳烃和烯烃中某些碳氢化合物存在明显的或剧烈的毒性，如丙烯醛($CH_2=CHCHO$)、甲醛(HCHO)、苯并(a)芘等。在排气的碳氢化合物中，既包括无氧碳氢化合物，也包括含氧碳氢化合物。柴油机排气中的碳氢化合物，一般是指由氢火焰离子化检测器所测得的总碳氢，以碳数计的百万分之一浓度表示(以 ppmC 表示)。

碳氢化合物包括燃油中的未燃碳氢，裂解反应和再化合反应的产物、燃烧和氧化反应的中间产物等，其分子量和含碳原子数的分布范围很广。含碳原子数从 C_1 到 C_{43} 均有，但主要分布在 $C_1\sim C_{25}$ 左右。

2.3.1 未燃碳氢生成机理

碳氢化合物的生成机理很复杂，它是由多种因素形成的。目前，对内燃机中未燃碳氢的生成源已了解得比较清楚。然而，对各生成源产生未燃碳氢的确切数量以及具体成分尚有待进一步研究。

1. 烃的氧化反应

大量试验表明，碳氢燃料的氧化根据其温度、压力、燃空当量比以及燃料种类、分子结构的不同而有不同的特点。一般情况下，当温度低于 200 ℃时，氧化反应速率极慢；随着温度上升，开始产生各种含氧化合物，如 H_2O_2、甲醛、ROOH 等；待温度上升到 300～400 ℃时，除甲烷、乙烷外，极大多数碳氢燃料会出现冷焰；温度进一步上升，冷焰消失，反应率反而降低，反应物又进入慢氧化反应阶段；再进一步提高温度，则出现热焰，燃料很快氧化为最终的稳定生成物。燃料氧化反应随温度而变化的过程，通常用图 2－30 所示的爆炸界限曲线表示。该曲线随燃料分子氧化活化能的下降而向坐标的左下角移动。图 2－30 中，横虚线表示在一定压力下，随着温度升高，反应物经历 1(稳定反应)→2(冷焰)→3(稳定反应)→4(热焰)4 个阶段。其中唯有在冷焰和热焰阶段烃才进行快速反应(爆炸)。所以，上述碳氢燃料的氧化过程常称为两阶段燃烧(低温燃烧和高温燃烧)，冷焰反应尽管反应速率很快，但产生的稳定产物不多，故反应释放的热量较少。燃烧放热主要发生在热焰阶段。此外，无论冷焰反应或热焰反应都有一个时间上的滞后，称为诱导期。

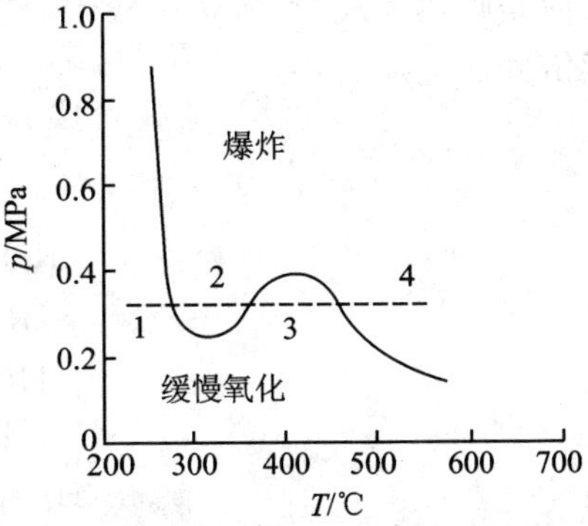

图 2－30　碳氢燃料的爆炸界限图

为了解释上述现象，谢苗诺夫(Semenov)假设碳氢燃料的氧化有两条路线，即

路线 I 需要高的活化能，因此只有在较高温度下才能实现。燃料激活后与 OH 基反应，即

$$RH + OH \rightarrow R + H_2O \tag{2-41}$$

在稀的或浓的混合物中，燃料分子亦可与氧原子反应，即

$$RH + O \rightarrow R + OH \tag{2-42}$$

在浓的混合物中，还可进行下述反应：

$$RH + H \rightarrow R + H_2 \tag{2-43}$$

此外，还有燃料分子的裂解以及裂解产物的氧化。例如，裂解出的甲基的氧化：

$$CH_3 + O \rightarrow H_2CO + H \tag{2-44}$$

$$CH_3 + O_2 \rightarrow H_2CO + OH \tag{2-45}$$

$$H_2CO + OH \rightarrow HCO + H_2O \tag{2-46}$$

$$HCO + OH \rightarrow H_2O + CO \tag{2-47}$$

$$HCO + M \rightarrow H + CO + M \tag{2-48}$$

$$CO + OH \rightarrow CO_2 + H \tag{2-49}$$

路线Ⅱ的反应活化能低，它产生很多自由基，其稳定产物主要是醛类和烯烃。反应首先从燃料分子和氧分子开始：

$$RH + O_2 \rightarrow R + HO_2 \tag{2-50}$$

该反应是吸热反应，反应速率较慢，诱导期较长。当产生出R和HO_2自由基后，进行以下一系列续链和支链反应：

$$R + O_2 \rightarrow RO_2 \tag{2-51}$$

$$RO_2 \rightarrow R'CHO + R''O \tag{2-52}$$

$$RO_2 + RH \rightarrow ROOH + R \tag{2-53}$$

$$R + O_2 \rightarrow \text{烯烃} + HO_2 \tag{2-54}$$

$$HO_2 + RH \rightarrow H_2O_2 + R \tag{2-55}$$

$$ROOH \rightarrow RO + OH \tag{2-56}$$

$$RCHO + O_2 \rightarrow RCO + H_2 \tag{2-57}$$

反应式(2-51)的活化能近乎为零，故反应很快，反应式(2-52)和(2-54)分别生成稳定产物醛和烯烃。

无论是低温燃烧还是高温燃烧，燃料的氧化都可以认为是不可逆的，两者的差别在于，低温燃烧时燃料分子大部分转化为烯烃，故热量释放很少；而高温燃烧时，燃料分子很快被氧化为最终产物，热量释放多，而且燃料的消耗与能量的释放接近同步。

以上理论适合于一定燃空当量比范围内的混合物。实际上，无论混合物着火还是火焰传播，都存在抑制燃烧发生的浓限和稀限。一般火焰传播界限宽于着火界限，且上述界限均随温度的升高而拓宽。

由上可以推断，如果燃烧室中某些燃料不能经历高温燃烧阶段，那么它们或者仅仅缓慢氧化，或者经历低温燃烧，最后总有未燃碳氢排出气缸。具体表现在：

① 虽然燃空比在燃烧界限内，但可燃混合物因贴近冷的表面，散热损失大，火焰无法传入这部分混合物。这种现象常称为壁面激冷现象；

② 燃烧室内燃空比的空间分布不均匀，造成混合物局部过浓或过稀，致使反应过缓而无法将局部温度提高到产生高温燃烧的程度。

2. 火焰淬熄理论

当火焰在可燃混合物中传播到吸热体附近[见图2-31(a)]时，火焰传播速度会降低到无法正常传播。最靠近吸热体而火焰传不到的反应区称为激冷层(或淬熄区)。两个吸热体(如两块板)互相接近到一定程度[见图2-31(b)]，火焰就不能通过此狭小空间。这一临界间距称作淬熄距离(d_0),d_0总是大于两倍的单壁激冷层厚度 q_d。

火焰淬熄理论主要依据火焰趋近吸热体时的传热分析。如果在同一时间内传热带走的热量比燃烧反应生成的热量多,火焰就会淬熄。图 2-32 给出了热量生成率 $\dot{Q}_g$ 和热量损失率 $\dot{Q}_e$ 随温度变化的曲线。其中,3 条热量损失率曲线,分别表示与壁面距离不同处因传热条件各异所造成的热量损失率。曲线 1 是远离壁面处的热量损失率,由能量平衡得到的燃烧温度为 T';曲线 2 是临界情况,当火焰趋近壁面时,热量损失率增加,损失率曲线与生成率曲线相切,切点处温度 T^* 实际上是无法维持的,因为稍有扰动,热量损失率就大于热量生成率,火焰就会淬熄。从贴近壁面处的能量损失率曲线 3 可知,能量平衡决定了无法得到“热”解,而“冷”解温度 T''表明火焰已经淬熄,混合气处于缓慢氧化阶段。

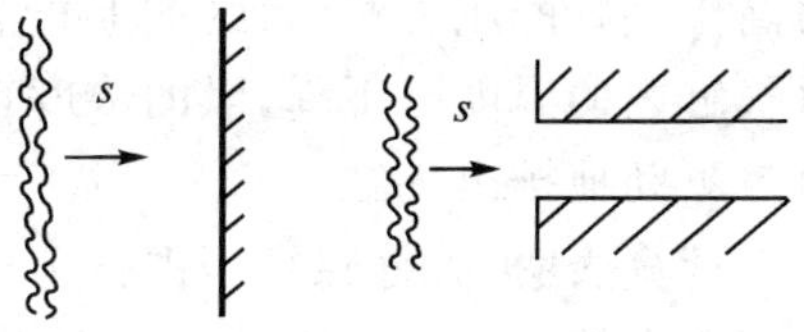

图 2-31　火焰在吸热体附近淬熄

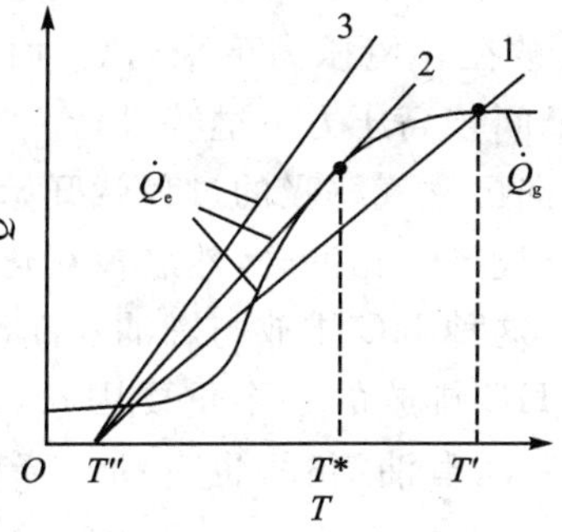

图 2-32　火焰传播与淬熄时的能量平衡

发动机的燃烧室表面受冷却介质的冷却,温度比火焰低得多。壁面对火焰的迅速冷却使火焰中产生的活性自由基复合,燃烧反应链中断,使反应变缓或停止。结果,使火焰不能一直传播到燃烧室壁表面,而在表面上留下一薄层未燃烧或不完全燃烧的可燃混合气。发动机正常运转时,冷激效应造成的火焰淬熄层厚度在 0.05～0.4 mm 范围内变动,在小负荷时或温度较低时淬熄层较厚。实验表明,淬熄层中有大量醛类存在,主要是甲醛和乙醛。不过在发动机正常运转工况下,淬熄层中的未燃 HC 在火焰前锋面掠过后,大部分会扩散到已燃气体主流中,在气缸内基本被氧化,只有极少一部分成为未燃 HC 排放。但在冷启动、暖机和怠速等工况下,因燃烧室壁面温度较低,淬熄层较厚,同时已燃气体温度较低及较浓的混合气使后期氧化作用较弱,因此壁面火焰淬熄是此类工况下未燃 HC 的重要来源。

3. 缝隙效应

内燃机燃烧室中有各种很狭的缝隙,例如活塞、活塞环与气缸壁之间的间隙等。压缩过程期间气缸内压力升高时,可燃混合气挤入各缝隙中。因为这些小容积具有很大的面容比,进入其中的气体通过与温度相对较低壁面的热交换很快被冷却。在燃烧过程期间缸内压力继续升高,又有一部分未燃的混合气进入各缝隙。当火焰前锋面到达各缝隙所在地时,火焰或者钻入缝隙把那里的混合气全部烧掉,或者烧掉一部分,或者火焰在缝隙的入口处被淬熄。淬熄的可能性取决于缝隙入口的几何形状和尺寸、未燃混合气的组成及其热力状态。在火焰到达缝隙口并被淬熄后，一部分已燃气本身也会挤入缝隙，直到缸内压力开始下降为止。当缝隙中的压力高于气缸的压力时(大约在上止点后 15～20°CA)，陷入缝隙中的气体逐渐流回气缸。但这时气缸内的温度已下降，氧的浓度也很低，流回缸内的可燃气再氧化的比例不大，有一半以上原封不动地排出气缸。

计算表明，若缝隙容积占整个压缩容积的 2%，则有 10%左右的初始工质存留在缝隙中。由于进入缝隙中的工质总是缝隙周围的气体，所以，这 10%的工质包含多少未燃气体取决于火焰到达缝隙附近的时间。显然，如果火焰到达得早，则在火焰到达后因压力升高进入缝隙的工质主要是已燃气体。在膨胀期，压力降低，工质从缝隙中逸出。较早逸出的未燃气体因缸内温度较高尚能较快氧化；而较晚逸出的气体，特别是排气阀开启后逸出的未燃气体则无法充分氧化。

试验研究结果表明，缝隙效应造成的 HC 排放可占 HC 排放总量的 50%～70%。

4. 润滑油膜的吸附和解吸

在进气期间，覆盖在气缸壁面和活塞顶面上的润滑油膜被在环境压力下来自燃油的碳氢化合物蒸气所饱和。这种溶解吸收过程在压缩和燃烧过程期间较高压力下继续进行。当燃烧室燃气中的 HC 浓度由于燃烧几乎降到零时，油膜中的 HC 向已燃气解吸的过程就开始了，并继续到膨胀和排气过程。一部分解吸的燃油蒸气与高温的燃烧产物相混合，然后被氧化；其余部分与温度较低的燃气混合，因而不氧化，成为 HC 排放源。这种 HC 排放与燃油在润滑油中的溶解度成正比。在燃烧室壁面上出现大面积润滑油膜是 HC 排放的一个重要因素，HC 排放量随润滑油消耗量的增加而增加。适当设计活塞环以降低润滑油消耗，也有助于降低 HC 排放量。

据研究，润滑油膜吸附和解吸机理产生的未燃 HC 排放，占 HC 排放总量的 25%左右。

5. 汽油机排气中未燃碳氢的主要来源

从汽油机排气过程中未燃碳氢浓度随曲轴转角的变化情况，可以看到缝隙容积是产生未燃碳氢的主要来源。图 2-33 所示的是某单缸汽油机排气测量的结果。从图中可以看出，未燃碳氢浓度的最大峰值出现在排气后期，这时气缸内压力正急剧下降，未燃气体以旋涡形式从火力岸缝隙卷出，然后排出气缸。

由此可以看到，在正常燃烧情况下，缝隙容积是汽油机排出未燃碳氢的主要根源。单壁面激冷层也是根源之一。除此之外，燃烧室壁积炭层和缸壁上的润滑油膜也可能是产生未燃碳氢的一个根源。在压缩冲程末期和燃烧初期，缸内压力较高，积炭层和油膜能吸收工质中的燃油蒸气，然后在膨胀期压力下降时释放出来。

如果因某种原因汽油机燃烧室内的混合气燃烧不完全，未燃碳氢的排放量就会额外增加。这些原因包括：

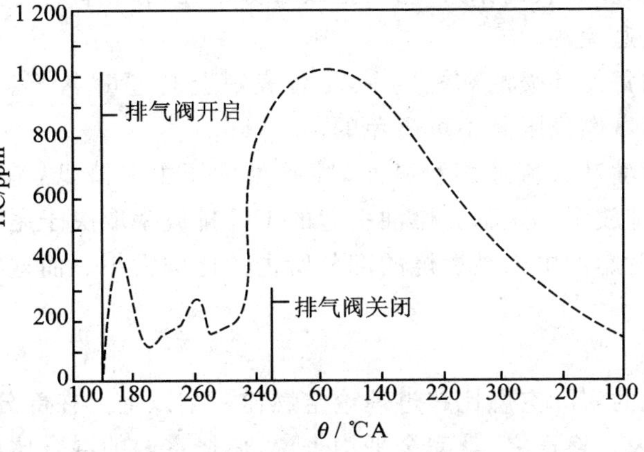

图 2-33　汽油机排气中未燃碳氢浓度随曲轴转角的变化

① 怠速时混合气过浓。

② 在突变工况的过渡过程中混合气过浓或过稀。

③ 在低负荷时燃烧室某些区域内的残余废气过多，混合气无法引燃。

④ 点火出现间歇断火现象。此外，如果换气过程配气定时不当，混合气就会在进、排气门同开的扫气过程中由排气门逸出（二冲程机较严重），这也会增加未燃碳氢的排放。

6. 柴油机排气中未燃碳氢的主要来源

由于柴油机在接近压缩终了时才喷射燃油，燃油空气混合物分布不均匀，因此，缝隙容积内和缸壁附近多为新鲜空气。换言之，缝隙容积和激冷层对柴油机未燃碳氢排放的影响相对汽油机来说小得多。这是柴油机未燃碳氢排放浓度一般比汽油机低得多的主要原因。

燃料在空气中不能燃烧或不能完全燃烧，主要是因为：温度或压力过低；混合气浓度过富或过贫；超出了富燃极限或稀燃极限。这些原因包括局部温度和瞬时温度过低；局部浓度和瞬时浓度过富和过稀等，所有这些原因都是 HC 的成因。下面分别阐述。

(1) 混合气过浓

柴油机的燃烧是不均匀的异相燃烧。即使过量空气系数相当大，混合气的局部过浓和瞬时过浓仍然存在。特别是喷注的尾部和核心部位经常是以雾化不良和混合气过浓的形式存在。喷注贯穿率过大，其前锋油堆积于燃烧室壁面上而来不及与空气完善混合时，也会形成局部过浓。从喷嘴压力室和残留在喷孔内的燃油渗入或漏入燃烧室后，不能与空气很好混合，更是重要的碳氢生成源。

各喷孔的喷注进入燃烧室后呈不对称的扇形。在涡流的吹拂下，相邻两股喷注的前锋之间，可能产生互叠和干扰，从而形成局部或瞬时的过浓混合气。至于由于喷油压力低，喷孔过大，喷油初速小，燃油黏度和表面张力过大，造成喷雾不良，雾珠直径过大而形成的混合气局部和瞬时过浓，更是难以避免的。

总之，在柴油机的每循环喷油和燃烧中，尽管表观上的过量空气系数不算小，其局部和瞬时的混合气过浓，超过富燃极限是不可避免的。

在喷油结束时，喷嘴针阀流通面积减小，喷孔处的压力差降低，造成尾喷射时雾化不良。而这正是 HC 的重要排放源。这部分燃油引起的 HC 排放率取决于尾喷射燃油占循环喷油量的比例大小以及尾喷射燃油中未被燃烧的部分所占的比例大小。而这些都与喷油压力等参数有关。

(2) 混合气过稀

一般来说，柴油机的实际空燃比超过理论空燃比一半以上。在部分负荷或空负荷时，将会超过 1～6 倍，甚至更大。换言之，就完全平均来说，燃烧室内的混合比就偏于稀燃一方。更为严重的是存在前面各种过浓的混合气部位，则就必然存在相当多的超过稀燃极限的混合气过稀区。例如，活塞的顶隙区，火力岸圆周侧隙区，较深的气门坑内，相邻两喷注之间衔接不到的区域，靠近喷孔锥锥顶附近的区域，活塞顶内燃烧室的上空部位，以及贯注贯穿度不足时燃烧室近壁处等。这些部位燃油较少，容易形成过稀区。

应该注意，混合气的富燃极限和贫燃（稀燃）极限与燃料性质、缸内温度和压力（氧的浓度）有关。温度与压力越低，则混合气的可燃极限范围越小，即混合气的富燃上限越小，而贫燃下限越大。

滞燃期中形成的过稀混合气产生的 HC 排放，是柴油机 HC 排放源中相当重要的部分，特别是在低负荷、高转速时。这部分 HC 排放量与滞燃期内形成的过稀（超稀燃极限）混合气的量有关。当滞燃期小于某个临界滞燃期时，不产生上述部分的 HC 排放；而当滞燃期超过这一临界滞燃期时，就产生这部分 HC 排放。其产生的量与滞燃期的长短、喷油速率和碳氢氧化速率等有关。

(3) 混合气过冷或骤冷

这一般出现在靠近气缸壁或燃烧室其他壁面附近的混合气中。混合气过冷或骤冷的温度是相对的。例如，正在燃烧着的混合气，其火焰温度可高达 2 200 K 以上。当由于气流运动等使其突然转到靠近有冷却水冷却的缸壁缝隙时，火焰就可能骤然降温而形成不完全燃烧，出现 HC。混合气的过冷或骤冷（局部的和瞬时的）现象在发动机部分负荷或空负荷或冷启动过程时，更是难以避免。

另外，油嘴结构设计不当，特别是阀后压力室容积过大是形成柴油机未燃碳氢排放的重要原因，因为针阀关闭后留在压力室容积内的剩余燃油会在膨胀冲程通过喷孔渗漏出来。研究表明，阀后压力室容积从 3.5 mm^3 减到 0.7 mm^3，可使未燃碳氢排放量减少到原来的 1/3 左右。启动时不着火，发动机窜机油、不正常喷射等也是产生未燃碳氢的原因。

值得指出的是，在内燃机排放的 HC 中，除燃油的成分以外，润滑油的成分也占有相当的比例。所以，柴油机润滑系统的优劣直接影响着 HC 排放浓度。

2.3.2　影响未燃碳氢排放的因素

从以上碳氢化合物的生成机理看出，影响 HC 排放浓度的因素是多方面的。凡是影响上述生成机理的因素都直接、间接地影响着 HC 的排放浓度。HC 排放浓度对柴油机燃烧状态与燃油系统等的微小变化都相当敏感。而且各种影响 HC 排放浓度的因素之间又错综复杂地互相影响。

1. 负荷对 HC 排放浓度的影响

图 2-34 给出了 HC 浓度随功率 P_e 的变化曲线。为了比较，同时给出了 CO 和 NO_x 浓度随功率的变化曲线。图 2-34 表明，HC 浓度随负荷的变化曲线存在一个谷值，而在高负荷和低负荷时，HC 的浓度都上升。这正好说明影响 HC 浓度因素的多样性和复杂性：在高负荷时，残留在压力室和喷孔中的油以及喷注核心除高温下裂解的量增加，在烃基与燃烧中间产物之间再化合的反应增加外，未燃 HC 浓度也增加。而在低负荷时，由于循环喷油量少，燃烧室内温度降低，超稀限混合气量增加，这些都使 HC 浓度增加。

2. 喷嘴压力室容积对 HC 排放浓度的影响

压力室容积中的燃油量不是以高压喷射方式进入燃烧室的，而是在主喷射结束以后，由于燃烧使喷嘴加热，引起压力室和喷孔内积存的燃油受热膨胀、气化而排至燃烧室内。由于这部分油进入燃烧室晚，因而混合质量差，它们进入燃烧室时即遇高温火焰和缺氧状态。所以，它们几乎是未经燃烧而以 HC 的形式被排出机外，或者是以高温裂解产物的形式被排出机外。所以，压力室中的燃油是 HC 中的重要生成源。压力室容积的大小直接影响 HC 浓度的多少。图 2-35 给出了压力室容积 V_p 对 HC 浓度的影响。从图可见，它们之间呈某种方次关系。所以，现代柴油机都尽量减小压力室容积。

试验证明：压力室容积越大，它的油流出越晚，则这些燃油转化为排放碳氢的百分率也越大。表 2-3 给出了压力室容积转化为排放 HC 百分率的比较。

另外，转速越高，则由压力室燃油转化为排放 HC 的比例也越高。

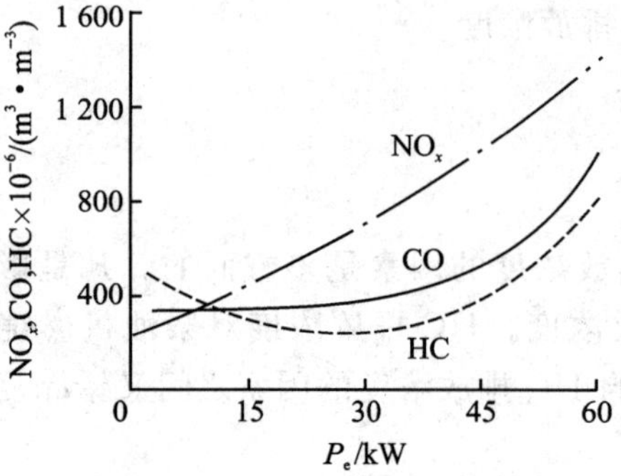

(4100 柴油机,2 800 r/min, HC 折合到 C 浓度)

图 2-34 负荷对 HC,CO 和 NO_x 浓度的影响

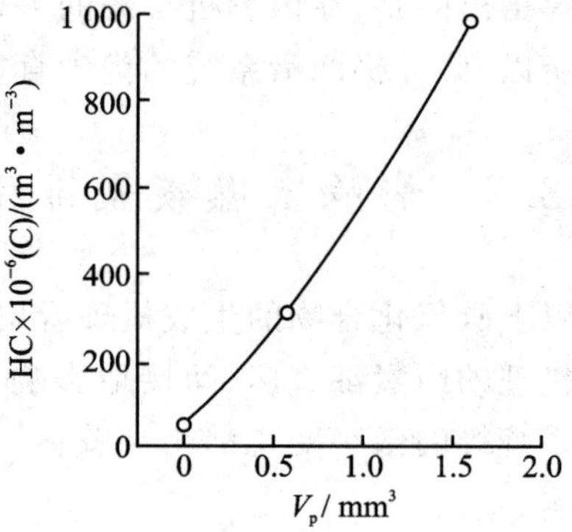

图 2-35 喷嘴压力室容积 V_p 对 HC 浓度的影响

表 2-3 压力室容积 V_p 转化为 HC 百分率的比较

	V_{p1}=0.93 mm^3 %	V_{p2}=2.65 mm^3 %	V_{p1}转化为 HC 的量(mm^3×10^{-2})	V_{p2}转化为 HC 的量(mm^3×10^{-2})	两者之比
怠　速	3	7	2.79	18.55	6.65
最大扭矩转速,空负荷	9	29	8.37	76.85	9.18
最大扭矩转速,全负荷	0.4	6.8	0.37	18.02	48.7
标定转速,空负荷	7	38	6.5	100.7	15.49
标定转速,全负荷	1.8	11	1.67	29.15	17.46

从表 2-3 看出:尽管压力室 2 的容积 V_{p2} 比压力室 1 的容积 V_{p1} 大 1.85 倍,而前者转化为 HC 的量却比后者高 5～47 倍。负荷越大,高出的倍数越多。所以,压力室容积越大,其转化为 HC 的量呈指数增加,图 2-36 表明了这一点。

3. 过量空气系数对 HC 排放浓度的影响

图 2-37 给出了直喷式柴油机过量空气系数 φ_a 对 HC 浓度的影响(为了比较,同一图中还给出了 CO 和 NO_x 的曲线)。从该图看出:HC 浓度随 φ_a 的变化曲线亦存在一个谷值。这里谷值处于 φ_a=2.5～3 之间。大于这个 φ_a 值,HC 浓度明显上升,而小于这个 φ_a 值时,HC 浓度急剧上升。其原因与 HC-P_e 的关系(见图 2-34)是类似的。

当 φ_a 过大时,说明混合气较稀,混合气中超稀限的量增加,同时,燃烧室内温度较低。这些都使 HC 浓度增加。当 φ_a 过小时,混合气过浓,超富限的混合气量增加,同时高温裂解加剧。这些亦使 HC 浓度增加。

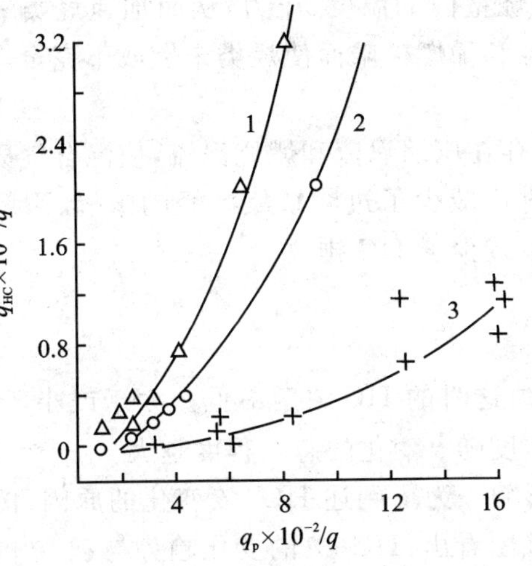

1,2,3—分别为 2 100,1 400,600 r/min;q—循环喷油量;

q_p—压力室内燃油量;q_{HC}—转化为 HC 的量

图 2-36　压力室燃油转化为 HC 的情况

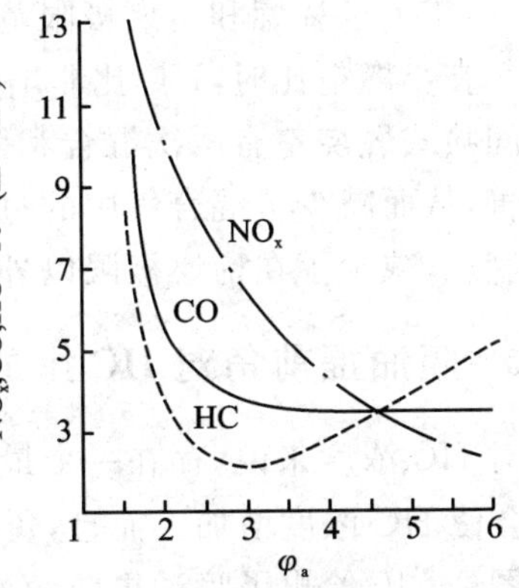

(4100 柴油机,2 800 r/min,θ=25.5°CA,

HC 折合到 C 浓度)

图 2-37　直喷式柴油机过量空气系数对 HC,CO 和 NO_x 的影响

4. 燃烧室壁温对 HC 排放浓度的影响

燃烧室壁温对 HC 排放浓度有明显影响。图 2-38 给出了这方面的试验结果。当涡流燃烧室的镶块用陶瓷材料,而使能承受的壁温升高后,其 HC 浓度迅速下降。它与金属挂块之间的 HC 浓度可以相差 10^{-4} 左右,而二者的温度约相差 80～90℃。

温度升高,能扩大稀燃范围,促进燃烧室壁面处的稀混合气的有效燃烧,同时又能扩大富燃极限范围,促进浓混合气的燃烧。所以,升高燃烧室壁温能在相当宽的空燃比范围内使 HC 降低。

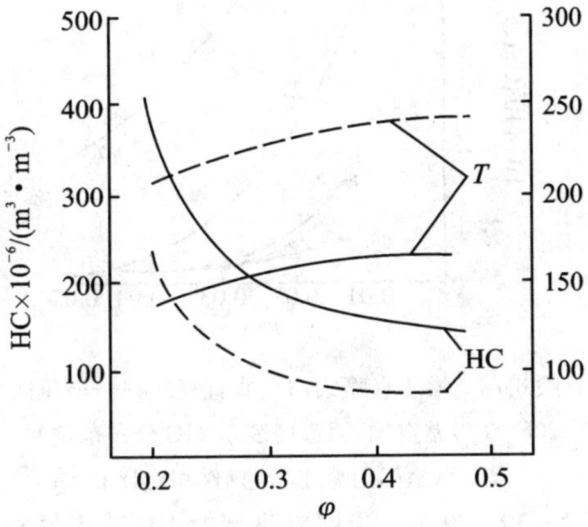

实线—金属涡流燃烧室镶块,虚线—陶瓷涡流燃烧室镶块

(φ 为燃空当量比)

图 2-38　燃烧室壁温 T 对 HC 浓度的影响

5. 增压和燃烧室类型对 HC 浓度的影响

图 2-39 给出了增压和燃烧室类型对 HC 浓度影响。该图表明:① 增压时的 HC 浓度低于非增压时 HC 的浓度;② 间喷式柴油机的 HC 浓度低于直喷式柴油机 HC 的浓度;③ 增压间喷式柴油机的 HC 浓度最低,非增压直喷式柴油机的 HC 浓度最高。

增压后燃烧室内温度、压力都高于非增压时燃烧室内的温度、压力，从而加速烃类氧化反应速度，扩大了稀燃和富燃极限范围，减少了因低温和稀燃极限而使烃类未燃或不完全燃烧的部分。在小燃空比时，HC 比非增压时排放量更低。

间喷式燃烧室有两次混合和两次燃烧，并由于存在压缩涡流和燃烧涡流，使混合气质量大为改善，从而减少了混合气中的过浓区和过稀区，进而减少了过浓缺氧区烃的未燃、裂解和不完全燃烧，减少了在稀燃极限以外的碳氢燃料，这也减少了 HC 排放。

6. 喷油提前角对 HC 排放浓度的影响

对 HC 浓度来说，存在一个最佳喷油提前角 θ_{op}，这时的 HC 浓度最低。大于或小于 θ_{op} 的 θ，都会使 HC 浓度增加。而且，负荷越低，则 HC 浓度随 θ 变化的急剧程度越大。

图 2-40 给出了喷油提前角 θ 对 HC 浓度的影响。为了阐述 HC-θ 变化的原因，图中同时给出了 θ 对滞燃期 φ_i（以°CA 表示）的影响。从该图看出：HC-θ 的变化趋势与 φ_i-θ 的变化趋势是一致的。可见，在 HC-θ 的关系中潜藏着 φ_i-θ 的关系。而 φ_i 直接影响 HC 的浓度。

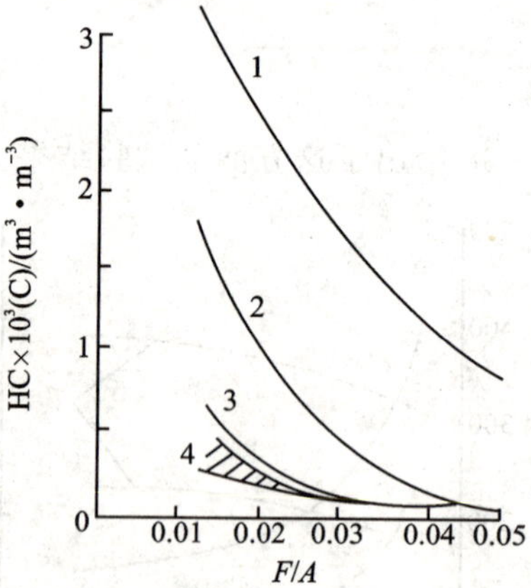

1—直喷式；2—增压直喷式；3—非直喷式；4—增压间喷式

（F/A 为燃空比，阴影区表示 HC 分布范围）

注：纵坐标为修正值，只作相对比较

图 2-39 增压和燃烧室类型对 HC 浓度的影响

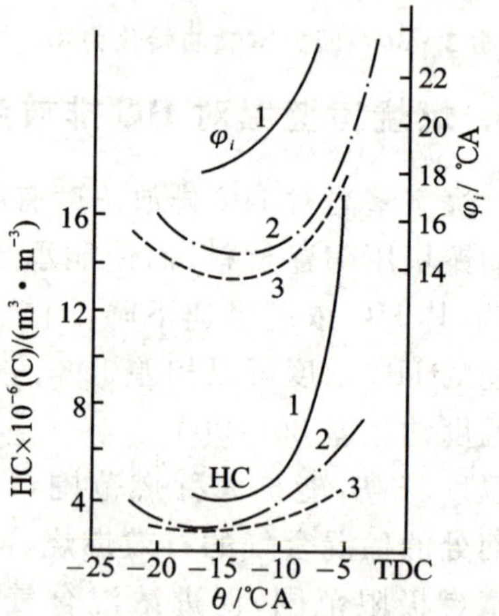

1，2，3 分别为 2%，50%和 100%负荷

图 2-40 喷油提前角 θ 对 HC 浓度和滞燃期 φ_i 的影响

当喷油提前角 θ 从 θ_{op} 加大时，喷油时缸内的压力和温度均较低。喷注贯穿率过大，较多的燃油被喷至壁面上或其附近，而此处的温度比气缸中央低。所以，燃油的雾化质量变差，蒸发速度慢。滞燃期延长，过稀（超稀）混合气量增加，从而使 HC 排放浓度增加。喷油提前角对 HC 排放浓度的影响，其本质问题是滞燃期对 HC 排放浓度的影响。

当喷油提前角过小时，φ_i 和 HC 浓度急剧增加。这是因为滞燃期过长，使着火在上止点后才发生，这使最高燃烧温度和压力都下降，在高温、高压下的燃烧期缩短，燃烧持续期延长，使未燃烃和未燃烧完全的中间产物增加，HC 浓度随之上升。

7. 燃油品质对 HC 排放浓度的影响

燃油品质是对 HC 排放浓度有重大影响因素之一。而且燃油品质的不同，会改变其他因素对 HC 浓度的影响程度甚至影响趋势。

图 2－41 给出了不同转速和喷油提前角 θ 时，燃油十六烷值对 HC 排放浓度和滞燃期 φ_i 的影响。图中表明：当十六烷值增加时，滞燃期和 HC 排放浓度下降。这是因为：燃油的十六烷值越高，则其着火性能越好，滞燃期越短，其未燃碳氢和裂解碳氢均少。一般来说，燃油的十六烷值越高，其芳烃含率越低。

图 2－42 给出了试验所得的燃油芳烃含率 A(%)对 HC 排放浓度的影响。图中燃油 1，2，3 的芳烃含率 A(%)分别为 36%，30%和 26.83%。从图中可以看出，含芳烃率 A(%)最高的燃油 1，其最低的 HC 排放浓度时的喷油提前角 θ_{op} 也最大(上止点前)，含芳烃率 A 最低的燃油 3，其最低 HC 排放浓度时的喷油提前角 θ_{op} 也最小，而含芳烃率中等的燃油 2(%)，其 θ_{op} 值也处于上述二者的中间。

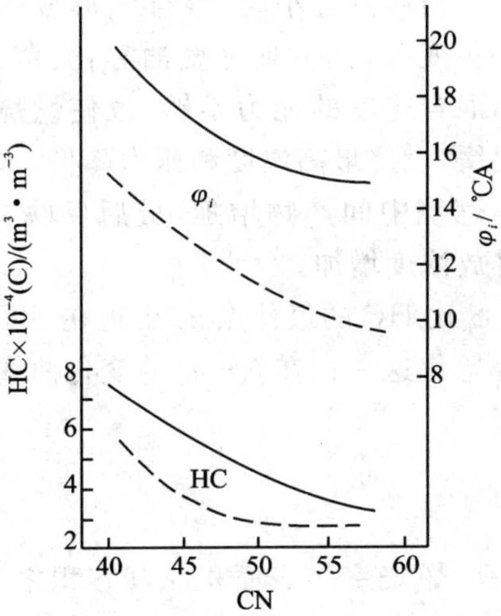

实线－2 800 r/min，$\theta=-14$°CA；
虚线－1 700 r/min，$\theta=-12$°CA

图 2－41　燃油十六烷值对碳氢排放浓度和滞燃期 φ_i 的影响

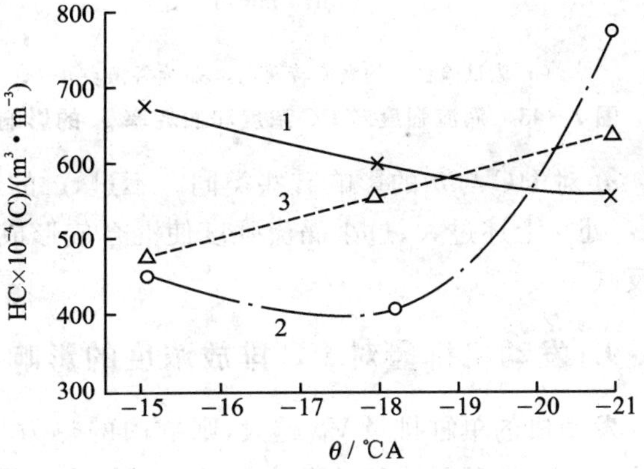

1—A=36%，2—A=30%，3—A=26.83%
(θ 为喷油提前角，n=1 500 r/min，负荷一定，D=110mm，ω 型燃烧室)

图 2－42　燃油芳烃含率 A 对 HC 排放浓度的影响

一般来说，柴油含芳烃率 $A(\%)$ 越高，则其滞燃期 τ_i 越长；反之，$A(\%)$ 值越小时，则 τ_i 值也越短。为了获得良好的混合与燃烧，$A(\%)$ 值高的燃油需要有较大的 θ 值相匹配；而 A 值低的燃油，其 θ 值也应小些。从图 2－40 看出：滞燃期越长时，则 HC 的排放浓度也越大，反之亦然。但这是相同燃油的比较。而在不同芳烃燃油之间比较时，则 τ_i 大的燃油，必须用加大 θ 值来匹配，以获得较小的 HC 排放浓度。

8. 涡流强度对 HC 排放浓度的影响

燃烧室内的涡流强度对 HC 排放浓度来说，也存在一个最佳值。图 2－43 给出了涡流强度对 HC 浓度的影响，为了配合阐述这种影响的机理，该图中同时给出了涡流强度对同一柴油机油耗率 b_e 的影响。当涡流强度过高时（n_s 大于图中谷点 φ_{a1} 点的 n_s 值），则喷注正常的贯穿率被破坏，喷注被涡流吹偏过大，使贯穿不足，同时使相邻两喷注之间形成互相重叠和干扰，造成混合气更大的不均匀，过浓和过稀的情况更为严重，致使 HC 排放浓度增加。

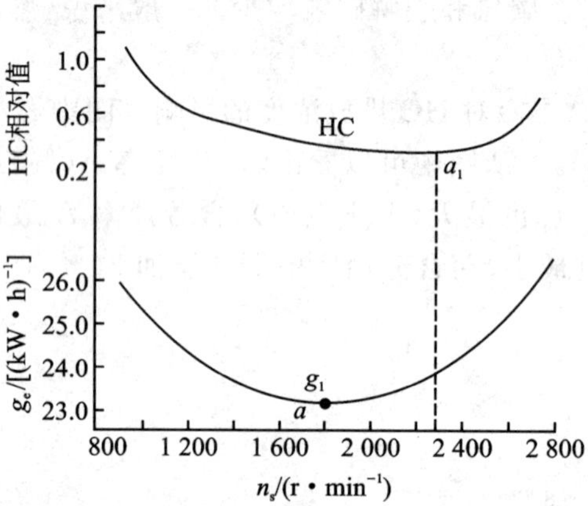

（n_s 为试验台上的涡流转速，φ_a，φ_{a1} 为谷值点）

图 2－43 涡流强度对 HC 浓度和油耗率 g_e 的影响

当涡流过小时，混合气形成的质量逐步变差，涡流促进燃油雾化、蒸发、提高混合速度的能力不够，致使燃烧过程迟缓，燃烧最高温度和压力降低，未燃烃和燃烧中间产物增加，最后反映为 HC 排放浓度增加。

n_s 对 HC 与 b_e 的影响有些类同。不过，g_e 的最佳点 φ_a 比 HC 的最佳点 φ_{a1} 出现在更小一些的 n_s 处。上述过大、过小涡流强度使混合气形成和燃烧恶化这一点在 b_e-n_s 的变化曲线也得到反映。

9. 发动机排量对 HC 排放浓度的影响

发动机的单缸排量 V_{h1} 越大，则缸内的热力状态越高，燃烧室的表面积与其容积之比（面容比）越小，接近受冷却的壁表面积相对较小。另外，一般来说，随着排量的增加，发动机的设计转速会降低。这意味着，随着排量的增加，许用的燃烧空间越大，许用的燃烧时间越长，燃烧越充分。这些都使 HC 排放浓度下降。

图 2-44 给出了这方面的试验结果。图中表明:不管是全负荷或部分负荷,不管是标定转速或是部分转速,HC 排放浓度均随 V_{h1} 的增加而下降。但是下降的速度在小排量时较快,在较大排量时,下降速度平缓。

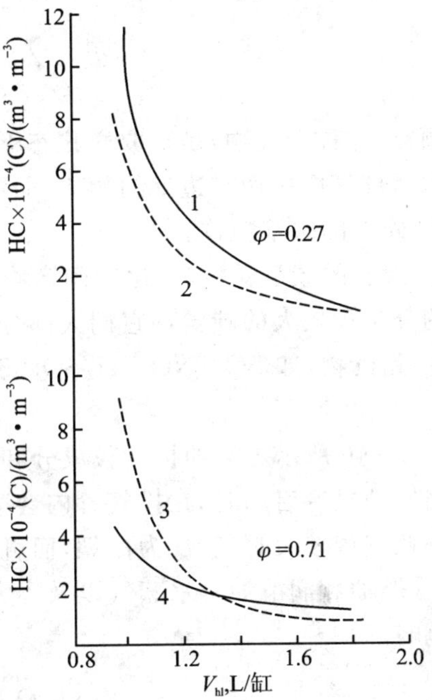

(φ 为燃空当量比,实线为标定转速,虚线为 60%标定转速;1,2 为部分负荷,3,4 为全负荷)

图 2-44　单缸排量 V_{h1} 对 HC 排放浓度的影响

10. 喷注贯穿距离对 HC 排放浓度的影响

喷注贯穿距离(相对于燃烧室壁来说)对 HC 排放浓度有明显的影响。一般来说,喷注的贯穿率过高(大于 1.1),则燃油在着火前喷到燃烧室壁面上的油量过多,从而形成在较低温的燃烧室壁面上积聚的燃油太多,而在有大量空气的燃烧室中部的燃油太少。由于冷壁上的油膜过厚时蒸发较慢,使此处的混合气形成速度过慢,最后造成有较多的燃油来不及参加混合和燃烧,或来不及成为燃烧最终产物,而以燃烧中间产物的形式排出机外。所以,喷油贯穿距离过大,则其贯穿率过大,必然使未燃 HC 的排放浓度增加。图 2-45 表示了这方面的关系。图中表明,当着火前喷注前锋刚到达燃烧室壁面时,则它造成的未燃 HC 浓度相当低。而当着火时喷注的自由射程远超过壁面时,则未燃 HC 浓度急增。

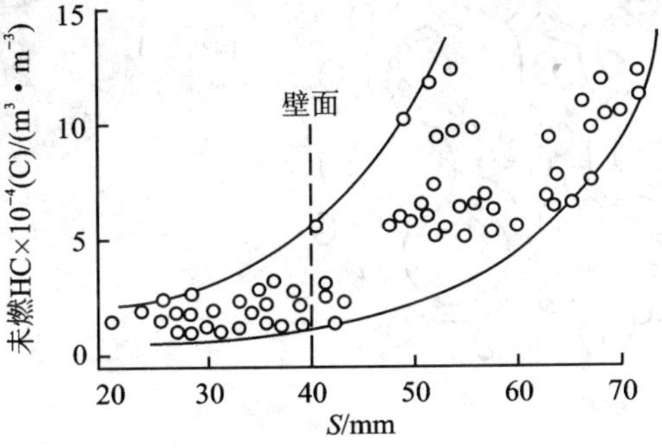

图 2-45　未燃 HC 浓度受喷注贯穿距离 S 的影响

2.4 颗 粒

颗粒(亦称颗粒物)是在取样状态下排气中除水分以外的所有分散(固、液态)物质的总称。颗粒包括排气中一切有边界的物质,而不管其性质、组成、大小和形状。颗粒包括下列物质:

① 固态的碳基颗粒。

② 液态的碳氢颗粒,氧化中间产物——酮、醛、酯,酚、有机酸、未燃碳氢以及经重排或再化合的分子量较大的碳氢。它们大部分吸附在固态碳基颗粒上,一部分独立存在。

③ 无机物,如 SO_x,NO_2,H_2SO_4,硫酸盐和各种痕量金属等。它们主要附聚在碳基颗粒表面。

图 2-46 所示为柴油机颗粒成分和含量示意图。

当发动机冷启动时,在排气管内会凝聚产生以未燃燃料及机油为主的液相颗粒。当这些液体颗粒直径较大时,表现为白烟,而直径较小时,表现为蓝烟。白烟和蓝烟主要成分是未燃碳氢(含燃油和润滑油),水蒸气以及不完全燃烧中间产物(如含氧碳氢)。除水外,它们都属于颗粒范畴。

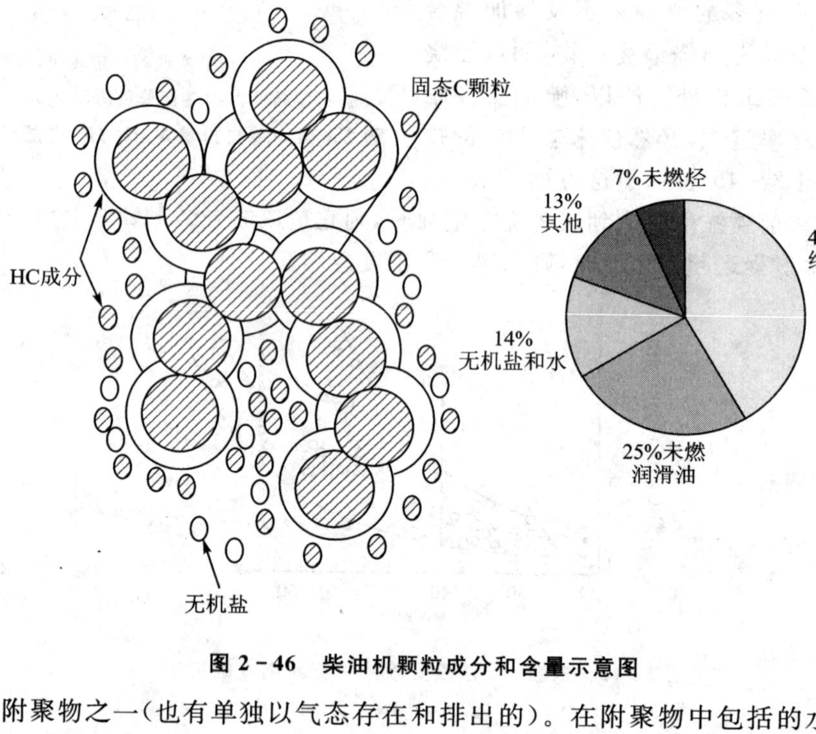

图 2-46 柴油机颗粒成分和含量示意图

水分是附聚物之一(也有单独以气态存在和排出的)。在附聚物中包括的水分,在机内和初测量时,属于颗粒范围。但是,由于按排放规定颗粒必须在一定温度下干燥后称量,这样,水分实际上就不包括在颗粒内。

2.4.1　颗粒生成机理

柴油机燃烧过程中形成的颗粒，在排至大气后，经大气的稀释和冷却后，会发生物理的和化学的变化。其中一部分会形成新的颗粒。一般称前者为原始颗粒，称后者为二次颗粒或再生颗粒（如经凝聚过程、催化反应和光化学反应形成的新颗粒）。

柴油机颗粒的实测排放率，不仅与燃烧的品质有关，而且与样品的采集条件（如取样时的温度、压力、排气的稀释程度以及混合状态等）和度量方法等有关。ISO 8178 和美国法规规定取样温度为 52 ℃，就是为了避免颗粒中水分的冷凝。

柴油机排气中的颗粒与汽油机的排气颗粒不同。后者主要是硫酸盐等组分。而前者主要是一种类似石墨形式，以含碳为基本成分、并凝聚和吸附了相当多的有机物和无机物。颗粒的大小和形状，范围很广。从直径为 0.01 μm 的单颗粒，到长链或大块团的 10～30 μm 的大颗粒都有，亦就是从接近分子大小的小颗粒到人眼可见大小的大颗粒都有。

在内燃机排气的颗粒中，虽然偶尔可发现直径大于 2 μm 的，但通常都在 1 μm 以下。柴油机排出的颗粒尺寸比汽油机的大。从图 2－47 和图 2－48 可知，汽油机排气的颗粒粒径分布峰值出现在 0.02 μm 左右，柴油机排气的颗粒粒径分布峰值出现在 0.1 μm 左右。它们都处于在大气中能长期悬浮的范围内，并且这些颗粒常吸附有致病作用的物质，因而对人体有直接威胁。

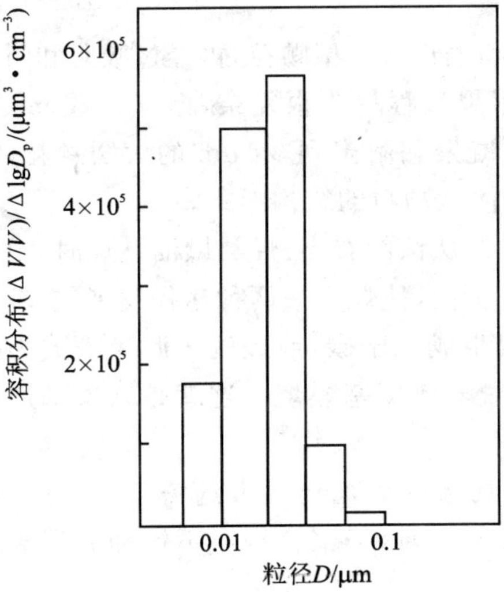

图 2－47　汽油机排气的颗粒粒径分布

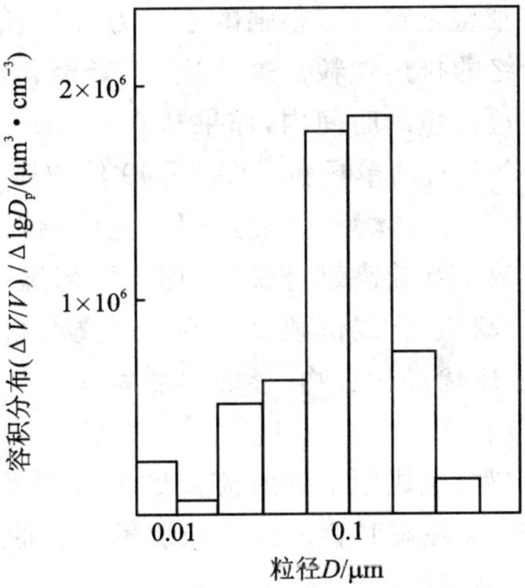

图 2－48　柴油机排气的颗粒粒径分布

颗粒通常呈黑色，主要由碳元素构成，但与石墨结构有较大差别。当颗粒上尚未凝结或吸附未燃碳氢化合物时，它通常只包含物质分数为10％左右的氢元素。而当有未燃碳氢化合物凝结或吸附在颗粒上时，颗粒中的 n_H/n_C 比可上升到1以上。颗粒上的含氢成分绝大多数可用有机溶剂萃取出来，它们被称作可溶有机成分(SOF)，萃取后的颗粒则称作碳烟(Soot)。一般来说，SOF占颗粒质量的15％～30％，但观测到的总变化范围要大得多(10％～90％)。发动机负荷越小，SOF比例就越大，这与温度状态的影响一致。碳烟的H/C原子比为0.1～0.2，而SOF为1.2～1.6。在不同柴油机工况下，SOF的平均相对分子质量为360～400，这正好落在柴油(200)与润滑油(440～490)之间。放射性示踪研究表明，碳烟中基本不含润滑油成分，后者全部进入SOF，在不同机型和不同工况下占SOF质量的15％～80％。燃油产生的物质有80％进入碳烟，20％进入SOF。颗粒中的SOF含有对健康和环境有害的成分，包括各种未燃碳氢化合物、含氧有机物(醛类、酮类、酯类、醚类、有机酸类等)和多环芳烃(PAH)及其含氧和含氮衍生物等。研究表明，可溶有机成分是颗粒威胁人体健康的主要因素，因而近年来受到关注。对柴油机颗粒中可溶有机成分的分析表明，其组成中以烷烃为最多，占一半左右，其次是乙醚不溶性物、含氧化合物和有机酸，含多环芳香烃一般不到10％。上述可溶有机成分主要来自于未燃的、部分氧化或裂解的燃料和润滑油，其生成特点接近于气相未燃碳氢化合物的生成特点。

柴油机燃烧过程中形成颗粒的根本原因是存在非均相燃烧(异相燃烧)。在一定高的温度(主要是局部温度)和压力下，非均相燃烧使燃料形成特有的化学反应而形成初生态碳粒，经冷凝而形成颗粒胚核。颗粒胚核非常小，人眼和普通显微镜观察不到，只有电子显微镜才能观察到。

这些雏型颗粒具有很强的亲和力，因而能凝聚和生长为中型颗粒，再经过吸附和附聚过程而成为最终的排出颗粒。这个生核、凝聚、吸附和附聚过程尽管很复杂，但却在数ms的瞬间完成。在这极短的时间内，如果从0.01 μm单颗粒凝聚和附聚到30 μm的大团颗粒，需要结集4 000个左右的单颗粒。图2-49给出附聚后的团状颗粒的结构形式。

图2-50给出燃料燃烧过程中生成颗粒的进程。从该图看出：烃类燃油燃烧时，由于存在较低燃烧温度和较高燃烧温度(均含局部温度)两种情况，使烃类按两种途径发展：在较高温度时，如此时缺氧(含局部缺氧)，则烃经高温缺氧裂解生成原子碳，或经逐级脱氢而成为碳基燃烧，先脱氢成烯烃化合物，继而再脱氢成乙炔，最后脱氢成碳基燃烧。这就是以碳烟形式成为燃烧的途径。

烃类裂解生成原子碳所需要的温度是很高的，局部的火焰温度大约需3 500 K或以上。而在2 300 K左右时会形成逐级脱氢。当脱氢成聚乙炔时，经聚合构成不饱和高碳含量的碳氢自由基，并最终成为碳基颗粒。

当燃烧局部温度较低时(例如靠近冷壁的燃油)，一部分烃类未参与燃烧或未完全燃烧成终产物，而成为含氧的燃烧中间产物(如醛、酯、酮、酚、醚等)，或聚合成大分子量的碳氢(主要是多环芳烃)。它们最后也成为碳基颗粒,或附聚在碳基颗粒上。

图 2-49　团状颗粒的结构形式

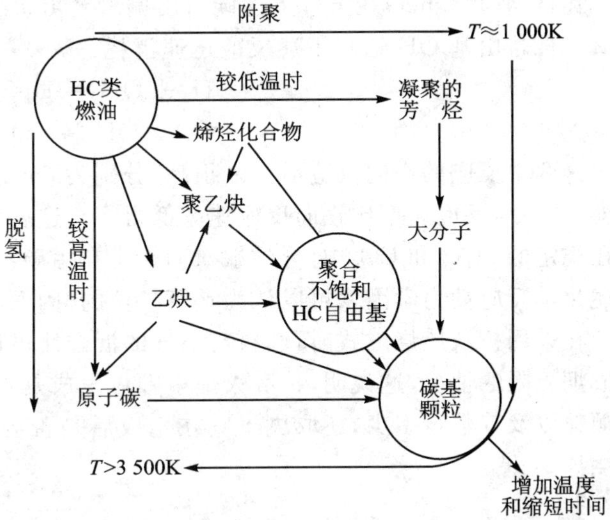

图 2-50　烃类燃烧过程中生成颗粒的进程

如果燃烧中增加温度(含局部温度)和缩短燃烧时间,液体 HC 的附聚过程会转变为高温裂解脱氢过程,最后仍以碳烟形式而成为颗粒。

综上所述,内燃机排气中出现的颗粒是燃料在燃烧过程中经历了一系列物理化学变化后形成的,一般要经历如图 2-51 所示的几个阶段。首先,燃料分子在高温中裂解或氧化裂解,接着形成颗粒核心,这是成核阶段。成核后同时经历表面增长和凝聚两个过程。当颗粒长大到某一尺寸时,增长速度急剧下降。以后便以集聚方式形成链状结构物。从核的萌发到成长、聚集这一系列生成过程都伴随着颗粒的氧化。因此,排气管排出的颗粒量是颗粒生成和氧化相竞争的结果。

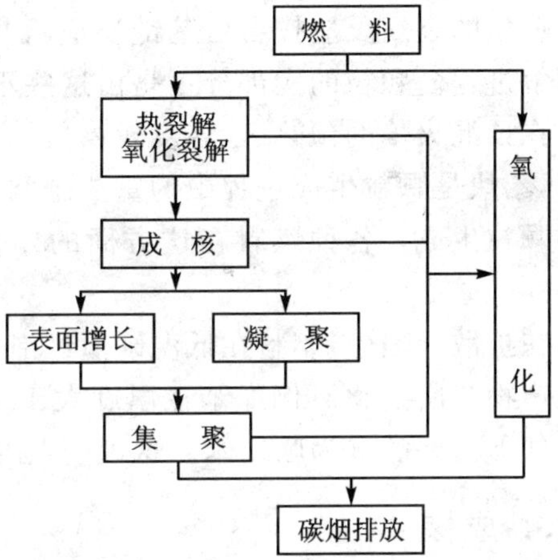

图 2-51　燃烧系统中碳烟粒子的形成过程

1. 成烟界限

从热力学观点看,碳氢燃料燃烧时,自由碳的析出应在 n_C/n_O 原子数比(简称 n_C/n_O 比)大于 1 时发生。实际上,即使在预混燃烧中,一旦 $n_C/n_O>0.5$,便会生成颗粒。使燃烧系统产生颗粒的临界 n_C/n_O 比称为成烟界限。成烟界限随压力变化而有所不同，但其变化幅度不大。

瓦格纳(Wagner)在解释上述碳析出偏离平衡状况这一现象时，把它归于火焰中一种重要的氧化性自由基 OH 通过下述反应迅速消耗：

$$H_2 + OH \rightarrow H_2O + H \tag{2-58}$$

$$CO + OH \rightarrow CO_2 + H \tag{2-59}$$

由于这两个反应的逆向反应活化能很高，分别为 86 kJ/mol 和 108 kJ/mol，因而在通常的火焰温度下，逆向反应速率比正向反应速率低得多。这就使在相当低的 n_C/n_O 值下，燃料因氧被束缚在稳定的 H_2O 和 CO_2 中，导致缺氧而析出自由碳。如果温度相当高，例如大于 3 000 K，则上述化学反应动力学因素可以认为是第二位的，因而 n_C/n_O 成烟界限可望提高，向 1 趋近。

在采用扩散燃烧方式时，燃料与空气的混合比可以从无穷大到零，因此总存在 n_C/n_O 值大于成烟界限的情况，这说明，扩散火焰中颗粒生成是不可避免的。当然，最终燃烧产物中是否有颗粒以及其数量多少，还取决于它在生成后是否会很快地在 n_C/n_O 比小于成烟界限的区域中烧掉。

2. 裂解

绝大多数碳氢燃料在开始生成颗粒之前，就发生燃料分子的大量分解及反应物原子的重新排列。裂解通常生成许多分子量低的直链不饱和碳氢化合物。

热裂解反应一般都是吸热反应，反应所需活化能高，因而其反应速率对温度有强的依赖关系。典型的裂解反应按自由基链反应机理进行，少量 O，OH 自由基或 O_2 可通过支链反应加速裂解过程。颗粒的大部分正是由这些不复杂的烃演变成的。

在预混火焰的预热区，温度较高，并有较大浓度的氧，燃料很快被氧化裂解成乙炔。试验表明，乙炔是颗粒生成过程中的重要中间物，燃料分子裂解为乙炔的难易程度影响着预混火焰中的颗粒生成。各种燃料在这方面的差别很小，因而燃料种类对预混火焰的颗粒生成影响较小。

在扩散火焰中，燃料在低温缺氧区滞留时间较长，因此，某些燃料，特别是芳香族燃料，其裂解产物有所变化。例如苯在温度大于 1 800 K 时主要裂解为乙炔，而在小于 1 800 K 的缺氧条件下主要裂解为联二苯。这说明，在扩散火焰中，燃料结构对颗粒生成的影响较大。

3. 成核

能成为颗粒胚芽的物质，其成长应比分解或氧化反应快。它应当具有足够的稳定性，以便抵御高温下的分解；同时又应具有足够的化学活性，以便能以一定的速率与其他基团和离子快速反应。据此，格拉斯曼(Glassman)等推测，能成为颗粒胚芽的物质可能具有极性共轭结构。共轭结构物质的共振稳定性能抗御高温分解，而其极性特征又能使其与其他基团和离子进行快速反应。对于那些能直接生成极性共轭结构物质的燃料(如芳香族燃料)，有较短的成核诱导期。

裂解反应所生成的乙炔并不具有共轭结构，它的稳定性来自高的化学键能。但乙炔可通过某些反应生成丁二烯、乙烯基乙炔和联乙炔这类极性共轭物。上述极性共轭物经快速反应能形成具有芳香烃结构的物质。

进一步的研究证明了极性共轭物质在颗粒成核过程中所发挥的重要作用，苯基可以与乙烯基乙炔或乙炔反应生成萘而成为颗粒核心。分子量更大的多环芳香族是通过重复甲基取代、脱氢、与乙炔键合、环化诸过程而形成的。对颗粒火焰的测定发现，相对分子质量大的正离子的浓度峰值发生处与颗粒核心生成处十分一致。

综上所述，非共轭的烃类燃料经热裂解或氧化裂解生成乙炔。如这时有大量 O 或 OH 自由基存在，则大部分乙炔可氧化为活性差的产物。剩下的乙炔通过反应生成丁二烯、联乙炔、乙烯基乙炔等极性共轭烃类化合物，后者正是颗粒核心的先兆物。颗粒先兆物在高温下环化、脱氢、聚合，最后成为多环结构的颗粒核心。火焰中形成颗粒的难易程度主要取决于乙炔的消耗方式。例如，在给定燃空比的预混火焰中，提高火焰温度，则 O 和 OH 自由基浓度增加，乙炔加速氧化为活性差的产物，从而可降低颗粒生成率。但在扩散火焰中，颗粒生成区的氧化性物质本来就缺少，因此，提高温度反而使裂解速率提高，促进了颗粒的生成。上述分析也有助于解释，为什么在预混火焰和扩散火焰中，烷、烯、炔烃类燃料的颗粒生成倾向的排列次序恰好相反。因为烃类燃料的绝热火焰温度是依炔、烯、烷次序降低的，因而在预混火焰中，随炔、烯、烷次序，颗粒生成倾向增加，但在扩散火焰中，如前面已指出的，火焰温度升高反而使裂解速率提高，因此颗粒生成倾向却随炔、烯、烷次序而减少。

能直接生成极性共轭物的烃类燃料可以作为成核的另一渠道。此外，芳香族燃料通过环的断裂能很快生成乙炔，或者在较低温度下形成苯基。苯基与乙炔或乙烯基乙炔反应，很容易生成颗粒核心。因此，燃料内芳香族成分含量高，燃烧时颗粒生成量会明显增加。

4. 表面增长和凝聚

颗粒通过与气相物质作表面反应使粒子质量增加的过程被称为表面增长。与成核过程类似，表面增长反应的气相物质主要是乙炔及其聚合物。大的聚合物比小的聚合物更容易结合到颗粒表面。颗粒刚成核时，n_H/n_C值约为 0.4，到其充分长大时，该比值下降到 0.1 左右。经历表面增长过程的颗粒的表面活性很强。然而，在粒子增长后期，即使在火焰区有大量乙炔或聚乙炔存在，颗粒表面增长率也会急剧下降。这说明，此时颗粒已丧失了自由基或离子的特征。

颗粒在与气相物质作表面反应的同时，还因粒子间的相互碰撞而凝聚。凝聚是指两个小的球状颗粒经碰撞形成一个大的球状颗粒的过程。关于形成球状的原因，目前尚无定论。试验表明，当凝聚速率比成核速率大得多时，火焰中的颗粒的粒径分布由高斯分布逐步转变为对数正态分布。

凝聚使颗粒核心的数量密度下降。当该数量密度下降约一个数量级后，随着基本颗粒粒子的形成，球形粒子相互碰撞不再融合成球形，而是粘接为链状。为将这种合体过程与前者区别，在这里称之为集聚。

5. 集　聚

集聚主要在缸内、排气系统或取样系统中产生。由颗粒核心通过凝聚长大为基本颗粒所需的特征时间经估算约为0.02～0.07 ms，这就是说成核粒子经过这一特征时间成长为基本颗粒之后就会发生链状集聚，且可一直延续到膨胀冲程或延续到碰撞成为"不粘附"的弹性碰撞。

当柴油机燃烧进行到膨胀冲程时，随着缸内温度的下降，低分子量的未燃碳氢化合物会凝聚在颗粒上，这个过程主要是通过吸附和凝结两个过程实现的。吸附是未燃的碳氢化合物或未完全燃烧的有机物分子，通过化学键力或物理(范德华)力粘附到颗粒粒子表面上。这个过程取决于颗粒具有的可吸附气相物质的总表面以及驱动吸附过程的吸附物质的分压力。凝结发生在颗粒周围的气体有机物的蒸汽压力超过饱和蒸汽压时。

6. 颗粒的氧化

在颗粒的整个生成过程中，无论是成核先兆物、颗粒核心、颗粒，都可能发生氧化反应。氧化在颗粒存在期间的相对作用是随时间而变的。实验表明，柴油机缸内生成的峰值颗粒浓度远远大于排放的浓度，表明在燃烧过程(特别是扩散燃烧期)中生成的颗粒，并不是全部被排出机外，而是相当大部分在燃烧的后续期中被烧掉(氧化)。所以，要减少柴油机的颗粒排放，除了要减少颗粒的生成以外，还必须使已生成的颗粒在该循环的燃烧中后期尽可能烧掉。

实际上，在柴油机的燃烧过程中，颗粒的形成过程和消失过程几乎是同时进行的。颗粒生成的根本条件是缺氧和高温、高压。所以，只要改变或转移这3个条件，就能减少颗粒的生成率，而已经生成的颗粒在高温火焰的引燃下也会被烧掉。碳烟的核心是高碳、高分子烃类或碳粒，都是可燃的。

关于颗粒粒子的氧化机理，目前多数学者倾向于表面反应说。由于在火焰环境下悬浮颗粒的氧化试验和测定都很困难，绝大多数有关颗粒氧化率的数据都是根据裂解石墨氧化试验结果导出的。目前，常用的有关颗粒氧化机理可用纳哥(Nagle)等人提出的描写石墨氧化率的半经验公式来描述，即认为在颗粒的表面存在着两种氧化反应活性不同的表面。一种是活性较强的A表面，另一种是活性较差的B表面。A表面所占的表面积百分比x取决于B表面氧化为A表面的速率以及A表面通过高温退火转化为B表面的速率。最后得到单位表面的总体反应率：

$$R = W_C[xk_a p_{O_2}/(1 + k_z p_{O_2}) + k_b p_{O_2}(1 - x)] \tag{2-60}$$

式中：

$$x = \{1 + [k_t/(k_b p_{O_2})]\}^{-1} \tag{2-61}$$

W_C—碳的原子量；

p_{O_2}—氧分压，Pa；

k_a,k_b,k_t,k_z—与反应机理有关的反应速率常数，有

$$k_a = 10^{-2.70}\exp(-15\,100/T) \quad kg/(m^2 \cdot s \cdot Pa) \tag{2-62}$$

$$k_b = 10^{-6.35}\exp(-7\,650/T) \quad (kg/m^2 \cdot s \cdot Pa) \tag{2-63}$$

$$k_t = 10^{6.18}\exp(-48\,820/T) \quad kg/(m^2 \cdot s \cdot Pa) \tag{2-64}$$

$$k_z = 10^{-3.67}\exp(2\,063/T) \quad 1/Pa \tag{2-65}$$

T—绝对温度。

根据上述机理，当氧分压低时，反应是一级的，当氧分压高时，反应则转化为零级。如果压力维持不变，氧化率最初随温度按指数规律上升，但当温度高于某一定值(该值随氧分压的增加而提高)时，高温退火效应使 A 表面大量转化为活性差的 B 表面，从而使氧化率开始下降。如果温度足够高，整个表面都是 B 表面，反应率便在任何压力下都为一级，且再次随温度的升高而升高。

图 2-52 给出了爱泼赖顿等人在激波管中对平均粒径为 4.5 nm 的烟道碳黑和平均粒径为 18 nm 的锅炉碳黑所作的广泛的燃烧测定结果。试验温度从 1 700 K 到 4 000 K，氧分压分别为 5 kPa，15 kPa 和 50 kPa。图 2-52 中还给出了纳哥的半经验公式曲线。可以看出，两者基本吻合。

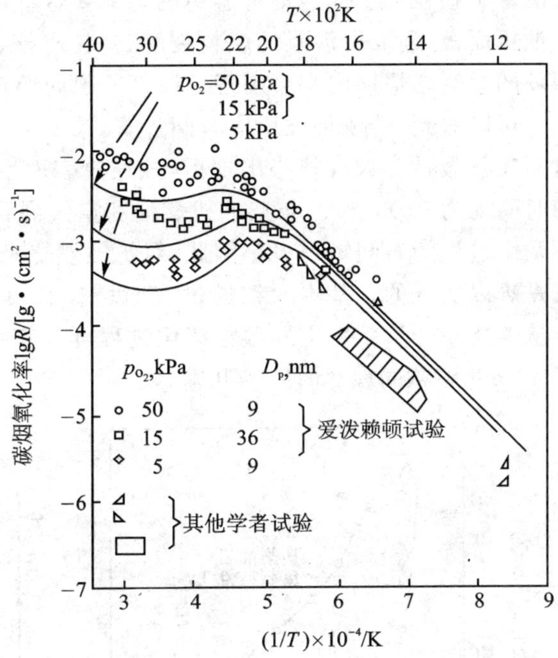

图 2-52　碳烟粒子表面氧化率与温度和氧分压的关系

虽然上述颗粒氧化机理及半经验总体反应率公式有其成功之处，但它们都没有计入 OH 自由基的作用。大量试验证明 OH 基对颗粒氧化有不可忽视的作用。研究表明，在预混火焰中，只有在 OH 浓度接近平衡值后才会生成颗粒，而在此以前，OH 的超平衡浓度会使颗粒先兆物及颗粒核心的生成受到抑制。颗粒在过浓的氢火焰环境下的光散射试验证明了 OH 基作用。试验在 1 830～2 100 K 温度下进行。试验结果发现，在含丰富 OH 基的火焰中颗粒的氧化率比仅仅考虑氧分压要高得多。这说明目前的颗粒氧化机理还有待于进一步完善。

2.4.2 影响颗粒排放的因素

汽油机的燃烧方式为预混火焰燃烧，通常，缸内可燃混合气的混合比处于理论混合比附近，其 n_C/n_O值约为 0.37，显然大大低于临界值 0.5，因而几乎没有颗粒排出。当混合气过浓时，虽然汽油机的排烟量会有所增加，但在一般工况下，也只有柴油机排烟量的几十分之一(图 2-53)。

柴油机颗粒的排放是一个相当严重的问题。尽管在调整得较好或运行条件较好时柴油机排气的烟色清淡，其颗粒排放量仍不可忽视。显然，柴油机，特别是直喷式柴油机的扩散燃烧方式决定了颗粒的生成是不可避免的。只要这些颗粒不能在缸内及时氧化，就会随废气排出。对柴油机而言，前面所涉及的燃料裂解、颗粒成核、表面增长、凝聚、集聚以及氧化诸过程在每一循环的短暂燃烧期内都会出现。图 2-54 简要描述了这些过程在柴油机燃烧中所占的时间间隔。可以看到，若以特征反应时间计算，柴油分子裂解或与空气不完全燃烧形成颗粒先兆物的时间才几微秒。颗粒核心出现后，核通过表面增长和凝聚形成直径约 20 nm 的基本颗粒所需的时间约为 0.05 ms。与柴油机燃油和空气混合所需的典型特征混合时间(约 1 ms)相比，上述两个过程的时间短得多。因此，对扩散燃烧来说，想借助提高混合速率来消除颗粒核心的形成是难以实现的。基本颗粒通过表面增长和集聚进一步增大粒子尺寸的过程将持续几毫秒。从燃烧一开始就发生的颗粒氧化过程可一直持续到排气阶段。在柴油机中，直径等于或大于 40 nm 颗粒的燃尽时间需几毫秒。

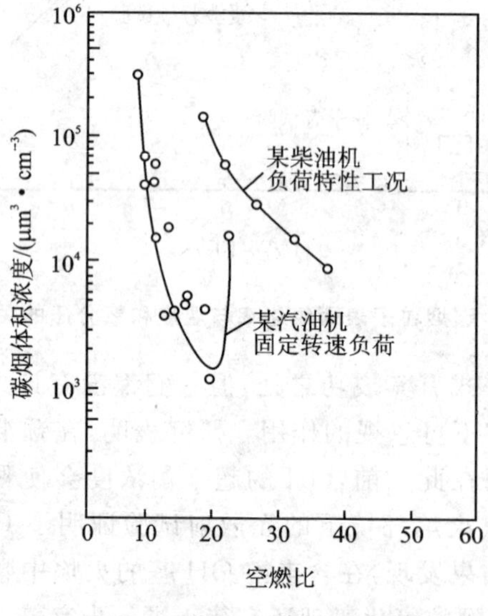

图 2-53 汽油机、柴油机排烟浓度比较

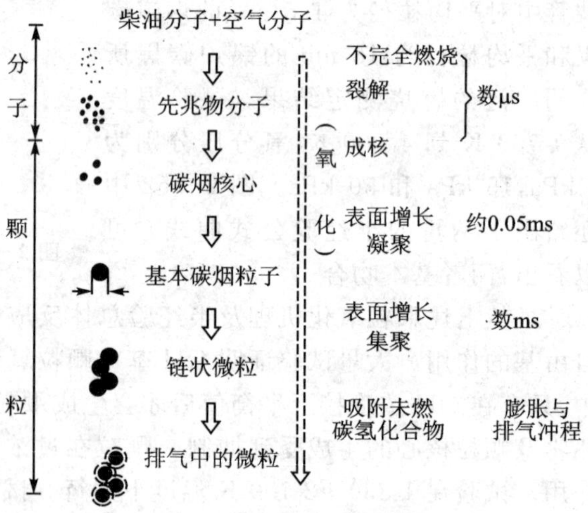

图 2-54 柴油机颗粒生成时间

上述情况说明，颗粒生成过程对柴油机，特别是直喷式柴油机的排放浓度的影响一般要比氧化过程的大。

柴油机结构和各设计运行参数，例如燃料种类、供油及喷雾参数、缸内流场特征及流动强度、压缩比与燃烧室形状、进气温度与压力、转速和负荷等，都会对颗粒排放产生影响。这些影响是通过燃烧室内颗粒生成和氧化基本过程的控制参数起作用的。

1. 负荷对颗粒排放的影响

柴油机的负荷是对其颗粒排放影响最大的因素。它不仅影响颗粒排放的大小，也明显影响颗粒的组分。图 2－55 给出了两种柴油机负荷对颗粒排放变化曲线的比较。其中 1 型柴油机是涡流室柴油机，2 型柴油机为预燃室柴油机。两条曲线的变化趋势很相似：都是空负荷和低负荷时颗粒排放率（以燃烧每 kg 燃油排出颗粒的克数表示）最高，50％～75％的中等负荷时最低，而在满负荷时排放率又明显上升。在同样转速和负荷率下，预燃室柴油机的颗粒排放率明显低于涡流室柴油机的排放率。

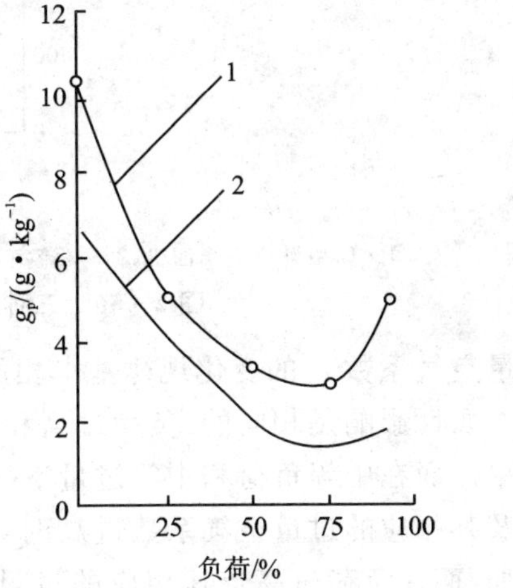

1—涡流室柴油机；2—预燃室柴油机，2 000 r/min

图 2－55　负荷对颗粒排放率 g_p 的影响

在低负荷时，由于空燃比过高，缸内温度低，燃烧室内有较大的过稀燃烧气区域处于稀燃极限之外，而不能燃烧，或者只是以缓慢的速度进行热氧化反应。因而，有较多的未燃燃油、部分润滑油以及它们的部分燃烧中间产物等，最终以颗粒的形式排出。这就是低负荷区颗粒排放率高的原因。

在接近全负荷时，由碳烟形成的颗粒排放率增加。这是由于此时缸内火焰温度高，过量空气系数小，喷油持续期延长，滞燃期缩短，着火后喷入缸内的燃油量占循环喷油量的分量增加，扩散燃烧燃油量占循环喷油量的分量增加，燃烧气局部过浓的情况加剧。这一切就构成了高温缺氧、燃油裂解脱氢反应的有利条件，从而形成较多的燃油深度裂解产物，后者最终聚合和附聚成颗粒。这就是高负荷下颗粒排放率增加的原因。

从颗粒构成来看，高负荷下的颗粒以固态碳烟为主，低负荷下的颗粒以液态碳氢为主。

2. 燃烧系统对颗粒排放的影响

图 2－56 和图 2－57 给出了球型燃烧系统（M－过程）、涡流燃烧室燃烧系统和花瓣型直喷式燃烧系统 3 种柴油机颗粒排放率的比较。由图可知：

① 尽管 3 种柴油机的燃烧系统（燃烧室结构，喷油系统结构和参数、气体运动情况及三者的匹配等）差别很大，但它们的颗粒排放率随负荷（图 2－56 中以平均指示压力 p_i 表示）和随过

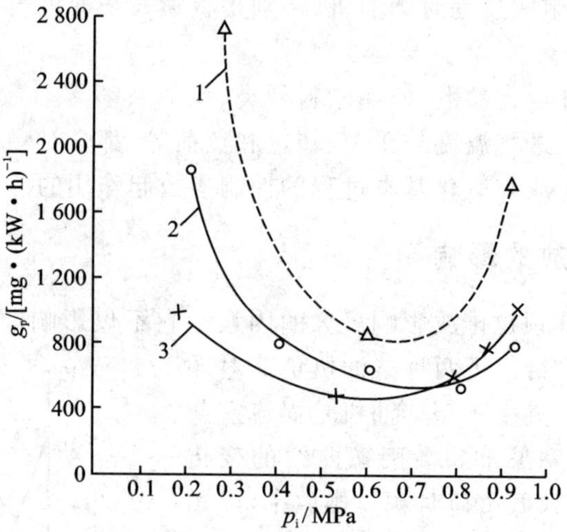

1—球型燃烧室柴油机，2—涡流室柴油机，3—ZH1100W 花瓣型燃烧室柴油机，2 000 r/min

图 2-56 三种燃烧系统颗粒排放率 g_p 的比较(不同负荷下)

量空气系数 φ_a 的变化规律基本相同。这说明负荷和过量空气系数对燃烧过程中形成颗粒的本质性影响是相同的：负荷过高和过低，过量空气系数过大和过小，都将形成较多的颗粒排放率。而在中等负荷和中等过量空气系数时，呈现一个最低颗粒排放率区。这是因为负荷过低及其相应的过量空气系数过高时，形成液态碳氢和可溶性有机物较多，因而使颗粒排放率增加，而在负荷过高及其相应的过量空气系数过小时，形成的碳烟急增，使颗粒排放率也迅速增加。

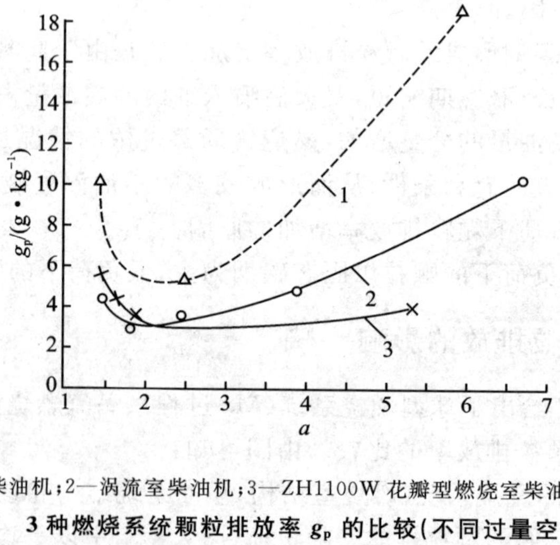

1—球型燃烧室柴油机；2—涡流室柴油机；3—ZH1100W 花瓣型燃烧室柴油机，2 000 r/min

图 2-57 3 种燃烧系统颗粒排放率 g_p 的比较(不同过量空气系数)

② 在同样的转速、负荷和过量空气系数时，燃烧系统的不同对颗粒排放率有明显的影响。该两图表明：具有球型燃烧系统的柴油机的颗粒排放率在整个负荷变化范围内及其相应的过量空气系数变化区内，都远远高于其他两种燃烧系统的柴油机颗粒排放率。球型燃烧系统对缸径、转速及增压等的适应性受到一定限制，燃烧室壁温低，油膜燃烧，颗粒排放中的碳氢（可溶性有机物）将占更多的比例。

对于涡流燃烧室和花辫型直喷式燃烧室颗粒排放率的比较，总的来说，花瓣型直喷式燃烧系统的颗粒排放率在 $\alpha>2.2$ 的中低负荷内，明显低于涡流室燃烧系统。但在 $\alpha<2.2$ 时，当进一步增加负荷和相应地减小 α 值时，涡流室燃烧系统的优点就明显发挥出来，这时它的颗粒排放率低于花瓣型直喷式燃烧系统。这与涡流室燃烧系统的高负荷、超负荷动力性、经济性好是一致的。这种燃烧系统的冒烟极限功率高、升功率高正是基于它有两次混合和两次燃烧，在燃烧前期生成的碳烟和碳氢，相当一部分在燃烧后期被烧掉，使颗粒排放率降低。

3. 转速对颗粒排放率的影响

转速对颗粒排放率多方面的、有些甚至是相反的影响，因而其综合影响是相当复杂的。图 2-58 给出了转速对颗粒排放率的影响。从该图中颗粒排放率随不同转速和负荷的变化呈双反向趋势，就可看出转速对颗粒排放率的复杂影响，在不同负荷时，又是不同的。转速对颗粒排放率的综合影响主要包含下列几种互相不同的单独影响：

① 随着转速的变化，充量系数 η_V、缸内的实际循环进气量以及相应的过量空气系数 φ_a 也变化着。如果有谐波进气或增压，则这些量随转速的变化又不一样。所以，转速对颗粒排放率的影响中潜藏着和包含着过量空气系数 φ_a 对颗粒排放率的影响，这一影响如图 2-57 所示。

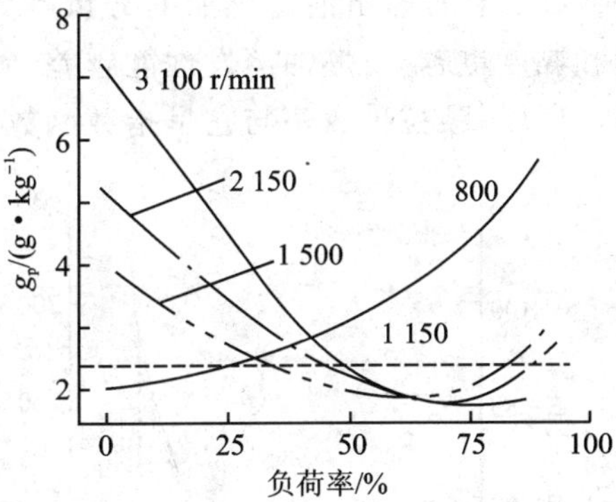

预燃室柴油机

图 2-58　转速对颗粒排放率 g_p 的影响

② 随着转速的变化，进气系统和燃烧室内的气流运动状态存在明显的不同，因而混合气形成的品质及速度受到直接的影响，进而影响到燃烧过程和颗粒及碳氢等的排放率。一般来说，燃烧室内的气流运动过强或过弱，对混合气形成和燃烧过程都是不利的，而对颗粒排放率的增加却是有利的。所以，转速对颗粒排放率的影响潜藏着气流运动对颗粒排放率的影响。

③ 随着转速的变化，喷油压力、喷油速率、喷油规律和贯穿规律等都发生变化。而这些变化又影响着混合气的形成和燃烧过程。所以，转速对颗粒排放率的影响中在一定程度上穿插了喷油系统参数对颗粒排放率的影响。

④ 随着转速的变化，混合气形成和燃烧过程的实际时间也变化。这对混合气形成和燃烧

的品质有直接影响。一般来说，转速越高，用于混合气形成和燃烧的时间越短，混合气形成和燃烧进行得越不充分，因而颗粒排放率越高。

以上就是转速对颗粒排放率影响的综合因素。

4. 燃油品质对颗粒排放率的影响

燃油品质对颗粒排放率的影响亦是多方面的。影响颗粒排放率的燃油物化特性有：馏程和蒸馏曲线形状、芳烃（特别是多环芳烃）的含量、十六烷值大小、氢碳原子比 n_H/n_C、化学成分、燃油中游离碳和残碳的含量、含硫量、含金属量、含灰量、密度和黏度等。至于燃油中有添加剂（如降凝剂、消烟剂、促燃剂等）后，则添加剂本身对颗粒排放率又增加了影响。

图 2－59 给出了某柴油机燃用 3 种不同燃油，用 13 工况循环试验法（见第 7 章）中的第 3 和第 5 工况测定的燃油中芳烃含率 A（％）对颗粒排放浓度的影响。从该图可知，不管用第 3 工况还是第 5 工况测定，颗粒排放浓度都随芳烃含率的增加而急剧增加。

燃油中的芳烃含率 A（％）越高，意味着燃油中的饱和烃含率越少。而芳烃是以苯环为基础的牢固结合体。它不仅含碳量高（即含氢量少），而且化学结构牢固，不易燃烧（与氢和烷烃相比），而容易形成碳烟和颗粒。所以，燃油中芳烃含率 A（％）越高，则颗粒排放率愈益升高。

图 2－60 给出了燃油中 260 ℃以上的馏出油分量 G_{200}/G_f（即 260 ℃以上馏出的燃油量 G_{200} 占燃油总量 G_f 的百分率）对颗粒排放浓度的影响。从该图看出，燃油的馏程越高，即 260 ℃以上的馏出油占燃油的分量越大，则其平均分子量越大，高分子量烃类的含率越多，密度和黏度也越大，燃油蒸发性能越差，着火温度越高，越难形成满意的混合气和完善的燃烧过程。所以，颗粒排放率与它呈指数函数关系升高。

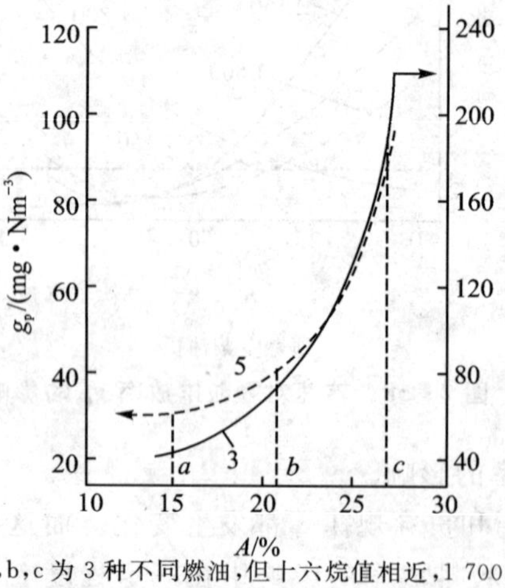

（a，b，c 为 3 种不同燃油，但十六烷值相近，1 700 r/min，稀释比 25∶1，3，5 为 13 工况中的第 3 和 5 工况）

图 2－59 燃油中芳烃含率 A(％)对颗粒排放浓度的影响

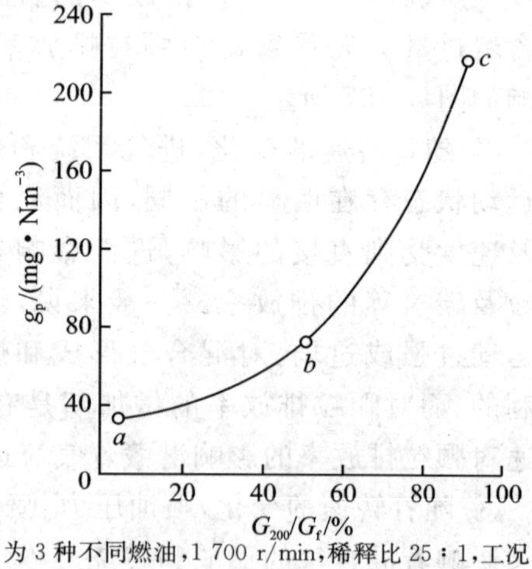

（a，b，c 为 3 种不同燃油，1 700 r/min，稀释比 25∶1，工况 3）

图 2－60 燃油 260 ℃以上馏出油的分量 G_{200}/G_f 对颗粒排放浓度的影响

在燃油各种物化特性对颗粒排放率的影响中，芳烃含率的影响是最主要的和本质性的。

燃油中的含硫量对颗粒中的硫酸盐含率有直接影响。燃油中的硫化物燃烧后，一部分以气态硫的氧化物形式排出，另一部分以硫酸盐的颗粒形式存在于排气颗粒中。所以，燃油中的含硫率越高，则排气颗粒中的硫酸盐也越多，即颗粒排放率越大。图 2-61 表示了这方面的关系。

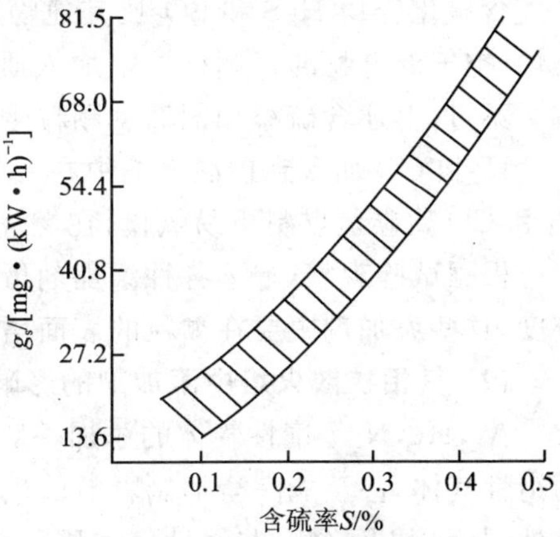

图 2-61　燃油含硫率 S 与硫酸盐排放率 g_s 的关系(稀释比 8∶1)

燃油品质变差，则排气中的可溶性有机物和不溶性颗粒都大致同步增多。

排气颗粒中的多环芳烃含率与所用燃油中的芳烃含率(特别是多环芳烃含率)直接有关，后者决定了前者。

燃油中轻馏分(如 220 ℃以下的馏出油量)占的分量越大、正烷烃的含率越大以及十六烷值越高，则柴油机的冷启动性能越好，冷启动时排出的白烟和蓝烟越少，相应的颗粒中所含这类组分也越少。

燃油中存在的游离碳以及蒸馏残碳，都可能起着颗粒成核的作用。所以，燃油中的游离碳和蒸馏残碳越多，则柴油机排气颗粒也增加得越多。

5. 添加剂对颗粒排放的影响

在颗粒排放的研究中，添加剂的影响受到了广泛的重视。一般来说，各种不含金属元素的添加剂要对颗粒生成发生影响需要较高的质量浓度，而许多金属元素的添加剂往往其浓度不到 1%，有时甚至小于 ppm 的数量级时即可对颗粒生成产生显著影响，添加剂对颗粒排放的影响十分复杂，有物理方面的，如热力学的、电学的影响；也有化学方面的，如催化作用等。此外，同一添加剂对不同类型火焰的影响也不尽相同。下面分别叙述非微量添加剂(浓度>1%)对预混火焰、气相扩散火焰和喷雾燃烧中颗粒排放的影响以及微量添加剂(浓度<1%，常称添加剂)的作用。

(1) 预混火焰中添加剂的影响

如果预混火焰温度保持不变，则添加惰性气体相当于降低了裂解和成核反应中反应物的分压，使裂解和成核过程变慢，从而降低颗粒的排放量。但是，若不采取措施使火焰温度维持不变，则惰性气体对火焰的稀释常使火焰温度降低，后者降低了颗粒的氧化速率。因此，添加惰性气体对预混火焰中颗粒净生成率的影响取决于上述两种因素共同作用的结果。一般来说，要使颗粒排放有明显变化，需加入质量浓度高于 5%的惰性气体，此外，惰性气体实际上对成烟界限没有影响。与其他惰性气体不同，试验表明，当水蒸气添加量小于 10%时对预混火焰的成烟界限及颗粒排放量没有明显影响。

含氮物质,如NH_3,NO和NO_2等都能抑制颗粒生成,并提高成烟界限。例如,加入NH_3的作用,相当于用一个N原子换走了一个C原子,从而使燃料混合物相对变稀。实验中观测到在浓的碳氢化合物预混火焰中,NH_3经反应形成了稳定的HCN。

含硫化合物H_2S和SO_2比其他物质能更有效地抑制颗粒生成并提高成烟界限。例如,在乙烯-空气混合物的冒烟火焰中加入质量浓度1%的H_2S或SO_2,颗粒生成量将减少85%左右。不过,上述含硫添加剂抑制颗粒生成的机理目前还不清楚。

H_2和CO加入到预混火焰中在一定程度上会降低成烟界限,增加颗粒排放。这是因为,H_2和CO比碳氢燃料更易氧化,在燃烧初期夺走了氧,从而相当于使反应混合物变浓。

根据试验观察,上述各种添加剂虽然改变了颗粒生成量,却都没有影响火焰中颗粒的数量密度,这些添加剂主要在颗粒的表面增长阶段起作用,而对成核及凝聚过程影响不大。

(2) 气相扩散火焰中添加剂的影响

Ar,He,N_2等惰性气体的添加一般使气相扩散火焰中的颗粒生成量减少。如果添加较多的惰性气体,甚至能完全抑制颗粒的生成。这主要是因为添加惰性气体会造成火焰温度降低。此外,与预混火焰相同,惰性气体稀释降低了参与成核反应的物质的分压。CO_2和水蒸气的添加对降低气相扩散火焰中颗粒量具有较大作用。惰性气体(不包括水蒸气)对颗粒生成所起的作用主要表现在热力学方面。图2-62(a)表明,在一定流量的乙烯扩散火焰中,不同惰性气体抑制颗粒生成所需的临界稀释流量是不同的。然而,若将不同气体的临界稀释流量折算成热容流量,整理成图2-62(b)所示的总热容流量与乙烯流量的关系,则可以看到,各种惰性气体抑制颗粒生成的作用是等同的。

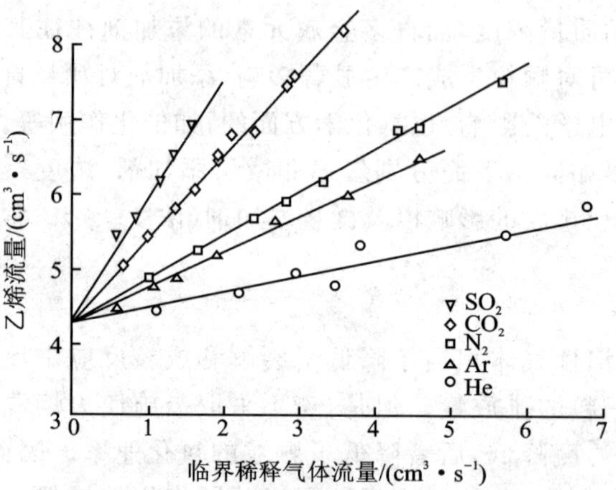

(a) 不同惰性气体抑制颗粒生成所需的临界稀释流量

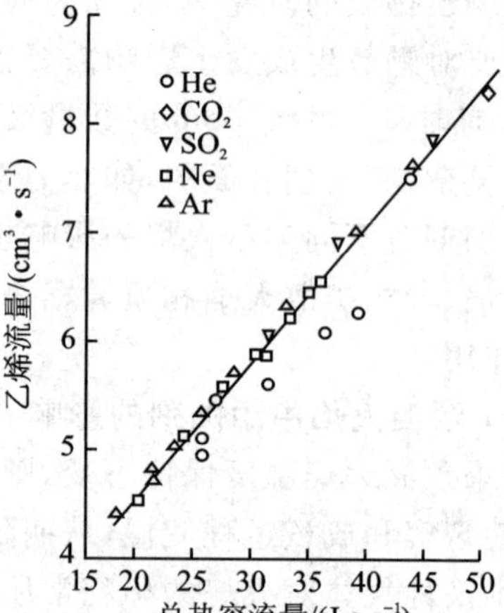

(b) 不同惰性气体总热容流量与乙烯流量的关系

图2-62 各种惰性气体对气相扩散火焰颗粒生成的影响

在气相扩散火焰中加氢能使颗粒排放量减少。这说明加氢对预混和扩散火焰有不同的作用。

3. 喷雾燃烧中添加剂的影响

应用乳化技术使燃油渗水可减少喷雾燃烧的颗粒生成量。乳化燃料中水的作用是多方面的。首先，在外界环境、液滴尺寸、燃料性质等条件允许时，乳化燃料液滴在气化时会产生微爆。微爆使燃油颗粒进一步细化，从而加速了燃料气化及其与空气的混合；其次，水的气化潜热以及水蒸气的热容量都会使火焰温度降低，这就减缓了裂解和成核反应。再者，水蒸气高温分解使火焰区具有丰富的 OH 基，这显然有利于颗粒的氧化。

4. 微量添加剂的影响

占工质质量分数小于 1%的微量添加剂对颗粒排放有显著的影响。不少含有金属元素的化合物(多半是有机金属络化物)有明显的抑制颗粒的作用。虽然不同添加剂发挥作用的条件有所不同，但总的来说，含锰化合物是最为有效的。含铁、镍、钴、铜等过渡金属的有机化合物在某些情况下也能较大地降低颗粒量。各种添加剂在低浓度范围内，其效果随添加量增加提高较快，但当添加剂浓度达到一定值后，抑制颗粒效果不再增加而趋于稳定。

含钡化合物也是被广泛采用的消烟剂。但其消烟作用只有在浓度较高(占燃油含量的 0.5%)时才显著。单缸柴油机上的含钡添加剂的试验表明，使用该添加剂后最大爆发压力没有增加，而仅提高了排气温度。另对含镍添加剂所做的试验表明，镍结合到颗粒生成物后，对颗粒氧化起着催化作用。

碱金属和碱土金属添加剂对颗粒排放的影响，在气相扩散火焰和预混火焰试验中得到证实，添加碱金属后火焰中正离子浓度和颗粒量的减少有一定的相关性。

除了含金属的化合物外，有些有机化合物，其中多半是含氮化合物，如硝基化合物，也具有消烟功能，但其用量一般比较大，而且效果不如含金属化合物强。

2.5　硫氧化物

跟氮氧化物不同，硫氧化物只是来源于燃油中硫的氧化。当燃油燃烧时，几乎所有的硫(大约 95%)都释放到空气中，剩下的 5%的硫以硫酸盐的形式存在于灰分或颗粒中。燃料中的硫，无论是有机的还是无机的，在燃烧时首先氧化成 SO_2，SO_2 可以进一步被氧原子或氧分子氧化成 SO_3。

$$\text{燃料 } S + O_2 \rightarrow SO_2 \tag{2-66}$$

$$SO_2 + O \rightarrow SO_3 \tag{2-67}$$

$$2SO_2 + O_2 \rightarrow 2SO_3 \tag{2-68}$$

如果有足够长的反应时间，所有的SO_2都会被氧化成SO_3。但实际上，内燃机中只有1％～5％的SO_2被氧化成SO_3。燃烧过程中生成的SO_3随燃烧温度和空气的增加而增加。排气中的SO_3和水蒸气通过下面可逆反应形成硫酸，但当温度高于450 ℃时，硫酸分解为SO_3和水蒸气。

$$SO_3 + H_2O \rightleftharpoons H_2SO_4 \tag{2-69}$$

此外，部分硫酸会和燃油中的碱性物质形成中性硫酸盐，根据温度和排气管内的湿度，凝结在颗粒或其他物质表面(2-70)。因此，对于发动机，有一最低排气温度(露点)，排气温度不能低于此温度，以避免硫酸凝结。

$$H_2SO_4 + H_2O \rightarrow H_3O^+ + HSO_4^- \tag{2-70}$$

凝结的硫酸液滴和酸性颗粒有很强的腐蚀性，对设备和人体健康有不利影响。排入空气中的SO_2会形成酸性颗粒PM2.5，危害人体健康并形成薄雾。

第 3 章　汽油机的排放特性及低排放设计

汽油机的排气主要是由 N_2,O_2,CO_2,水蒸气和有害排放污染物组成,其中有害排放污染物主要有 CO,HC 和 NO_x 等,这些排放物对人体健康和环境造成了极大的影响。在汽油机燃烧过程中,由于气缸内各处的温度、压力和混合气浓度不同,产生的 CO,HC 和 NO_x 的过程和位置也就不同。汽油机的结构对于汽油机的排放会产生一定的影响。

3.1　汽油机的排放特性

3.1.1　稳态排放特性

图 3-1 是一台典型汽油机的 CO,HC 和 NO_x 排放特性图,各种排放都用比排放量表示。由图 3-1(a)可见,汽油机在常用的部分负荷区,为了满足三效催化转化器高效工作的要求,将过量空气系数 φ_a 控制在 1.0 左右,所以 CO 排放较低。在负荷很小(平均有效压力 $p_{me}<$ 0.2 MPa)时,为保证燃烧稳定,混合气适当加浓,导致 CO 排放略有上升。当负荷超过全负荷的 95%左右时,CO 的比排放量开始急剧上升,原因是,为使发动机能发出较大的功率和转矩,混合气显著加浓。

图 3-1(b)表示了汽油机未燃 HC 排放量的变化趋势,由图可见 HC 的变化趋势与 CO 类似,都是中等负荷时比排放量较小,大负荷和小负荷时排放相对较大。与 CO 排放不同之处有两点,一是全负荷时 HC 排放增加不如 CO 严重;二是在小负荷时以比排放计量的 HC 排放随负荷的减小增加得更快。HC 和 CO 排放规律不同的原因可用 CO 和 HC 生成机理不同来解释。大负荷时混合气过浓,主要生成 CO,燃料完全氧化是不可能的。HC 排放主要来自淬熄等多种因素,各循环绝对排放量变化不大,所以 HC 比排放量在负荷增大时下降。在发动机达到全负荷时 HC 比排放量增大,因为此时排气中严重缺氧,使未燃 HC 的后期氧化受阻所致。在负荷很小时 HC 排放急剧增加,除了因输出功率减小外,还有一个原因是由于排气温度过低,未燃 HC 不能进行后期氧化。

汽油机 NO_x 的排放规律与 CO,HC 排放规律截然不同,如图 3-1(c)所示,当转速一定时,NO_x 比排放量随负荷增大而不断下降,当接近全负荷时下降更快。实际上,中等负荷时,由于燃烧温度增加,NO_x 的绝对排放量随负荷增大而增加。但 NO_x 的增加没有与负荷成正比,所以比排放量逐渐下降。当负荷接近全负荷时,因混合气加浓,氧不足,NO_x 生成受限,NO_x 绝对生成量开始下降,导致比排放量下降更快。此外,从图 3-1(c)还可看出,当汽油机负荷一定时，NO_x 的比排放量随转速升高而增大，绝对排放量增加更快。由此可知，转速上升造成的燃烧温度提高，促进 NO_x 的生成，这一影响超过了反应时间下降的影响。

总之，从图 3-1(a)～(c)所示的汽油机 CO，HC 和 NO_x 排放特性可得出结论：为减少汽油机排放污染物，应尽可能使之在中等负荷下运行。

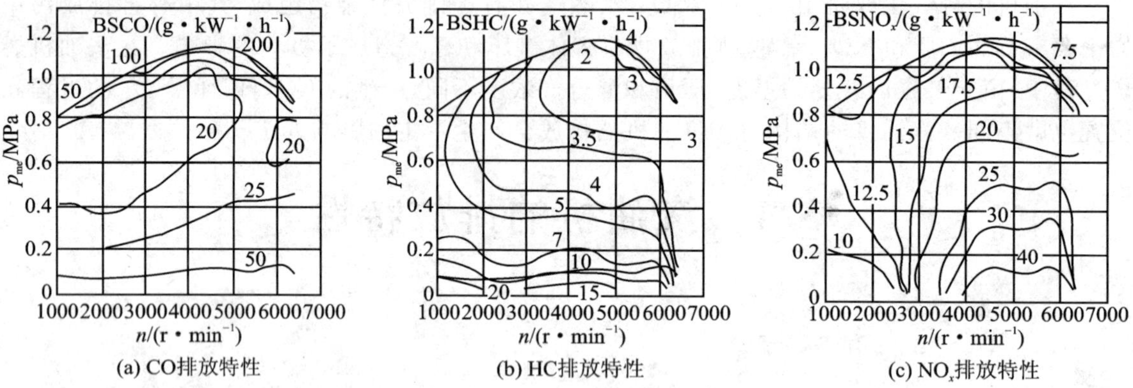

图 3-1 典型汽油机的排放特性

3.1.2 瞬态排放特性

汽油机在实际使用中常出现瞬态运转状态，例如启动、加速和减速等。在此工况下，其转速和负荷不断变化，零部件的温度以及发动机循环参数也不断变化。汽油机在这类瞬态工况下的排放与稳定工况时有很大不同。

1. 冷启动

汽油机冷启动时，由于进气系统和气缸温度很低，汽油很难完全蒸发，较多的汽油沉积在进气系统和气缸壁面上，形成油膜，同时由于发动机转速很低，气体流速很低，燃油蒸气与空气混合也不均匀。为了使点火时能在火花塞附近形成可点燃的混合气，要求供给很浓的混合气，即额外加大供油量。形成油膜的汽油有些在燃烧结束后从壁面上蒸发，没有来得及完全燃烧就被排出气缸，造成冷启动时 HC 的大量排放。一旦燃烧逐步趋向正常，过浓混合气又会导致 CO 大量生成。

冷启动时由于温度很低以及混合气过浓，氧不足，NO_x 排放量很小。

2. 暖机过程

汽油机启动以后，需要一个暖机过程，这时需要 $\varphi_a<1$ 的浓混合气，以弥补汽油在进气道和燃烧室壁面上的冷凝，保证燃烧的稳定，所以此时 CO 和 HC 的排放很高。

暖机时期 NO_x 排放不大，原因是暖机过程属于怠速运转，发动机缸内温度不高。

3. 加速过程

汽油机加速工况，迅速开启节气门增加转矩到最大值，使转速急剧提高。用化油器供油的汽油机急加速时，往往通过额外供给汽油，使一段时间内缸内可燃混合气很浓，造成一个 CO 和 HC 的排放高峰。燃油喷射的汽油机不需要特别加浓的混合气，其排放值与相应的各稳定工况点相似。图 3-2 表示这两种汽油机在加速过程中 CO 排放的对比。

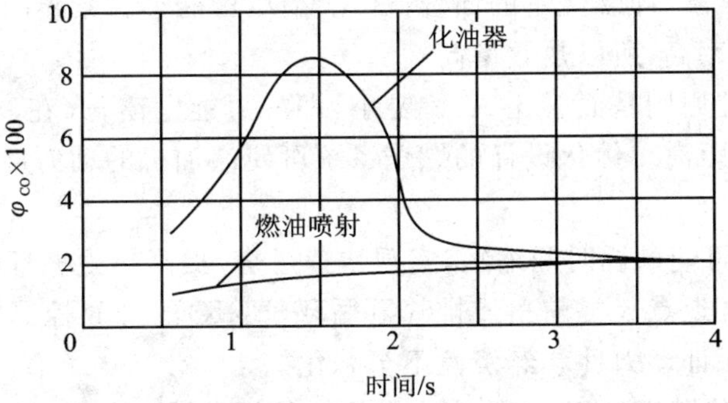

图 3-2　汽油机加速时排气中 CO 排放量的变化

4. 减速过程

汽油机减速工况就是节气门迅速关闭，发动机反拖，在较高转速下空转。化油器式发动机如果没有高怠速停油装置，将由于进气管中突然出现的高真空状态，大量汽油从怠速供油系吸入进气管，加上进气系统壁面上的液态油膜因压力下降而迅速蒸发，会形成一段时间的过浓混合气，造成较高的 HC 和 CO 排放（图 3-3）。

汽油喷射式发动机在减速时不再供油，且进气系统中液态油膜少，因此排放 HC 和 CO 很少。新型化油器在减速时不再供油，情况也有改善。

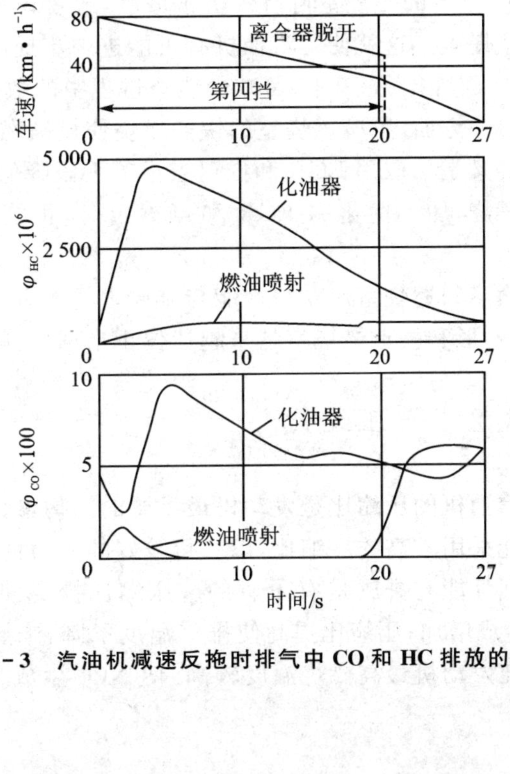

图 3-3　汽油机减速反拖时排气中 CO 和 HC 排放的变化

3.2 燃烧系统优化设计

3.2.1 燃烧室形状

不同的燃烧室形状会使汽油机性能有很大差别。汽油机要提高动力性，改善燃料经济性，燃烧室构造要尽可能紧凑，即燃烧室的面容比(A/V)尽可能小。紧凑的燃烧室散热损失小，火焰传播距离短，燃烧速率高，所以热效率高。

燃烧室形状的设计原则是面容比 A/V 要小，即尽可能紧凑；火花塞尽可能布置在燃烧室中央，以缩短火焰传播距离。优化设计的燃烧系统可使汽油机的动力性、经济性和排放特性方面得到改善。

① 紧凑的燃烧室可使燃烧时间缩短，实现快速燃烧，提高热力循环的等容度，使热效率提高。快速燃烧技术与推迟点火提前角或排气再循环(EGR)的排放控制措施联用并匹配得当，可在降低排放的同时保证动力性和经济性不至恶化。

② 紧凑燃烧室改善燃烧过程，使不完全燃烧产物 CO 排放下降。A/V 的下降使表面冷激淬熄效应减小，使未燃 HC 排放下降。

③ 紧凑的燃烧室可有效防止爆震，或者说提高了机械辛烷值。因为燃烧时间越长，越容易发生爆震。这就使得汽油机有可能进一步提高压缩比以改善热效率。

④ 面容比 A/V 小，可减少燃烧过程中的散热损失，有利于提高热效率。

另一方面，紧凑燃烧室的快速燃烧使最高燃烧温度上升，导致 NO_x 生成量增加。但是，快速燃烧又是采取用 EGR 和推迟点火等手段降低 NO_x 措施获得成功的必要前提。紧凑燃烧室快速燃烧，加上优化的 EGR 和点火定时，可能给出动力性、经济性、NO_x 排放之间的最佳折中。

紧凑的燃烧室对获得性能与排放之间的有利选择是十分重要的。因此，以往传统的圆盘形、浴盆形和楔形燃烧室越来越让位于半球形、帐篷形等面容比小、火焰行程短的紧凑燃烧室。

3.2.2 压缩比

汽油机的压缩比是发动机最重要的结构参数之一，一般都是在燃料辛烷值允许的前提下尽可能采用较高的压缩比，以获得较好的动力性和经济性。但一味提高压缩比对排气不利，在这方面性能与排放是有矛盾的。压缩比提高使燃烧室更扁平，面容比 A/V 增大，导致未燃 HC 生成增加；压缩比提高使排气温度下降，未燃 HC 的后氧化减弱，使 HC 排放量加大。高压缩比发动机最高燃烧温度较高，使 NO_x 生成量增加，热分解产生的 CO 也加多。传统的汽油机往往根据最易发生爆燃的工况选择压缩比，这样在其他常用中小负荷工况，汽油抗爆性能并未得到充分利用。现代汽油机则选择更加高一些的压缩比，在大部分工况下能正常燃烧，而在少数工况下发生爆燃时，通过爆燃传感器通知电控器，后者可适当推迟点火消除爆燃。电控点火系统的采用使任意控制点火定时成为可能，为高压缩比汽油机在性能与排放方面得到更好的折中提供了很大的潜力。

3.2.3　改善缸内气流运动

提高缸内混合气的涡流和湍流程度，有助于加强油气混合，保证快速燃烧和完全燃烧。这是因为，静止或层流混合气中的火焰传播速度一般不超过 1 m/s，而湍流时的火焰传播速度可高达 100 m/s 以上。

汽油机中加强气流运动的方法主要有加强进气涡流和采用挤气面设计。进气涡流可通过进气道形状和进气门上设置导气屏来实现。挤气面形成的气流运动是一种湍流扰动。另外，适度的气流运动还可以改善燃烧时的循环波动，而循环波动也是 HC 排放以及动力经济性恶化的重要原因。

3.2.4　气门布置和火花塞位置

由传统的每缸 2 气门布置改为每缸 3 气门、4 气门或 5 气门布置，可以明显增加充量系数、减小泵气损失，改善发动机性能，降低 CO_2 和污染物比排放量，而且可以把火花塞布置在气缸中央或接近中央位置，缩短火焰传播路程，加速燃烧过程，带来与紧凑燃烧室类似的优点。图 3－4 表示汽油机火花塞位置对部分负荷时燃油效率 g_e 和 HC 排放的影响。4 气门汽油机火花塞中置，可以采用较高的压缩比，提高燃油效率。4 气门汽油机燃烧室紧凑。HC 排放较低。

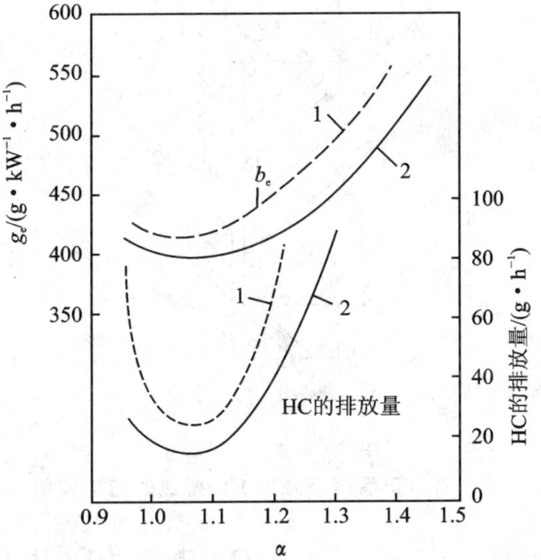

1—每缸 2 气门，火花塞侧置；2—每缸 4 气门，火花塞中置

图 3－4　汽油机部分负荷时的燃油消耗率和 HC 排放

3.2.5 减小不参与燃烧的缝隙容积

如在 HC 生成机理中介绍的那样，在活塞头部、火花塞和进排气门处存在着 A/V 很大的缝隙，由于壁面淬熄效应而产生大量 HC，因而在燃烧室和活塞组设计中应尽量减小这些缝隙容积。

3.2.6 活塞组设计

活塞、活塞环与气缸壁之间形成的缝隙对汽油机的 HC 排放有很大影响。因此要在工作可靠的前提下尽量缩小火力岸与气缸的间隙，尽量缩小顶环到活塞顶的距离，即减小火力岸的高度。为此要寻找热膨胀更小的活塞材料和耐热性更好的活塞环材料以及合理的结构。例如，可以基本上布置得与活塞顶齐平的 L 形活塞环（见图 3－5），可完全消除产生 HC 排放的缝隙，从而减少 HC 排放。另一方面，如果不能缩小火力岸与气缸间隙，则适当加大间隙，使燃烧火焰能够钻入间隙而不淬熄，也可减少 HC 排放。图 3－6 表示 4 种火力岸结构简图。试验表明，如果结构 1 的 HC 排放为 100%，则结构 4 可减少 22%。

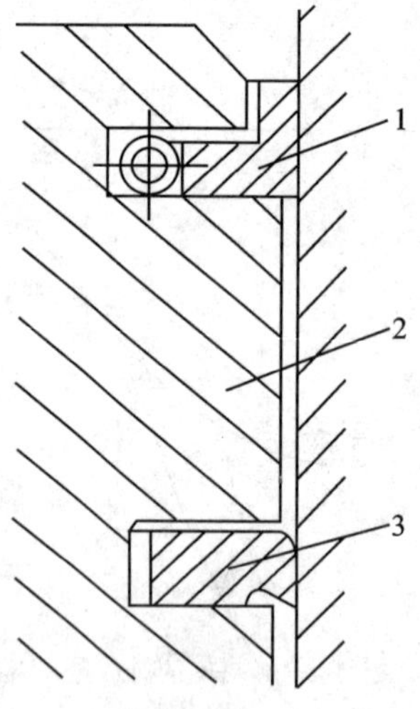

1—L 形环；2—活塞；3—第二气环

图 3－5 用 L 形活塞环减少 HC 排放的结构实例

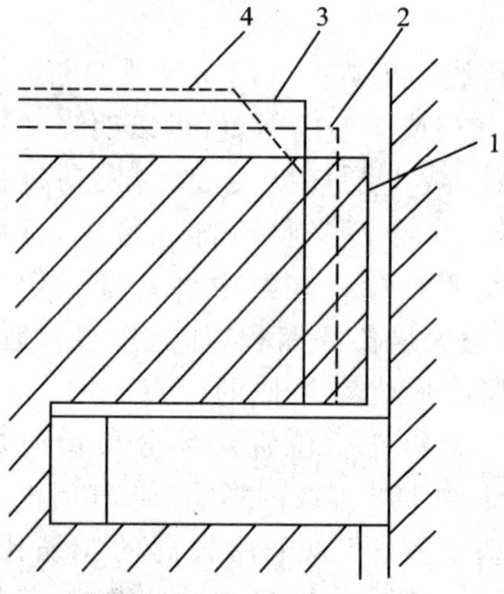

1—100%；2—95%；3—88%；4—78%

图 3－6 火力岸的 4 种结构设计的 HC 排放对比

3.3 低排放供给系统

以前汽油机为改进雾化效果降低排放，经常在进气道内安装化油器。随着技术的进步，新的减排措施以其独特的优势逐渐取代了化油器。虽然目前仍有极少数汽油机采用化油器，但鉴于化油器式汽油机数量极少，本章对化油器不作进一步介绍。

3.3.1　进气道汽油喷射系统

改进进气系统的目的在于提高混合气雾化质量，以及改善各缸分配的不均匀性等，其措施有：利用废气、冷却水的热量或者采用正温度效应，提高混合气温度，二次补充进气，加强进气涡流以及其他改善各缸混合气分配不均匀性的措施。

3.3.2　缸内直接喷射系统

如果用高压将汽油直接喷入气缸内，就可从原则上解决冷启动时油气混合不足的问题。这是因为缸内直喷时油气混合主要依靠燃油喷雾能量和缸内空气湍流动能，与温度高低关系不大，不需过量供油。

目前，汽油喷射泵的供油压力已达 5～10 MPa，采用单孔涡流喷嘴，可达到较大的喷雾锥角(50°～100°)，促进油气的宏观分布均匀性。喷雾的平均油滴直径可小到 20 μm 左右，这样的油滴在温度为 200 ℃的空气中仅需 3 ms 左右就能完全蒸发，如发动机转速为 3 000 r/min，这段时间相当于 60°曲轴转角。所以，油气混合可以主要依靠喷雾来实现。

由于缸内直喷改善了汽油机的油气混合过程，冷启动时不再需要过量供油，HC 排放将大为降低。与此同时，缸内直喷还可带来很多其他好处。试验表明，缸内直喷汽油机的充量系数可比进气道喷射汽油机高 2%～3%。由于可燃混合气温度的降低，缸内直喷汽油机的爆燃倾向也大为降低，在其他条件相同的情况下，压缩比可比进气道喷射汽油机提高 1～2。

直喷式汽油机改善燃烧和排放的关键是分层稀燃技术。缸内直喷分层稀燃汽油机怠速时残余废气少，燃烧稳定。由于部分负荷工况时不需关小节气门来限制进气量，减小了换气过程的泵气损失。同时在高空燃比情况下，由于混合气物性的改变，绝热指数增大，以及传热损失减少，发动机热效率可以进一步提高。

但是，缸内直喷汽油机分层燃烧也存在一定问题。实际上，无论采取多么巧妙的技术手段，在火花塞周围燃料浓度均匀递降的理想的“分层充量”都很难形成，燃烧火焰会在汽油极稀的区域熄灭，造成大量未燃 HC，影响燃烧效率。稀燃汽油机的 NO_x 排放虽然比均燃汽油机低很多，但不如加装三效催化转换器的均燃汽油机，仍不能满足严格的排放法规。稀燃汽油机的排气后处理系统，虽经长期研究，但至今尚未成熟，且要求燃料含硫极低。此外，分层稀燃加上大比例 EGR 使控制复杂，降低了系统的可靠性。

3.3.3 二冲程发动机的缸内汽油直喷系统

二冲程汽油机功率高，结构简单，可实现小型轻量化。但由于化油器式二冲程发动机扫气短路损失严重，造成 HC 排放高，燃油经济性差，目前不仅在汽车上很少用，连原先占统治地位的摩托车领域，其所占份额也越来越低。

但如果在二冲程发动机上采用汽油缸内直喷技术，就有可能解决扫气过程中油气混合气逸入排气管的顽疾，使其适应当今降低排放和节约能源的社会要求。

虽然在二冲程发动机上采用缸内直喷技术比四冲程发动机更为困难，但已有许多创新性的研究工作，澳大利亚的 Orbital 公司开发成功了用压缩空气辅助喷射的喷油器缸内直喷式二冲程发动机。通过喷雾特性、燃烧室形状、气流运动的巧妙配合，可在空燃比 $\varphi_a=20\sim50$ 宽广范围内稳定运转，其排放低于美国超低排放车(ULEV)的排放限值。

3.3.4 电子控制燃油喷射系统

汽油机降低排气污染和提高热效率的关键问题之一是精确控制空燃比。电子控制汽油喷射(EFI)系统，以其出色的控制精度和灵活性得到了普及应用，并淘汰了化油器供油系统。1995 年以后，国外汽油车几乎 100%采用 EFI 系统，而其中绝大多数是多点电喷汽油车。

电子控制燃油喷射系统与化油器相比，具有以下优点：

① 满足发动机各种工况对空燃比和点火提前角的不同要求，从而使排油特性、燃油经济性和动力性达到最佳；

② 各缸混合气分配均匀性好(多点电喷汽油机)；

③ 没有化油器中的狭窄喉管，减少了节流损失，可以不要化油器发动机常用的进气加热措施，提高了进气密度，改善了充气效率；

④ 具有良好的瞬态响应特性，改善了汽车的加速性；

⑤ 采用闭环反馈控制方式，可满足三效催化转换器对空燃比的严格要求；

⑥ 采用压力喷射，使汽油雾化质量比化油器大为改善，有利于快速和完全燃烧。

电子控制燃油喷射系统按喷油器的结构布置，可分为多点喷射和单点喷射。多点喷射系统(MPI)在每一缸进气管上设置一个喷油器，喷油器的结构如图 3-7 所示。汽车在高负荷工况运行时，发动机室的温度常达 60～80℃，而 MPI 的喷油器又布置在靠近气缸的位置，有时温度可高达 100℃以上。为防止汽油的气化，更主要的是为了保证喷油雾化质量，一般喷油压力为 250～300 kPa。因而 MPI 喷油系统制造要求高，成本也相应较高。

单点喷射系统(SPI)也称节气门体喷射系统(TBI)或中央喷射系统(CFI)，其喷油器结构如图 3-8 所示，而系统布置见图 3-9。显然，SPI 系统在结构布置上与化油器式发动机相似，

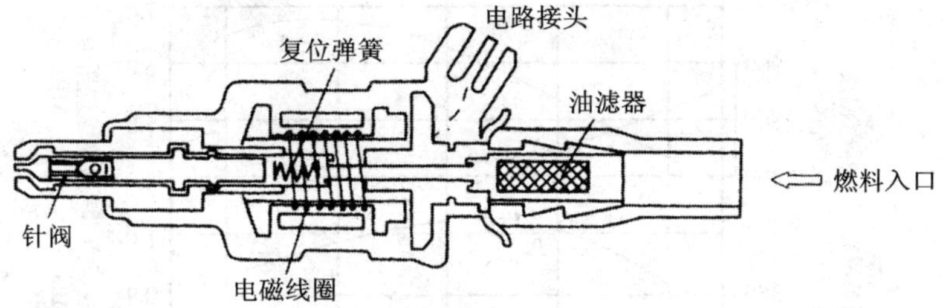

图 3－7　MPI 系统的喷油器

因而对喷油雾化质量要求不高，可采用较低喷油压力(70～100 kPa)，但也有的 CFI 系统采用了与 MPI 系统相同的喷射压力。SPI 系统结构简单，造价便宜，但也保留了诸如各缸分配不均匀和进气阻力大等化油器的固有缺点。随着排放法规的进一步加严以及对燃油经济性要求的进一步提高，SPI 系统已逐渐被淘汰。

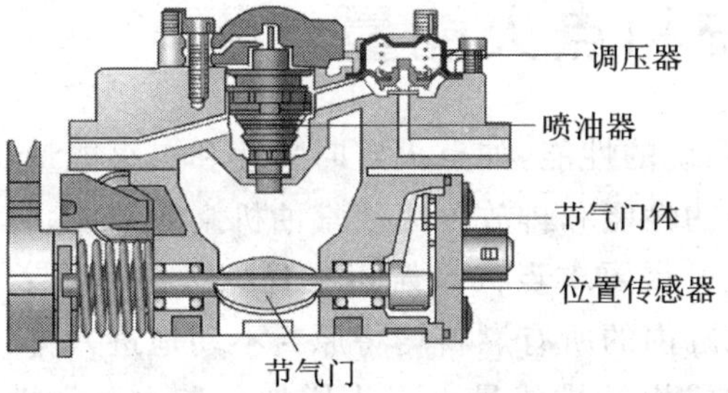

图 3－8　SPI 节流阀体和喷嘴

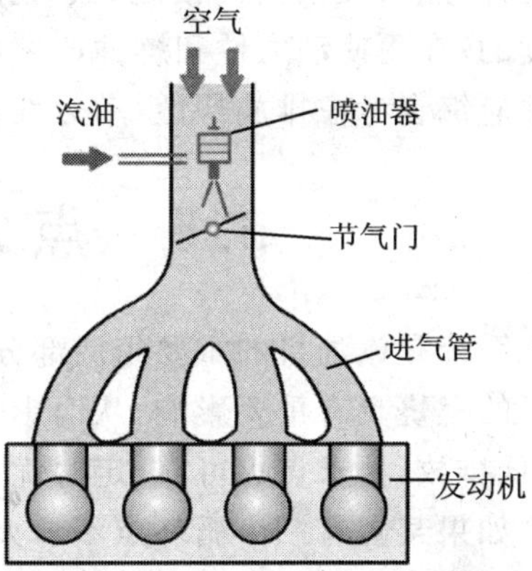

图 3－9　SPI 的系统布置示意图

3.4　推迟点火提前角

点火提前角对发动机的动力性、经济性和排放特性都有重要影响，推迟点火提前角一直是最简单也是应用最广泛的排放控制技术。

图 3－10 反映了点火提前角对平均有效压力 p_{me}、燃油消耗率 g_e、最高燃烧压力 p_{max} 和排气温度 t_e 的影响。当点火提前角为上止点前 35～40°CA 时，p_{me} 和 g_e 最佳，这是以动力经济性为目标的点火提前角。随着点火提前角的减小(即推迟点火)，HC 和 NO_x 的排放明显降低。HC 的降低是因为排气温度 t_e 上升，促进了排气过程中 HC 在气缸内和排气管内的氧化。NO_x 降低的原因则是随点火提前角的滞后，最高燃烧温度呈直线下降。

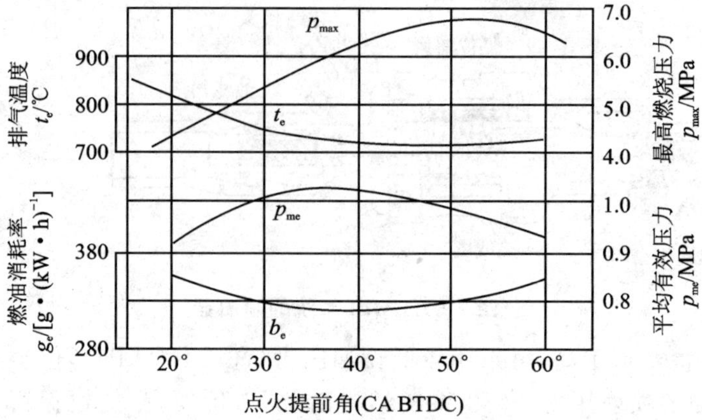

图 3-10　点火提前角对动力经济性的影响

但是，随点火提前角的推迟，会产生 p_{me} 下降和 g_e 上升，因而靠推迟点火提前角降低排放是有限度的，在不使动力性和燃油耗率明显恶化的前提下，NO_x 仅可能降低 10％～30％。实际应用中应综合考虑排放特性、动力性及经济性来确定最佳点火提前角。

3.5　点火系统和点火能量

点火系统是汽油机的重要组成部分。点火系统的性能，如点火定时特性和点火能量特性，对汽油机的燃烧具有重要影响，从而影响发动机的性能和排放。为使汽油机高效节能、具有高动力性、低排放，要求点火可靠，定时优化。点火可靠要求点火系统可在任何情况下点着可燃混合气。如果某缸有一个循环点不着火，这一气缸内的所有燃料均将原封不动地进入排气管，使发动机的 HC 排放出现很大的峰值，时间平均或累计排放量也大为增加。点火可靠性主要取决于点火能量，此外还要求火花塞工作可靠。

点火定时对汽油机的性能和排放影响很大。点火定时需要考虑多种因素进行优化。在全负荷运转时（外特性上），点火定时一般为对应最大转矩的最小点火提前角（BMT）。在部分负荷运转时，通过真空调节器使点火提前角 θ_{ig} 随负荷减小而增大，以保证较好的燃油经济性。随着电控喷油系统在汽油机上的广泛应用，新型电控点火系统可以考虑各种情况和具体要求，通过点火标定试验来制定点火提前角的最优控制脉谱，实行细致的优化控制。

电控点火系统除了按点火定时脉谱对定时进行开环控制外，还可根据机体振动强度检测发动机是否发生爆燃的爆燃传感器的信号，对点火定时进行闭环反馈控制。爆燃传感器一旦测出爆燃，点火系统即推迟点火。爆燃一消失，点火定时即恢复爆燃前状态。这样，可使发动机总在临近最佳动力性与最佳经济性点上工作。

电控点火系统，还可通过对点火一次电流闭合期的控制来保证最大可能的点火能量。当点火电源蓄电池电压偏低时，电控系统自动延长一次电流闭合期，使点火能量得到保证。当发动机转速提高时，以曲轴转角计算的闭合角自动加大，以保证以时间计算的闭合期。

提高点火能量可以提高着火的可靠性，扩大混合气的着火界限。提高点火能量的措施有：

① 增大极间电压，极间电压一般为 10～20 kV，目前最高的有 35 kV；

② 增大火花塞间隙，如由 0.8 mm 增大至 1.1 mm；

③ 延长放电时间等。

目前电子点火系统的二次电压已高达 30～40 kV，火花塞火花间隙已达 1～1.5 mm，可以保证可靠点火。

除了电控点火系统外，为了进一步改善发动机的燃油经济性和排放特性，国内外还研究开发了多种新型点火装置。

1. 等离子体喷射点火装置

该装置如图 3-11 所示，普通高电压、弱电流点火系统，在带小孔的腔室内产生电火花，电火花造成的气体电离，使低电压电容器的电路短路，释放出大电流。该电容器的电压为 900～1 200 V，短路后能释放出 10 J 的能量，但一般只需 1～2 J 的能量就能使空气形成高温等离子体。等离子体的生成速度很快，使空腔内压力迅速上升，等离子流以超声速从小孔中喷射出来，进入燃烧室，可以点燃低于正常可燃界限的稀混合气。

2. LC 强脉冲可控式高能点火系统

这是国内研究的一种高能点火系统，其电路原理如图 3-12 所示。C_2 是高压储能电容，R

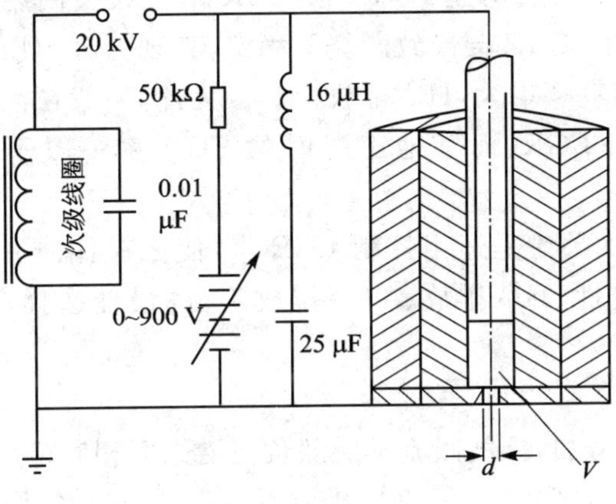

图 3-11　等离子体喷射点火装置示意图

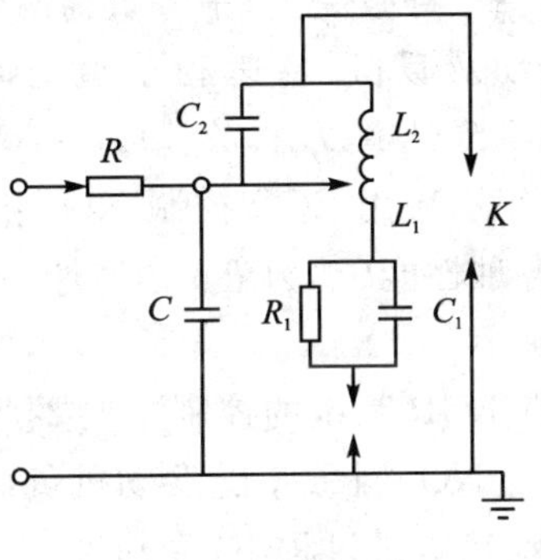

图 3-12　LC 强脉冲火花放大器电路简图

是阻尼电阻，R_1和C_1构成脉冲触发电路。C是储能电容，用于储存一次脉冲放大所需的能量。在放大过程中，此能量一部分用于触发，另一部分供给高压脉冲放电的输出。其电压放大是由感应线圈来完成的。放大器的单次脉冲由电容C通过电阻R_1和电容C_1对地放电来触发，触发后，L_1的电流在感应线圈的次级L_2处产生一个高压脉冲，使放电电极K对地产生击穿电压，即产生一个强脉冲火花时储存电容对地接通，负载上便通过一次强大的脉冲电流。

该点火系统在发动机上试用，空燃比可由15：1扩大至30：1，过量空气系数φ_a值突破了1.4而接近2，取得平均节油率为5%～15%，CO最大排放量由7.8%下降至0.2%。

3.6 排气再循环

1. 排气再循环的效果

排气再循环(EGR)是一种被广泛应用的排放控制措施，对降低NO_x效果极其明显。其工作原理如图3-13所示。由于排气中氧含量很低，主要由惰性气体N_2和CO_2构成，一部分排气经EGR阀还流回进气系统，与新鲜混合气混合后，稀释了新鲜混合气中的氧浓度，导致燃烧速度降低，同时还使新鲜混合气的比热容提高。这两个原因造成燃烧温度降低，因而抑制了NO_x的生成。

EGR系统中废气混入量的多少用EGR率表示，其定义如下：

$$\text{EGR 率} = \frac{\text{废气还流量}}{(\text{废气还流量} + \text{进气量})} \times 100\% \tag{3-1}$$

如图3-14所示，随EGR率的增加，NO排放量迅速下降。但EGR率过大会使燃烧恶化，燃油消耗率增大，HC排放上升。小负荷下用EGR会导致燃烧不稳定，表现为缸内压力变动率增大，甚至导致缺火；中等负荷时使燃油消耗率增大，HC排放上升。为此，一般在汽油机大负荷、启动及暖机、怠速和小负荷时不使用EGR，而其他工况时的EGR率一般不超过20%，由此可降低NO_x排放50%～70%。

由此可见，应用EGR控制NO_x排放的技术关键是适当控制EGR率，使之在各种不同工况下得到各种性能(动力性、经济性、燃烧稳定性、HC排放、NO_x排放等)的最佳选择，实现NO_x的控制目标。

汽油机EGR系统的控制主要要点如下：

① 由于NO_x排放量随发动机负荷增大而增加，排气回流量应随负荷增大而相应增加；

② 发动机暖机过程中，冷却液温度和进气温度均较低，NO_x排放不高，为防止排气回流破坏燃烧稳定性，一般在发动机冷却液温度低于50 ℃时不进行EGR；

③ 怠速和小负荷运行时，NO_x排放不高，也不进行EGR；

④ 接近全负荷时，为使发动机保持足够的动力性能，即使NO_x排放很高，也不允许进

行 EGR；

⑤ 为了实现 EGR 的最佳效果，应保证再循环的排气在各缸之间均匀分配，即保证各缸的 EGR 率一致。

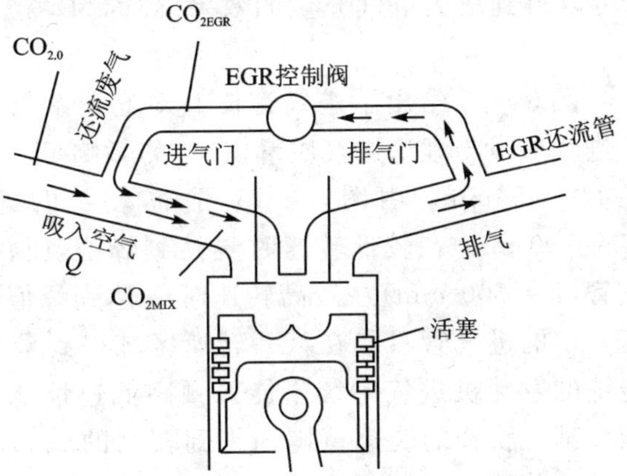

图 3-13　排气再循环系统工作原理

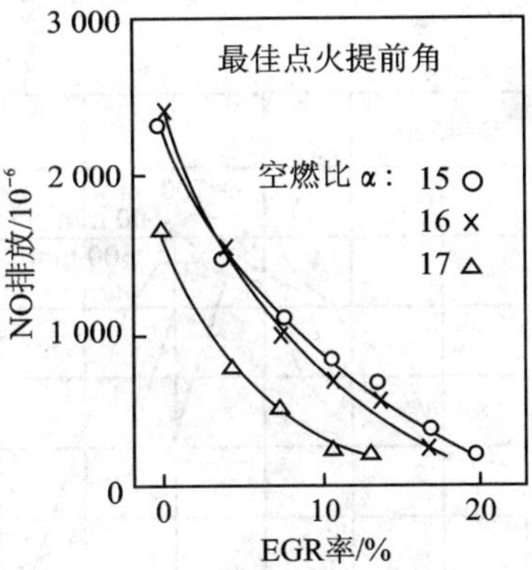

图 3-14　EGR 降低 NO_x 的效果

为了精确地控制 EGR 率，最好采用电子控制 EGR 阀系统。为了提高降低 NO_x 排放的效果，可采取中冷 EGR，将废气冷却后再还流回气缸，使进气温度降低。

为了消除 EGR 对动力性和经济性的负面影响，实际应用中往往同时采用一些快速燃烧和稳定燃烧的措施，如加强缸内混合气湍流强度，加大点火能量等。

2. 内部 EGR

实际上，EGR 的这种效果也可以通过不充分排气以增大滞留于缸内的废气量（即增大残余废气系数）来实现。与上述外部回流 EGR 相对应，这种方法被称为内部 EGR。

内部 EGR 可以通过调整进气相位角（如加大进排气重叠角）或排气系统的波动效应等方法来实现，这样发动机并不需要进行大的改进。但内部 EGR 率的控制比较困难，而且对新鲜混合气的加热作用很强，除影响进气充量外，还会造成压缩终点温度和燃烧温度的提高，导致降低 NO_x 的效果变小。

3.7　可变进排气系统

为提高充量系数，除采用多气门技术外，也可应用各种可变参数进排气系统。在此主要介绍可变进气系统和可变配气相位。

1. 可变进气系统

发动机进排气过程是一个周期性的脉动过程，进排气系统中存在着强烈的压力波动。利用压力波来提高进气门关闭前的进气压力，可以得到增大进气充量的效果，被称为动态效应，也称惯性增压。

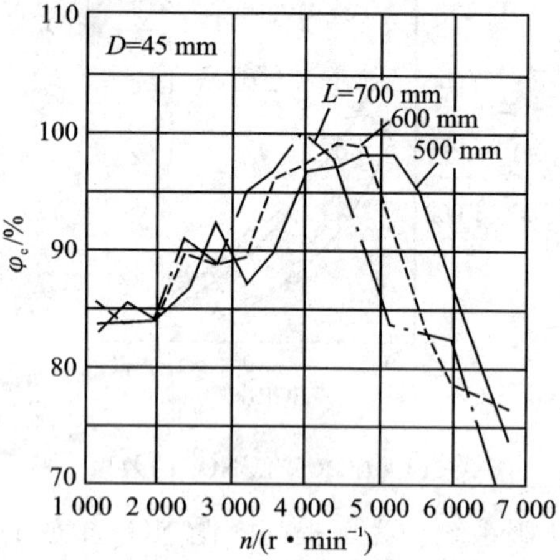

图 3-15 进气管长度对充量系数的影响

图 3-15 给出了进气管长 L 对充量系数 φ_c（实际进气质量与理论进气质量之比）的影响，进气管直径 D＝45 mm。由图 3-15 可知，较长的进气管（L＝700 mm）在较低转速时 φ_c 达到峰值，而较短进气管（L＝500 mm）在较高转速时 φ_c 达到峰值，即长度一定的进气管只能在某一转速区域得到最佳 φ_c。传统的发动机进气系统不能兼顾高低速性能，即只能在某一狭窄的转速范围内得到较高的 φ_c，而在其他转速范围内 φ_c 则要降低。

随着汽车电子控制技术的发展，采用可变长度的进气管成为可能。图 3-16 给出了可变长度进气管的实例，它由长短不同的主进气管和副进气管组成，中低速运转时，转换阀关闭，进气由较长的副进气管进入发动机；而高速运转时，转换阀开启，进气由主副两个进气管同时进入发动机，这样使发动机在高、中、低速都能得到高的充量系数。转换阀可以是机械控制或电子控制。

图 3-16 所示的是分级（2 段）可变进气系统，也可设计成多级或无级可变系统，以使进气系统在各种转速下都处于最佳管长，但结构和控制将变得复杂。

可变进气管长度可使所有转速时的扭矩平均增加 8%，最大可增加 12%～14%，由此可以极大地改善发动机的动力性、经济性以及排放特性。

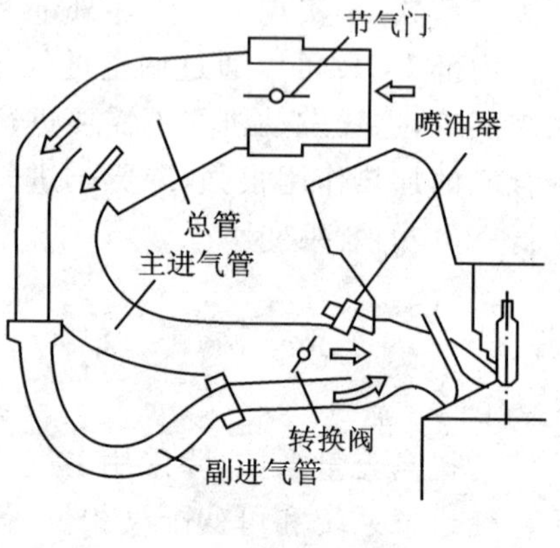

图 3-16 可变进气管长度的实例

2. 可变进气门机构

四冲程发动机对气门定时的要求是：进气迟闭角与排气提前角应随转速的提高而加大，即低转速时，进、排气门应接近下止点关闭和打开；高转速时，进、排气门应远离下止点关闭和打开。怠速时，气门叠开角要小；随着转速上升，气门叠开角应加大。

目前有两种形式的可变气门定时机构。

(1) 凸轮相位可变

这种机构常安装在双顶置凸轮轴机构上，如图 3-17 所示。在气缸盖上装有油压切换阀，由计算机控制开关，将油供给可变机构。在油压作用下，具有螺纹花键 2 的活塞 3 作轴向移动，使传动的正时齿形皮带轮与凸轮轴 4 分开，并将凸轮轴转动一个角度，从而改变齿形皮带轮与凸轮的相对位置。一般可转动 20°～30°曲轴转角。

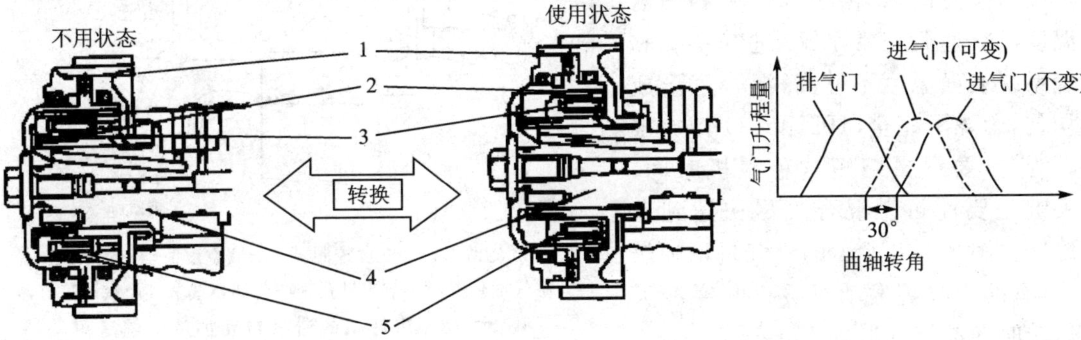

1—硅油缓冲器；2—螺纹花键；3—活塞；4—凸轮轴；5—返程弹簧

图 3-17　可变气门定时机构

由于这种机构的凸轮型线及进气持续角均不变，虽然高速时可以加大进气迟闭角，但气门叠开角减小，这是它的缺点。

(2) 进气持续期可变

这一措施是在凸轮轴上装置两组凸轮，一组为低升程、短持续期进气凸轮，用于中、低速及大转矩工况；另一组为高升程、长持续期进气凸轮，用于高功率工况。

此外，电磁驱动式可变气门机构也在研制中，它可以实现气门定时、升程和开启持续期等参数在电子控制下的灵活变化。

3.8　汽油机冷启动、暖机和怠速排放控制

3.8.1　冷启动排放控制

汽油机冷启动时，由于进气流速低、温度低，燃油雾化差、蒸发慢，很难与空气形成均匀的可燃混合气。因此，不得不显著增加燃油供给量，形成表观很浓的混合气。过浓混合气燃烧排放大量 CO，较重质的燃油组分大量以未燃 HC 形式排出。所以，汽油机冷启动时 CO 和 HC 排放明显高于正常运转。为了改善冷启动排放问题，应增大启动机功率，提高启动转速，增大

点火能量，以尽量缩短启动时间。

3.8.2 暖机排放控制

内燃机尤其是汽油机，在冷启动后相当长一段时间内，由于冷却液和润滑油温度没有达到正常水平，进气系统和燃烧系统表面温度不够高，混合气形成不均匀，燃烧不完全，HC 和 CO 排放很高。为此，要尽量缩短这种暖机时间，而关键是要使可燃混合气尽快达到正常温度。图 3-18 所示的进气自动加热系统，有助于改善发动机暖机和寒冷天气运转时的混合气形成。

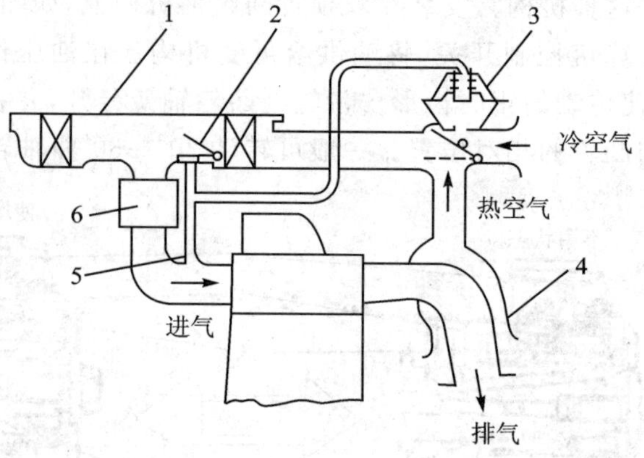

1—空气滤清器；2—湿度控制器；3—真空度驱动进气转换阀；4—空气加热罩；5—节流量孔；6—化油器或节气门汽油喷射器

图 3-18 汽油机的进气自动加热系统简图

3.8.3 怠速排放控制

车用内燃机在实际使用中怠速工况占很大比例，因为当车辆在都市内或交通繁忙地区行驶时，遇阻停车的频率很高。

怠速工况传统上定义为在发动机无动力输出情况下以最低转速稳定运转的工况。当然，发动机怠速对应正常的热状态。如果冷却液和润滑油的温度未达到正常的工作温度，那就是暖机工况。所以暖机是冷怠速，一般怠速都指热怠速。

发动机怠速运转要有满意的燃油经济性、良好的驱动舒适性和合格的排放性。为使怠速省油，传统上把怠速转速调到尽可能低，因为怠速时的燃料消耗量随怠速转速提高而增大。因此，怠速转速多在 400～500 r/min 范围内。

近年来对车辆驱动舒适性要求越来越高，不仅要求发动机怠速稳定、不熄火，又要有良好的瞬态响应，即一旦节气门开启，发动机就能迅速平稳地过渡到所需要的任何工况，如部分节气门加速和节气门全开加速等工况。一般说来，较高的怠速转速有利于瞬态响应。此外，车辆空调和动力转向系统等，也要求发动机以较高的转速空转。这时，发动机除了克服本身摩擦损耗和驱动水泵、机油泵等必要的附件外，空调压缩机、转向液压泵等额外附件也需要“怠速”的发动机驱动，所以怠速时发动机虽然不输出动力，但实际上已带上一定负荷。

发动机的怠速运转是排放很严重的工况。用均匀混合气的汽油机怠速运转时，进气系统节气门关得很小，气缸内残余废气量很大，发动机转速很低，气体流动缓慢，混合气形成不均匀，因此不得不使用表观很浓的混合气，导致 CO 和 HC 排放很高。不过，由于燃烧温度很低，

怠速时 NO_x 的排放很少。怠速转速对怠速排放有很大影响。

综上所述，对于怠速转速，传统的观点是怠速转速应调得尽可能低以节约燃料消耗，在低怠速转速下，降低怠速排放很困难。现代高速车用汽油机的怠速转速多在 800～1 000 r/min，使怠速排放大大下降。这样较高的怠速，对驱动性和附件驱动也有利。

怠速排放与发动机的点火定时有关。怠速时 HC 排放还与发动机配气相有关。试验结果表明，当某一发动机的进排气门重叠开启角从 40°CA 减小到 30°CA 时，排气中 HC 从 600 ppm下降到 250 ppm。

对于化油器式发动机，为降低怠速排放，要进一步改进化油器怠速系统设计，提高其制造精度，改善怠速调整的一致性和耐久性。

对于电控汽油喷射式发动机，怠速排放要比化油器式发动机少。这是因为：这时汽油雾化、汽化的质量大大改善；各缸的空燃比均匀性好；空燃比的控制程度高且稳定；点火时刻精确控制与点火能量提高。所有这些因素使进气道多点喷射的汽油机，已经可以在热怠速时使用过量空气系数 φ_a 接近 1（空燃比闭环控制）的混合气，而化油器式发动机，一般怠速时 $\varphi_a=0.7\sim0.8$。

3.9　曲轴箱排放控制

汽油机运转时，气缸内由燃料和空气构成的可燃混合气和燃烧后形成的已燃气体，在内燃机工作循环的压缩过程、燃烧过程和膨胀过程，会或多或少通过活塞组与气缸之间的间隙漏入曲轴箱空间内，称为窜气。这是因为由活塞、活塞环、气缸构成的气体密封系统，实质上是一个往复运动的移动式迷宫密封系统，永远存在漏气通道，不可能保证绝对的密封。一般在技术状态正常的情况下，窜气量相当于发动机总排气量的 0.5%～1.0%。

气缸的窜气使发动机曲轴箱内产生压力。为防止曲轴箱压力过高，早期内燃机一般都通过机油加油口让曲轴箱与大气相通，进行“呼吸”，这就是开式曲轴箱通风系统。但因为汽油机采用预混合的可燃混合气，漏入曲轴箱的窜气中含有大量未燃碳氢化合物及其不完全燃烧产物和少量 CO，NO_x 等有害物质，排入大气会造成污染。

为了防止曲轴箱排放物的危害，世界各国的车用汽油机从 20 世纪 60 年代起先后采用曲轴箱强制通风装置，或称闭式曲轴箱通风系统（PCV），把曲轴箱排放物吸入进气管，在气缸中烧掉。

图 3－19 表示一个曲轴箱强制通风装置的结构实例。曲轴箱空间一方面通过气缸盖罩 9 和通风管 7 与进气管 4 相通，另一方面又通过补气管 8 与空气滤清器 1 的净气室相通。在进气管真空度吸引下，曲轴箱排放物通过通风管被吸入进气管，其流量受计量阀（又称 PCV 阀）控制。PCV 阀的流量应大于气缸的窜气量，使曲轴箱内保持一定真空度。补气管让干净的空气流入曲轴箱，以免曲轴箱内真空度过大。

曲轴箱强制通风系统现在已成为汽油机必须采用的系统。有关的排放法规规定，该系统应保证曲轴箱中的压力在任何工况下都不超过大气压力。柴油机曲轴箱窜气中虽然也有燃烧产物，但由于未燃 HC 很少，所以污染物浓度要大大低于汽油机。但在排放控制日益严格的今天，柴油机也用闭式曲轴箱通风系统，把曲轴箱与有真空度的进气管相连，不过不必用 PCV 阀等进行控制，因为柴油机对空燃比变化不像汽油机那样敏感。

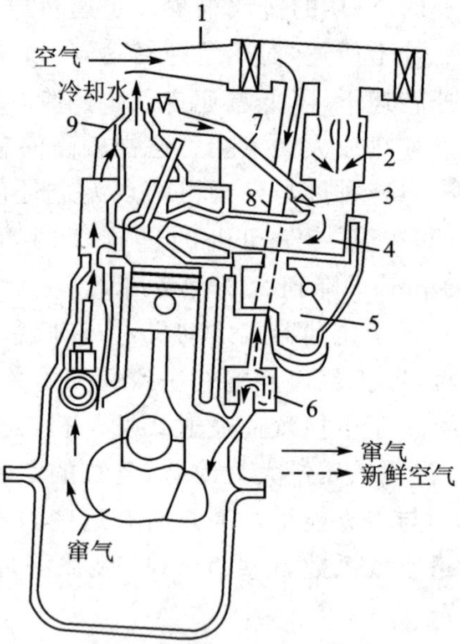

1—空气滤清器；2—化油器；3—计量阀；4—进气管；5—气管；6—闭式呼吸口；7—通风管；8—补气管；9—气缸盖罩

图 3－19 曲轴箱强制通风装置

3.10 蒸发排放控制

3.10.1 燃油蒸发损失

车用汽油机的蒸发排放有 4 个来源：运转损失、热烤损失、昼夜损失和加油损失。

① 运转损失是指汽车行驶时从发动机燃油系统逃逸出的燃油蒸气。对于设计正确且运行正常的汽车发动机，运转损失数量极少，一般可忽略不计。

② 热烤损失是指汽车停止行驶时，由于发动机周围失去风扇和迎面风的冷却，发动机的残余热量使燃油温度升高而造成的蒸发损失。它主要发生在汽车停车后 1 小时或更短的时间内。化油器的热烤损失特别大。

③ 昼夜损失是指昼夜温度变化造成的燃油系统的燃油蒸发损失。燃油箱因温度变化造成的呼吸（换气）现象，使油箱内的汽油蒸气流出箱外，构成昼夜损失的主要部分。

④ 加油损失是指汽车在加油过程所造成的汽油蒸发损失，包括加油时油箱中汽油蒸气的溢出，加油时燃油液滴飞溅和燃油的泄漏。加油蒸发损失和飞溅泄漏损失数量很大，这需要对汽油营销分配系统的管理和技术设施进行改造。

汽油蒸发排放量与汽油的挥发性有很大关系。

3.10.2 蒸发排放控制系统

为了控制车用汽油机的 HC 蒸发排放，国外从 20 世纪 70 年代起就开始研制并采用燃油蒸发排放控制装置。燃油蒸发控制的方法大致可分为两类，即曲轴箱存储式和活性炭罐吸附式。曲轴箱存储式蒸发控制系统结构简单，它应用曲轴箱空间来存储燃油蒸气，然后通过前述的 PCV 系统加以清除，但效果较差。活性炭罐式蒸发控制系统虽略为复杂，但控制效果好，现已得到广泛应用。

在活性炭罐式汽油机蒸发排放控制系统中，用活性炭罐作为汽油蒸气的暂存空间，以避免蒸气扩散到空气中去。当发动机不运转时，来自燃油箱等的汽油蒸气进入活性炭罐中，被活性炭所吸附。当发动机运转时，利用进气管真空度将新鲜空气吸入炭罐，使吸附在活性炭上的汽油分子解吸，与清除空气一起进入发动机燃烧室烧掉。

活性炭罐是整个活性炭罐式蒸发排放物控制系统的核心。活性炭是一种由石墨晶粒和无定形炭构成的微孔物质，由于内部有大量 $10^{-10}\sim10^{-8}$ m 的微孔，因而具有很大的比表面积（500～2 000 m^2/g）。这就是活性炭吸附能力很高的原因。活性炭对物质吸附具有选择性，燃油蒸气通过活性炭时，其中的 HC 成分几乎完全被吸附，而空气则基本不被吸附。图 3－20 是表示活性炭罐的一个结构实例。活性炭 5 放置在上下隔板 2，8 和上下滤网 3，7 之间，由弹簧 9 保持适当的松紧度。炭罐设计的要点是避免吸附气流和清除气流短路，以保证活性炭填充量的充分利用。图 3－20 上实线箭头表示的是清除空气的流动路线，虚线箭头表示的则是含燃油蒸气的气体流动路线。可见，活性炭的充分利用得到了保证。此外，该炭罐的结构使冷凝的燃油可以储存在下壳体 4 的底部，不至逸入大气。

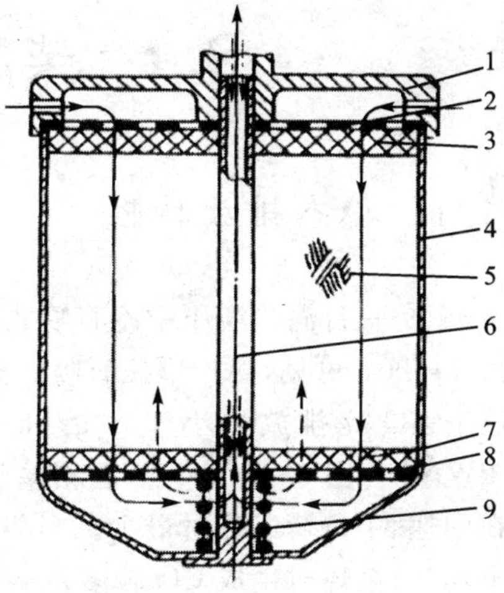

1—上盖；2—上隔板；3—上滤网；4—下壳体；5—活性炭；6—中心管；7—下滤网；8—下隔板；9—弹簧

图 3－20　控制蒸发排放物的活性炭罐结构实例

活性炭罐必须充填适当数量质量良好的活性炭，一般排量 1～3 L 的轿车汽油机所用的活性炭罐，需用活性炭 0.5～1.0 L。一台轻型车用发动机未安装蒸发排放物控制系统时，按国标 GB/T 14763－1993《汽油车燃油蒸发污染物的测量收集法》测得的蒸发排放量为 11.1 g/test，安装活性炭罐式控制系统后降为 0.31 g/test。

汽油喷射发动机喷油装置的运转蒸发损失和热烤蒸发损失比化油器式发动机少得多，因此其蒸发排放控制主要针对燃油箱的昼夜损失，控制系统相应地较为简单。

第4章 柴油机的排放特性及低排放设计

柴油机与汽油机的工作过程不同，因而其排放特性、排气中污染物的浓度也有所不同。柴油机排气中 CO 和 HC 比汽油机少得多，NO_x 排放量与汽油机相近，只是排气中颗粒较多，这与柴油机燃烧机理有关。柴油机是一种非均质燃烧，可燃混合气形成时间很短，而且可燃混合气形成与燃烧过程交错在一起。柴油机过量空气系数 φ_a 及压缩比 ε_c 均比汽油机大，压缩终点的压力、温度及最大燃烧压力都比汽油机高，柴油与汽油相比，馏分较重，含碳原子数较多。通过分析柴油机喷油规律得到：喷入燃料的雾化质量、气缸内气体的流动以及燃烧室形状等均直接影响燃烧过程的进展以及有害污染物的生成。提高喷油压力和柴油雾化效果，使用预喷射、分段喷射等可以有效改善排放。

4.1 柴油机的排放特性

4.1.1 稳态排放特性

图 4-1 是一台涡轮增压中冷直喷式柴油机的 CO，HC，NO_x 和烟度 S_F 的排放特性图。

由图 4-1(a)可见，涡轮增压直喷式柴油机在整个工况范围内排放的 CO 均很少，在绝大多数工况下 CO 比排放量小于 5 g/(kW·h)，而一般汽油机的 CO 比排放量约为 50～100 g/(kW·h)[图 3-1(a)]，两者相差 10～20 倍。与汽油机 CO 排放规律一样，柴油机 CO 排放也在中速、中负荷工况时最少。当柴油机转速很低时，由于燃烧室内气流运动很弱，混合气形成不均匀，燃烧时生成 CO 较多。柴油机负荷很小时，单位功率的 CO 排放量增大。

图 4-1(b)表明，柴油机的 HC 排放也比汽油机[见图 3-1(b)]低得多，平均来说，后者为前者的 2～4 倍。还可看出，柴油机的 HC 比排放量基本上随负荷的上升而下降，而绝对排放量大致不变。当负荷不变而转速变化时，HC 比排放量变化不大。

图 4-1(c)是柴油机的 NO_x 比排放变化特性，从中可以看出，柴油机在中等偏大负荷时，NO_x 排放量最大，因为这时混合气中含氧很多，燃烧温度很高。若再加大负荷，则含氧相对减少，NO_x 排放量不再增加，甚至略有减少。当柴油机转速提高而负荷不变时，在中等负荷区，NO_x 比排放不断增大，这说明 NO_x 绝对排放量增大更快；而在小负荷区域，NO_x 比排放大致不变，而 NO_x 绝对排放量基本上与转速成正比。

柴油机烟度 S_F 的变化相对比较有规律[见图 4-1(d)]。当转速不变时，S_F 基本上随负荷加大而增大，这主要与过量空气系数的下降有关。当负荷不变时，柴油机烟度 S_F 在某一转速

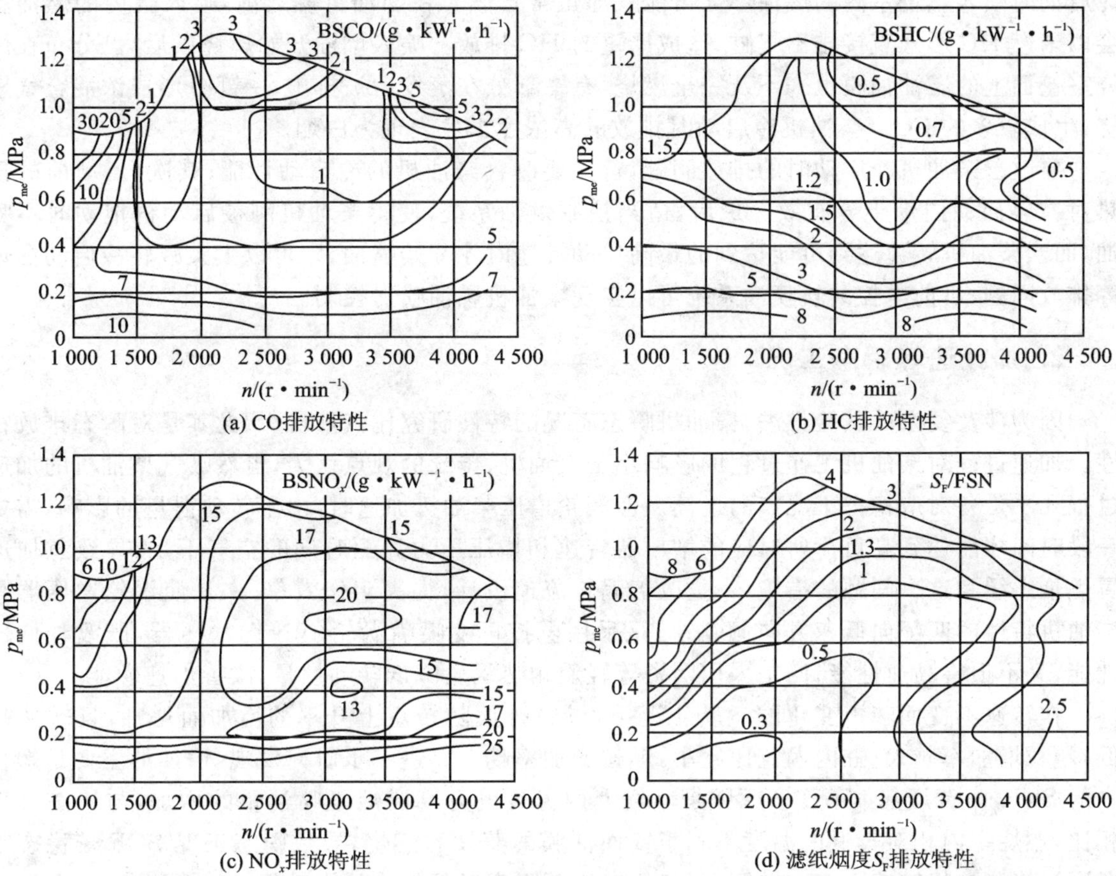

(a) CO排放特性 (b) HC排放特性

(c) NO_x排放特性 (d) 滤纸烟度S_F排放特性

图 4-1 典型涡轮增压中冷直喷式柴油机的排放特性

达到最小值，这时对应的燃烧过程达到最优，而偏离这一转速，无论是加速还是减速，均使 S_F 上升。在低速大负荷工况下，由于空气相对不足，气流运动减弱，常导致 S_F 大大上升，即柴油机冒烟严重。

4.1.2 瞬态排放特性

1. 冷启动过程

柴油机冷启动时，由于部件温度低，导致缸内压缩终了温度低，喷入燃烧室内的燃油不易蒸发。而且启动时转速很低，喷油压力也降低，燃油雾化不好也拖延了蒸发、混合过程。转速低还导致燃烧室内气流运动缓慢，大量燃油直接碰撞燃烧室壁上形成油膜。所有这一切说明，冷启动时喷入燃烧室内的燃油不大可能立即正常自燃。在燃油自燃之前，喷入缸内的燃油就会以未燃 HC 形式直接排出气缸，造成严重的 HC 排放。喷入燃油开始燃烧以后，已分布在燃烧室壁面上的燃油油膜也来不及完全燃烧，有一部分在蒸发后被排出，一部分形成浓混合气燃烧，生成较多的 CO。柴油机冷启动时排放的高浓度 HC 表现为白烟。

要改善柴油机冷启动时的排放问题，首先要改善柴油机的冷启动性能；其次，启动前的预热对减轻启动白烟十分有效。最后，适当控制供油系统，使得柴油机刚被启动机拖动时不喷油，而当柴油机转速达到可能达到的最高启动转速时才开始喷油，则可以大大减轻冷启动白烟等排放问题，目前电控共轨喷油系统可以实现柴油机燃油喷射控制。

2. 加减速等瞬态工况

因为涉及复杂的试验方法，柴油机瞬态工况的特性研究比汽油机少，尤其是对瞬态排放特性。加速过程对柴油机工作过程的影响小于汽油机，传统的观点认为，自然吸气柴油机的加速过程几乎是各对应稳态工况点的连续。但涡轮增压柴油机加速时，由于转动惯量的影响，需要一段时间才能达到高负荷所对应的增压器转速和增压压力。短时期的空气不足，导致急加速冒黑烟。缓和这一问题的措施：一是改善涡轮流道设计，提高工作效率；二是使涡轮增压器与柴油机特性的匹配向低速方向倾斜；三是采用电控可变喷嘴涡轮（VNT）增压器，既改善低速性能，又不损害高速性能；四是采用陶瓷等轻质耐热涡轮降低转动惯量，改善加速性能等。

在转速不变而转矩变化的运转工况下，颗粒排放随转矩上升率的增加而增加，且转速越低，颗粒增加率越大；缸内涡流比越小，颗粒增加率越大。进一步研究发现，增加的主要是颗粒中的 SOF，而碳烟基本不变。原因是燃烧室内温度的升高滞后于喷油量的增加，与稳态过程相比，燃烧室内相对较低的温度不利于壁面油膜的蒸发和燃烧，导致瞬态工况 SOF 较稳态工况高。当柴油机转速不变而转矩下降时，转矩下降率对颗粒排放影响很小。

4.2 低排放柴油机设计概述

1. 柴油机排放控制技术

柴油机造成污染物排放的根本原因在于燃油与空气混合不好，柴油机工作时的平均过量空气系数 φ_a 比较大，在全负荷时一般在 1.3 以上，在通常负荷下一般在 2.0 以上。在这么高的 φ_a 下，如果达到理想的混合，碳烟生成量很少，NO_x 也不会生成很多。但实际柴油机中，由于燃油与空气混合不均匀而导致多处存在局部缺氧，使碳烟大量生成，同时存在很多 $\varphi_a=1.0\sim1.2$ 的高 NO_x 生成区。所以，柴油机的低排放设计要围绕改善燃油与空气的混合，防止大量形成易生成 NO_x 的 $\varphi_a=1.0\sim1.2$ 的地区和易生成碳烟的 $\varphi_a<0.6$ 的地区。与此同时，要设法降低柴油机的 HC 排放。表 4-1 给出了一些降低柴油机 NO_x 和颗粒排放的技术。

表 4-1　降低柴油机排放的技术措施

分　类	对策技术	实施方法	控制对象
燃烧	推迟喷油提前角	—	NO_x
	EGR	EGR，中冷 EGR	NO_x
	加水燃烧	进气喷水（水蒸气），缸内喷水，乳化油	NO_x
	燃烧室设计	各种燃烧室，设计参数优化，新型燃烧方式	NO_x，PM
	喷油规律改进	喷油规律曲线形状，预喷射，多段喷射	NO_x
	高压喷射	电控高压油泵，共轨系统，泵喷嘴	PM
	进排气系统	进排气动态效应，可变进气涡流，多气门	PM
	增压	增压，增压中冷，可变几何参数增压（VNT）	PM
燃料	降低含硫量 含氧燃料 合成燃料	含硫量<0.05% 醇类燃料，二甲醚（DME）	PM
后处理	后处理装置	氧化催化器，颗粒捕集器，NO_x 催化器	PM，NO_x
其他	降低机油消耗率	—	PM

随着柴油机的使用范围越来越广，对柴油机的动力性能、经济性能和控制废气排放的要求也越来越高。目前柴油机排气后处理技术受到广泛关注，虽然该技术的应用还存在很多困难，但其前景是不可估量的。

2. 柴油机排气污染控制的主要思路

为降低 NO_x 和颗粒排放并保证高的热效率，柴油机可采用如图 4-2 所示的燃烧过程控制思路，即由实线所示燃烧过程变为虚线所示燃烧过程，可以概括为两点：

① 抑制预混燃烧以降低 NO_x；

② 促进扩散燃烧以降低颗粒。

预混燃烧时的高温、富氧环境促进了 NO_x 的生成；柴油机燃烧过程中生成的颗粒都要经过生成和氧化两个阶段，颗粒氧化主要发生在扩散燃烧阶段。

降低排放的每一种控制措施在降低某种排放成分时，效果都有一定的限度，过度使用往往会带来另一种排放成分增加或发动机性能的恶化，因而实际中常常是同时几种控制措施并用。如推迟喷油提前角会使 NO_x 排放降低，但颗粒排放却增大，这时应同时采用加快燃烧速度的其他控制措施以抑制颗粒排放的恶化。

另外，具体采用何种措施应根据所要达到的排放要求来确定。例如，为了满足欧洲 I 阶段排放标准，可采用喷油压力为 80 MPa 的高压喷射，改进发动机混合气形成和燃烧过程，以及

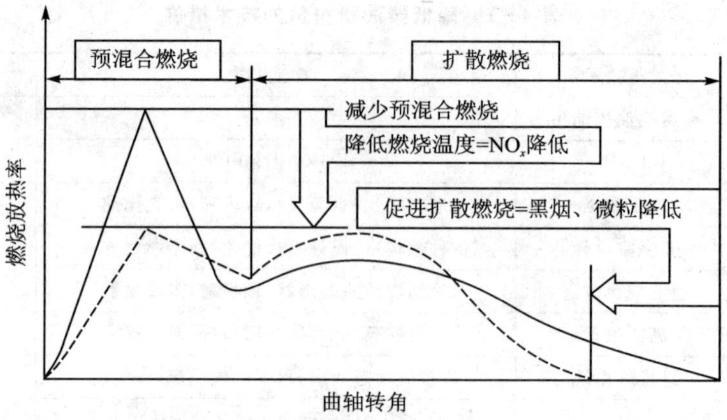

图 4-2 低排放柴油机燃烧过程控制思路

采用推迟喷油提前角等措施；而为了满足欧洲 II 阶段排放标准，可进一步提高喷油压力到 90～100 MPa，采用进气增压或增压中冷、EGR 技术以及使用低硫柴油等措施。

4.3 低排放燃油喷射系统

4.3.1 推迟喷油提前角

喷油提前角对 NO_x，HC 及颗粒排放的影响较大。如果喷油提前角过大，则燃油在较低的温度和压力下喷入气缸，使滞燃期延长，稀火焰区的混合气变浓，从而增加了 NO_x 排放量，此外，混合气着火后，燃烧迅速，导致缸内压力和温度急剧升高，这样在油束的其他区域 NO_x 生成量也增加。柴油机喷油时间延迟使 NO_x 排放量下降的原因与汽油机并不完全相同，主要原因有两个：一是使燃烧过程避开上止点，燃烧等容度下降，燃烧温度下降；二是越接近上止点喷油，缸内空气温度越高，燃油一旦喷入缸内便很快蒸发混合并着火，即着火滞燃期缩短，燃烧初期的放热速率降低，导致燃烧温度降低。这两种原因都起到了抑制 NO_x 生成的作用。对比图 4-3中喷油提前角 $\theta_i=-15°CA$ 和 $-5°CA$ 时的缸内温度、压力及燃烧放热率可以看出，随 θ_i 的推迟，燃烧温度、压力和放热率峰值均下降。

但过分推迟喷油提前角，NO_x 排放反而上升，如图 4-3 所示。这主要是由于着火滞燃期的过分延长，使燃烧初期的放热速率反而大幅度上升。

推迟喷油提前角对降低 NO_x 的效果是有限的，过分推迟，往往会牺牲燃油经济性和碳烟及颗粒排放特性，出现典型的 Trade-off 关系。推迟喷油提前角最好与其他加速燃烧的措施并用，如提高压缩比，以防止发动机性能的恶化。

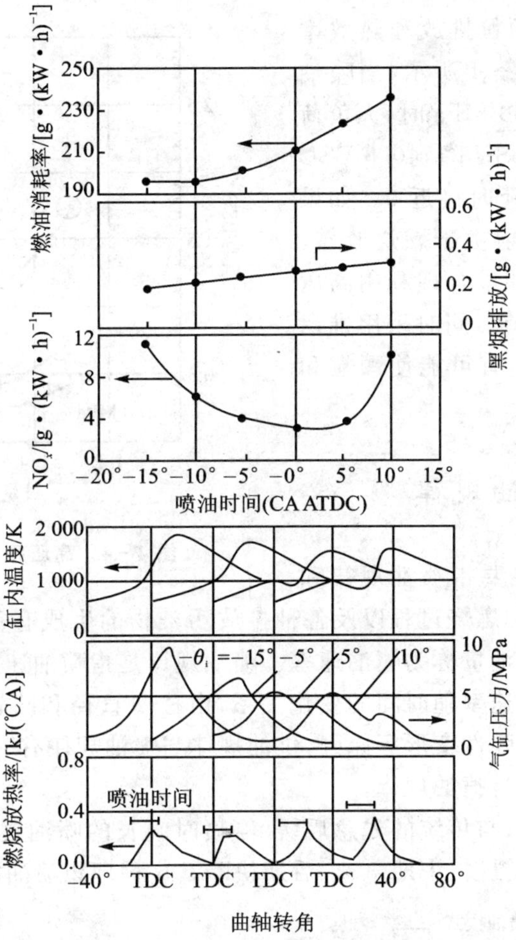

图 4-3 直喷式柴油机喷油时间对排放和燃油耗率的影响

4.3.2　提高喷油压力

高压喷射燃油，提高油束速度，可使燃油喷雾颗粒进一步细化，增大燃油与空气的接触表面积和缩短蒸发时间。近年来高压喷射技术在直喷式柴油机上的应用得到了迅猛的发展，最高喷射压力由传统的 30～50 MPa 提高到 60～80 MPa，近年来已有高达 200 MPa 的报道。这样高的喷射压力加上喷孔直径的不断缩小，可以明显改善柴油和空气的混合质量，使燃油喷雾的索特平均直径 D_{32} 由过去的 30～40 μm 减小到 10 μm 左右，并且由于高速燃油射束对周围空气的卷吸作用，使混合气的形成速度大大加快，使燃油浓度分布更加均匀，着火滞燃期缩短，着火位置由过去的喷油器出口附近向油束前端(燃室壁面)转移，形成与传统直喷式柴油机不同的燃烧过程，使燃烧更迅速、更彻底，并且控制燃烧温度，从而降低废气排放。

高压喷射使发动机颗粒排放和热效率都有了明显改善。如图 4－4 所示，当喷油压力由 80 MPa 提高到 160 MPa 时，大负荷(α＝1.3)的烟度由 1.7 BSU 降到0.5 BSU（波许烟度）以下，中等负荷时接近 0。如果不采取其他措施，高压喷射由于燃烧改善，会使 NO_x 排放增加。但如果合理利用高压喷射时燃烧持续期短的特点，同时采用推迟喷油时间或 EGR 等方法，有可能使颗粒和 NO_x 排放同时降低。

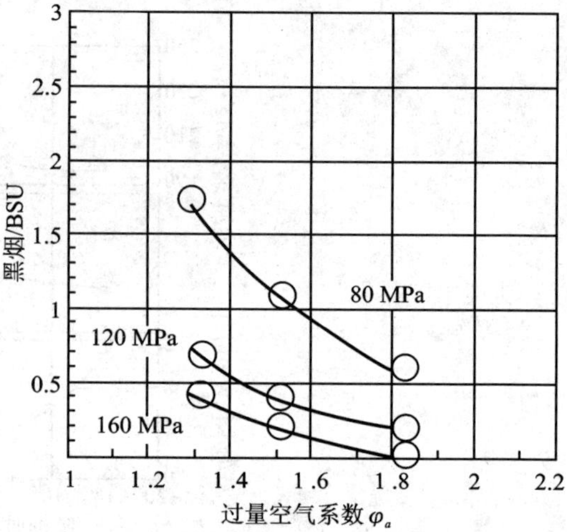

图 4－4 高压喷射降低颗粒的效果

4.3.3 优化喷油规律

柴油机的喷油特性主要指喷油规律和喷雾特性，对混合气形成和燃烧过程以及各种排放污染物的生成有重要影响。喷油器在单位时间内喷入燃烧室内的燃油量称为喷油速率。喷油规律是指喷油速率随时间的变化关系。供油规律则是指喷油泵供油速率随时间的变化关系，由柱塞直径和凸轮几何尺寸决定。由于燃油高压系统的压力波动及弹性变形等原因，供油规律与喷油规律有一定差别，而对混合气形成和燃烧过程有直接影响的是喷油规律。

为了降低柴油机排放，与传统的先急后缓、停喷时间长的喷油规律不同，合理的喷油规律应如图 4－5 所示，即初期缓慢、中期急速、后期快断。这种理想喷油规律可以通过控制初期喷

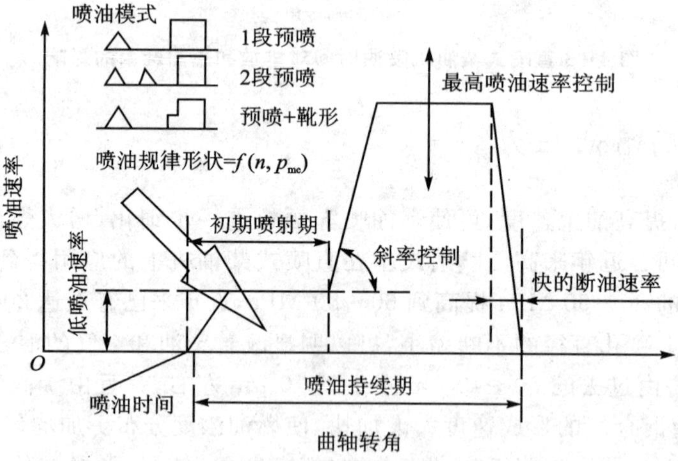

图 4－5 低排放柴油机的理想喷油规律

油的速率和时间、中期喷油速率的变化率和最高速率以及后期的断油速率来实现，同时还应考虑喷油持续期和喷油开始时间。初期喷油速率不要过高，以抑制在着火滞燃期内形成的可燃混合气，降低初期燃烧速率，达到降低最高燃烧温度和压力升高率、抑制 NO_x 生成及降低燃烧噪声的目的。在喷油中期应急速喷油，尽快达到较大的最高喷油速率，加速扩散燃烧，防止颗粒生成和热效率的恶化。在喷油后期要迅速结束喷射，快速断油，避免低的喷油压力和喷油速率使燃油雾化变差，导致燃烧不完全，使 HC 和颗粒排放增加。在极端的情况下，初期低速喷射与后期高速喷射分开，构成由预喷射和主喷射组成的二次喷射模式，使喷油规律的控制更为方便灵活。

1. 预喷射

预喷射(PI)的示意图如图 4－6 所示。在主喷射前，有少量的油预先喷射入缸内(见图中针阀升程)，因而在着火滞燃期内只能产生有限的可燃混合气。这部分混合气形成较弱的初期燃烧，并使随后的主喷射燃油的着火滞燃期缩短，避免了一般直喷式柴油机初期急剧的压力和温度升高，降低了缸内最高温度，可明显降低 NO_x 排放。

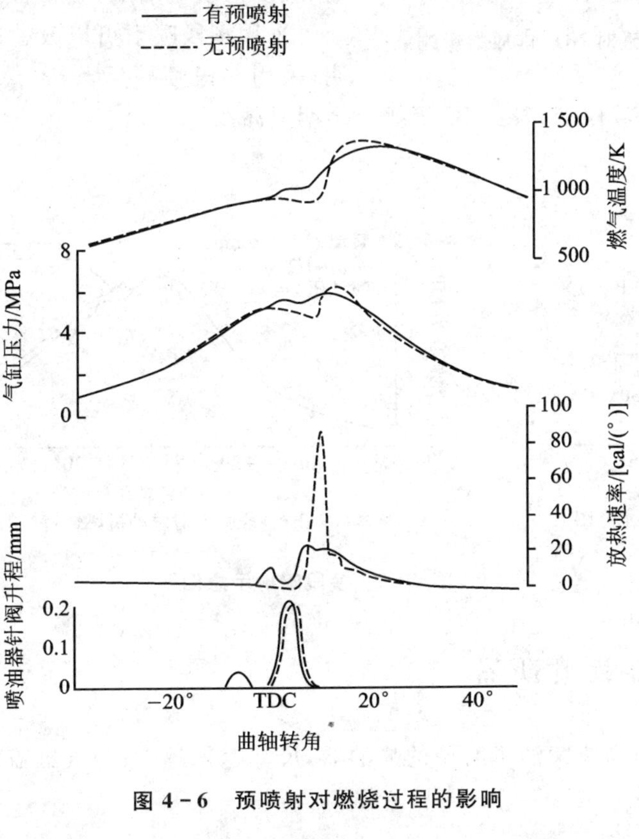

图 4－6　预喷射对燃烧过程的影响

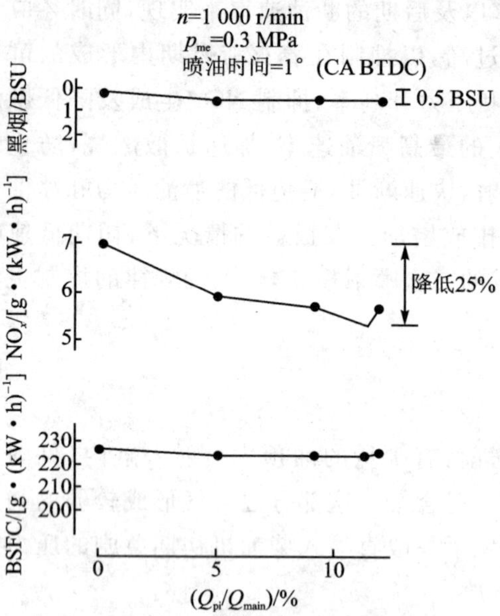

图 4-7 预喷射量对 NO_x 排放的影响

预喷射的喷射量和两次喷射之间的时间间隔都对 NO_x 排放量有影响。图 4-7 为预喷射量对 NO_x 等性能指标的影响，当预喷射量 Q_{pi} 为总喷射量 Q_{max} 的 10%左右时，NO_x 降低 25%，而排气颗粒和油耗并未恶化。一般来说，预喷射量为总喷射量的 8%左右，两次喷射的间隔为 1.5 ms 左右时，可以取得较好的效果。

2. 多段喷射(SI)

图 4-8(a)给出了多段喷射的示意图，图 4-8(b)给出了多段喷射(7∶3)对发动机燃烧特性的影响。与普通喷射相比，后期喷射的燃油实际上对正在进行的燃烧起到一种扰动作用，促进燃烧后期的混合气形成及燃烧加速，因而燃烧压力提高，燃烧持续期缩短，使颗粒排放降低。

采用多段喷射可以改善冷启动特性。研究表明，采用多段喷射后，-30 ℃时的冷启动时间缩短了 20%，这就意味着白烟和冷 HC 等排放会明显减少。

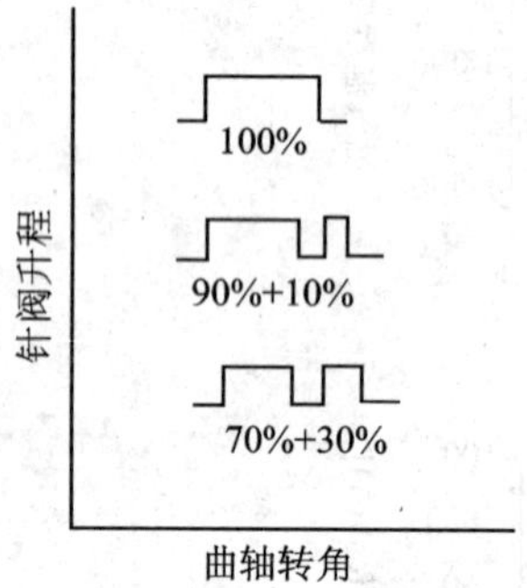

(a) 多段喷射示意图

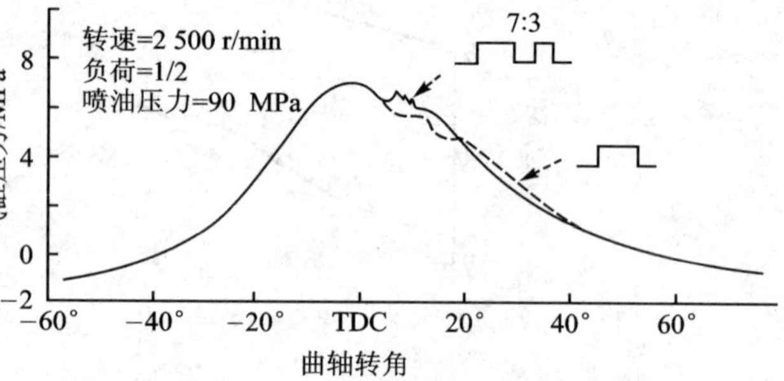

(b) 多段喷射对发动机燃烧特性的影响

图 4-8 多段喷射示意图

4.3.4 低排放喷油器

高性能低排放的高速柴油机所用的喷油器，尺寸越来越小，为气缸盖的优化布置提供了更大的余地。

在直喷式柴油机中，为了保证喷油器各孔喷出的油束在燃烧室中均匀分布，获得相同的混合气形成条件，喷油器的偏心量和倾斜角应尽可能小。图 4－9 表示喷油器倾斜角对颗粒排放的影响。可见，喷油器倾斜角从 10°变到 0°（垂直布置）可使颗粒排放降低 5%左右，原因是 0°喷油器倾斜角改善了燃油与空气的混合，混合气浓度分布均匀，减少了颗粒生成，同时燃烧温度分布也比较均匀，减少了 NO_x 的生成。

喷油器外形尺寸越小，喷油器的偏心量和倾斜角可以越小，有利于降低排放。

另外，喷嘴压力室容积（包括各油孔的容积）中残存的燃油，在燃烧后期受热膨胀后有可能滴入燃烧室中，此时油滴雾化很差，不能完全燃烧，成为未燃的 HC 排放物，也构成颗粒的 SOF。为了减小柴油机的 HC 排放，应尽可能减小喷嘴压力室容积。

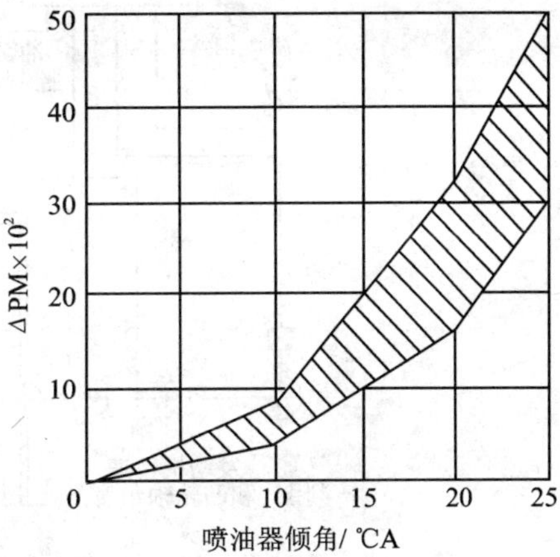

图 4－9　柴油机颗粒排放量的相对增加 ΔPM 与喷油器倾斜角的关系

4.3.5　电子控制喷油系统

近年来，为了更精密地控制燃烧过程，柴油机电子控制燃油喷射系统得到了迅速发展，尤其是电子控制共轨喷油系统。

如图 4－10 所示，共轨燃油喷射系统中各缸共用高压油管，电子控制装置根据发动机工况和其他信息，根据给定的油压脉谱图，通过油泵控制阀调整高压油泵的供油量，改变共轨中的油压，共轨喷油系统油压与发动机转速无关。喷油器的启闭由控制室中的油压决定。当电子控制装置控制三通电磁阀通电时，控制室中的高压燃油流出，喷油器针阀因压力室内的油压作用而上升，喷油开始；当三通电磁阀断电时，高压油重新回到控制室，液压活塞下行，使针阀落座喷油停止。三通电磁阀的开启时刻和开启持续期就决定了喷射时间和喷油持续期（即喷油量）。节流孔的孔径大小决定控制室泄压速率，进而控制针阀上升速度以改变初始喷油速率。共轨喷油系统通过电子控制装置控制油泵控制阀和三通电磁阀实现对喷油压力、喷油时间、喷油量和喷油速率的控制。

与传统喷油系统相比，电子控制共轨喷油系统具有下述优点：

① 喷油压力可调，对不同工况可采用不同的最佳喷射压力，从而优化柴油机的综合性能，由于喷油压力不随转速改变，彻底解决了传统喷射系统因低速时喷油压力下降而导致的低转速扭矩差和低速烟度大的问题；

② 系统紧凑，可实现较高的喷射压力（120～200 MPa），可将氮氧化物和微粒排放控制在一定范围内；

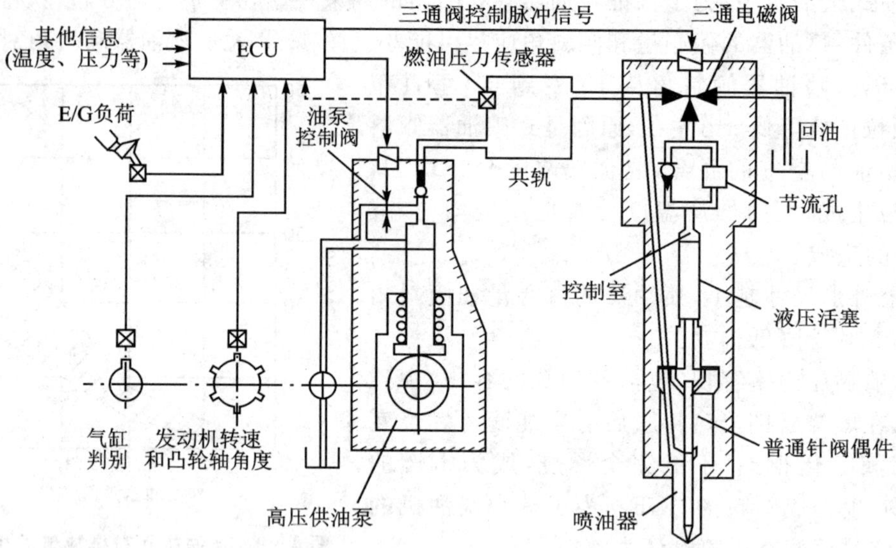

图 4-10 电控共轨喷油系统原理图

③ 可柔性控制喷油速率变化，实现各种灵活多样的喷油规律，例如预喷射、多段喷射等，以及与排气后处理技术配合使用的排气行程中喷射，保证了发动机的动力性和经济性；

④ 控制精度高，用电磁阀控制喷油，避免了在高压油路中出现气泡和残压为零的情况，在柴油机的运转范围内，喷油量变动小，各缸的压力不均可以得到改善，并减少柴油机的震动与有害排放，改善了发动机性能。

4.4 低排放燃烧室设计

柴油机排放的污染物，基本上都是在燃烧过程中形成的，燃烧方式和燃烧室的结构、参数对柴油机的性能和排放具有重要的影响。

4.4.1 燃烧方式

柴油机的燃烧方式可分为直喷式(DI)和非直喷式(IDI)两种。一般来说，直喷式柴油机的 NO_x 排放量约为非直喷式柴油机的 2 倍，直喷式柴油机的流动损失和散热损失比较小，直喷式柴油机经济性较好，与非直喷式柴油机相比，燃油消耗率低 10%～15%，在负荷和转速较低时油耗更低；但直喷式柴油机对高转速适应性较差，对燃油喷射系统要求较高，对燃油要求较严。

近年来，由于柴油机直喷技术的进步，特别是多气阀技术和高效增压系统的应用，喷油系统的小型化、高压化和高速化，使直喷柴油机的高速适应性得到了改善，直喷式柴油机的应用越来越广泛。

4.4.2　非直喷式柴油机燃烧室设计

非直喷式柴油机排气污染物主要在副燃烧室内生成，所以改善其排放的重点在副燃烧室。一般而言，增大副燃烧室相对容积，可以减少颗粒生成，但会导致 NO_x 生成量增加。

研究表明，涡流室相对容积在 50%左右时，发动机碳烟与 NO_x 排放都较好。另外，加强涡流室中的气体流动，减少涡流室中的流动死区，可以提高发动机的性能。减少涡流室中的启动电热塞对气流的干扰，也有相同的效果。

对于预燃室柴油机，如果预燃室容积过大，会使流动损失增大，降低预燃室中燃气的能量，影响预燃室中不完全燃烧的燃气与主燃烧室中空气的混合。一般而言，预燃室的相对容积以 20%～30%为佳。

4.4.3　直喷式柴油机燃烧室设计

在直喷式柴油机中，柴油机性能与排放和燃烧室形状与喷油系统的配合、喷入燃烧室中的燃油油雾与空气的混合密切相关。燃烧室的设计对室中的气体流动、燃油与空气的混合及混合气的燃烧有很大影响。在燃烧室设计时，应注意以下几个方面。

1. 燃烧室有效容积比

高效、低排放柴油机采用较高的燃烧室有效容积比，以改善燃烧，提高柴油机的冒烟界限，降低柴油机的碳烟和颗粒排放，为此可采用长行程结构。实验表明，长行程、低转速的柴油机，其燃料经济性和排放性比短行程、高转速的柴油机好。而对长行程柴油机动力性不足的问题，可以通过采用增压或提高增压度来加以解决。

2. 柴油机压缩比

按照传统的观点，主要根据确保冷启动可靠的要求来选择柴油机的压缩比。但低排放柴油机一般要适当提高压缩比，以降低 HC 和 CO 的排放。为了同时减小柴油机 NO_x 排放，现代柴油机往往采用延迟喷油定时。提高压缩比结合延迟喷油提前角，有利于柴油机提高性能、降低排放。

3. 燃烧室口径比

燃烧室口径比是直喷式柴油机燃烧室的重要结构参数，它是指燃烧室直径 d_k 与深度 h 或

缸径 D 的比值，即 d_k/h，d_k/D（见图 4－11）。小口径比的深燃烧室可在室中产生较强的涡流，因而可采用孔数较少、孔径较大的喷嘴，即可获得满意的性能和排放。但涡流过强，会增大能量损失，降低柴油机充量系数，且如果在中高速时涡流足够，则在低转速运行时往往显得涡流强度不足。同时燃烧室口径小，增加了燃油喷雾碰壁量，造成 HC 排放增加。所以，目前的趋势是尽量用口径比较大的浅平燃烧室（$d_k/D=0.5\sim0.8$），配合小孔径的多喷孔喷嘴，实施高压喷射。由于不需要强烈的空气涡流辅助混合，燃烧过程对转速敏感性较低。

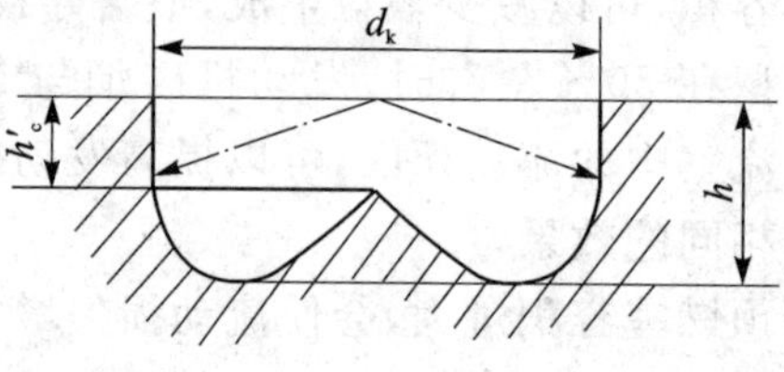

图 4－11　直接喷射式柴油机 ω 形燃烧室结构参数

4. 燃烧室形状

在所有直喷式柴油机燃烧室，ω 形燃烧室应用最广。这主要是因为它的形状与多孔喷嘴的喷雾形状配合良好，能适度增强进气涡流，产生适度的挤压涡流和燃烧湍流，合理利用空气，得出良好的综合性能。

哑铃形的缩口燃烧室（见图 4－12）是一种新型的燃烧室，它主要应用于小缸径、高增压、低排放的车用柴油机中。燃烧室的缩口（$d_k<d_c$）可加强缩口部的气体湍流，促进扩散混合和燃烧。缩口燃烧室在燃烧上止点后的膨胀行程中仍能保持较强的涡流，这对加强柴油机燃烧过程后期的扩散燃烧十分有利。这样，为了减少燃烧过程中 NO_x 的生成而推迟喷油时，不致造成燃烧品质的严重恶化，从而改善 NO_x 与颗粒排放之间的折中关系。

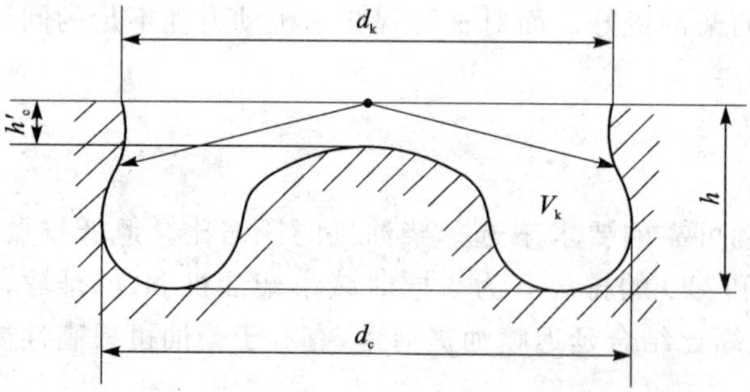

图 4－12　低排放轿车柴油机用哑铃形缩口燃烧室

5. 燃烧室混合气组织

直喷式柴油机混合气形成和燃烧过程同时进行。混合气组织和分布对发动机性能和排放有非常重要的影响。为减少排放和提高性能，直喷式柴油机缸内混合气的组织应遵循如下原则：

① 滞燃期内不要形成过多的混合气；

② 合理组织燃烧室内的涡流和湍流运动；

③ 寻求油-气-燃烧室的最佳配合；
④ 加强燃烧后期的扰流。

4.5　低排放进排气系统设计

4.5.1　气流组织和多气阀技术

适当的缸内气流运动有利于燃烧室中燃油与空气的混合，使燃烧更迅速、更完全。当由于喷油系统的压力不够高而使喷雾油滴不够细时，一般要求较强的涡流运动来支持油气混合。现代柴油机的发展趋势是采用孔数较多、孔径较小的喷油嘴和喷射压力较高的喷油系统，因而对进气涡流要求减弱。

强烈的进气涡流一般由螺旋进气道或切向进气道产生，它们均以增加进气阻力为代价获得较强的涡流运动。其后果是泵气损失增大，充量系数下降。对自然吸气柴油机和每缸两气阀的柴油机而言，情况更加严重。另一个问题是在小缸径高速柴油机的情况下，工作转速范围很大。在进气系统产生的涡流比基本恒定的情况下，如果发动机在高转速时气流速度正好，在低转速时就显得不足，导致燃烧严重恶化。如果在低转速下气流速度合适，则在高转速下就会过强，不利于燃烧，造成进气损失过大。因此，在实践中往往选择对中等转速合适的涡流比，允许在高、低转速下的损失。

在每缸只有一个进气阀的柴油机上，要改变由进气道形状决定的进气涡流比是比较困难的。四气阀柴油机的开发从根本上改变了上述情况。四气阀柴油机的主要优点是扩大进排气阀的总流通面积，一般比二气阀柴油机大 15%～20%，从而降低了进排气流动阻力，提高了充量系数。四气阀柴油机的喷油器可以布置在气缸中央非常靠近气缸轴线的地方，平行于气缸轴线，且没有倾斜角，为喷嘴油孔的均匀分布及改善燃烧室内的空气利用，提供了很大的便利。

实验表明，在同样的 NO_x 排放条件下，四气阀柴油机的颗粒和 HC 排放都低于二气阀柴油机。此外，四气阀柴油机喷油器的冷却情况与二气阀机相比得到改善，燃烧室在活塞头部中心布置消除了温度场的不均匀，降低活塞的热应力和热变形。

4.5.2　增压与增压中冷

增压是提高发动机进气充量的有效措施，废气涡轮增压是最常用的增压形式。涡轮增压在高功率强化柴油机上的应用已有半个多世纪。研究表明，增压是柴油机排放控制的重要技术措施，为达到欧洲 I 排放法规的要求，重型车用柴油机应安装废气涡轮增压器，而为了达到欧洲 II 排放法规的要求，应安装带中冷的增压系统。

增压柴油机的主要特征是进气量大，空燃比大，因此 HC 和颗粒排放下降。但如不采取其他措施，NO_x 排放也会增加。这一方面是因为增压后进气温度提高，同时可燃混合气中氧浓度增加。不过在颗粒排放下降的前提下，可以结合推迟喷油提前角等办法来减少 NO_x 的排放，而不致使颗粒排放过分增加。

采用增压中冷技术，降低柴油机的进气温度，不仅降低柴油机的热负荷，还可进一步提高空气密度，从而可以进一步强化功率密度，降低最高燃烧温度，减少 NO_x 的生成。

4.5.3 排气再循环

EGR 是降低汽油机 NO_x 排放的实用化措施。而对于柴油机，EGR 除在一部分柴油机轿车和轻型车上已实用化外，在寿命和可靠性要求很高的大中型汽车柴油机上目前采用的并不多。对于轻型车或轿车用柴油机来说，常用于中小负荷工况，这时柴油机空燃比很大，可以采用较大的 EGR 率，所以 EGR 降低 NO_x 排放的效果较显著。对于重型车用柴油机来说，平均负荷较高，而大负荷时空燃比较小，不可能采用较大的 EGR 率。

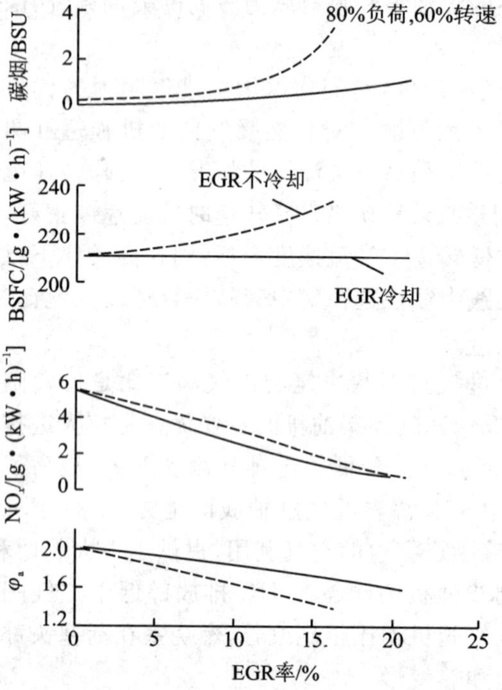

图 4－13 EGR 对柴油机性能和排放的影响

如图 4－13 所示，采用 EGR 时可以使柴油机 NO_x 排放降低，其原因除由于大量惰性气体阻碍了燃烧的快速进行以及混合气的比热容增大使燃烧温度降低之外，EGR 对进气加热和稀释造成的实际过量空气系数 φ_a 下降也是重要原因。因而，随 EGR 率的增大，在 NO_x 降低的同时，颗粒排放和油耗也会随之恶化（图中虚线）。为此，可采用冷却 EGR 的方法，如图中实线所示，可抑制发动机性能的恶化。

另外，与汽油机相比，柴油机排气中的氧含量相对要高得多，而 CO_2 浓度要小得多，因而必须使用更大的 EGR 率才能有效地降低 NO_x 排放。一般汽油机 EGR 率不超过 20%，而直喷式和非直喷式柴油机的 EGR 率可分别超过 40%和 25%。

1. 增压柴油机 EGR 的实现

自然吸气式柴油机所用的 EGR 系统与汽油机类似，由于进排气之间有足够的压力差，

EGR 的控制比较容易。但在 EGR 的回流气中的颗粒可能引起气缸活塞组和进气门的磨损，其中含有的硫酸盐可能引起腐蚀。为了缓解这个问题，要尽可能降低颗粒排放，同时采用优质润滑油和低硫柴油。

在增压柴油机中，再循环排气一般流到增压器 4[见图 4-14(a)]后的进气管中，而在增压中冷柴油机中，则流到中冷器 2 后，以免沾污增压器叶轮和中冷器芯子。

这时，为防止增压压力大于排气压力时再循环排气的倒流，要在 EGR 阀 5 前加一个排气脉冲阀 6，以便利用排气脉冲加大 EGR 量。

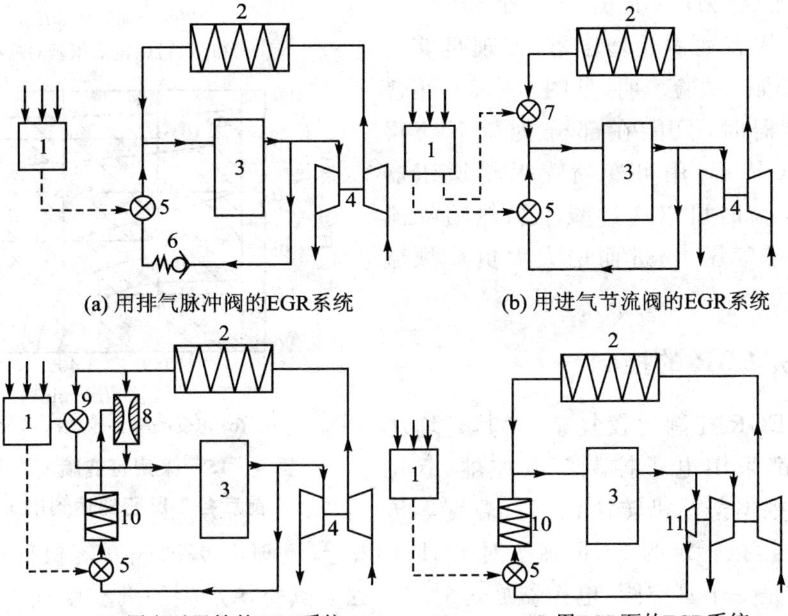

(a) 用排气脉冲阀的EGR系统　(b) 用进气节流阀的EGR系统

(c) 用文丘里管的EGR系统　(d) 用EGR泵的EGR系统

1—电控器；2—中冷器；3—柴油机；4—涡轮增压器；5—EGR 阀；6—排气脉冲阀
7—进气节流阀；8—文丘里管；9—文丘里管旁通阀；10—EGR 气冷却器；11—EGR 泵

图 4-14　增压中冷柴油机的 EGR 系统

在现代增压柴油机中，由于涡轮增压器效率的提高，增压器后的进气压力在很多工况下会高于增压器前的排气压力，造成 EGR 的困难，至少不会获得足够高的 EGR 率。通常可采用下列措施来解决：

① 用节流阀 7 对进气进行节流[见图 4-14(b)]，它可降低柴油机前的进气压力，可使 EGR 率大为提高；但会增加柴油机的泵气损失，降低发动机经济性。

② 在进气系统中装一个文丘里管 8[见图 4-14(c)]，它可以提高 EGR 的有效压差，从而扩大 EGR 率的可调范围。由于文丘里管喉口的压降在喉口下游可得到部分的恢复，压力损

失可以减小。调节文丘里管的旁通阀 9 可改变 EGR 的有效压差。

③ 用专门的 EGR 泵 11[见图 4-14(d)]，用泵强制进行 EGR，具有最大的灵活性。但由于 EGR 泵的流量要求很大，机械驱动泵显然过于庞大昂贵。

④ 用可变喷嘴增压器(VNT)，它可能为实现增压柴油机的有效 EGR 开辟一个新途径。前面已经提及，用普通涡轮增压器，实现足够的 EGR 往往有困难。试验表明(见图 4-15)：用普通的涡轮增压器时，只能在部分负荷下获得 10%左右的 EGR 率；用可变喷嘴涡轮增压器时，柴油机大负荷时可以通过减小涡轮喷嘴流通面积来提高排气压力，进而增大大负荷领域的 EGR 率。

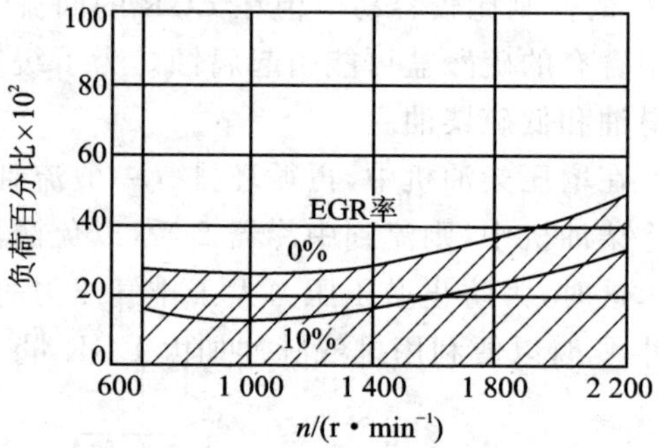

(a) 普通涡轮增压器对应的EGR率

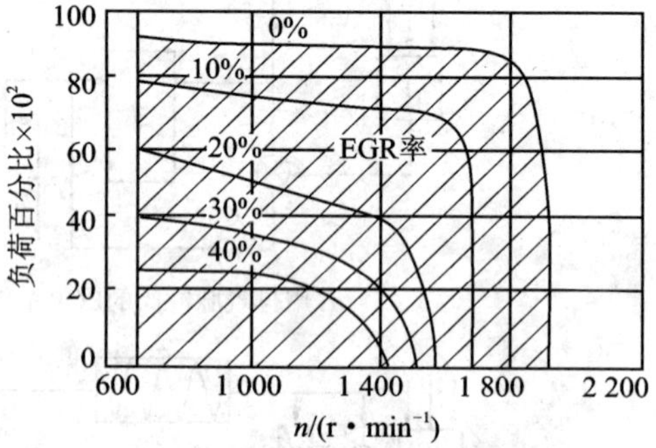

(b) 可变喷嘴涡轮增压器对应的EGR率

图 4-15　采用可变喷嘴涡轮增压器前后各工况所能达到的 EGR 率

2. 柴油机 EGR 的控制

柴油机的 EGR 控制比较复杂，尤其是增压柴油机，一般都采用电子控制。电控器 1(见图 4-14)一般根据柴油机转速、负荷、温度等传感器的输入信号，按标定的 EGR 脉谱对 EGR 阀 5、节流阀 7、旁通阀 9 等执行机构进行控制。EGR 阀 5 可以是一个真空阀，电控器通过对一个独立真空源产生的真空度加以调制来控制真空阀的开度。EGR 阀也可以是一个电磁阀，可由电控器通过信号直接控制。为了提高控制的精确度，可以对各阀进行反馈控制。EGR 率可以用热线式质量流量计直接监测。

第5章　排气后处理

大气环境污染对人类健康及环境的影响日益严重，对内燃机排放的限制也日益严格。在目前严格的排放限制下，单纯依靠发动机机内净化措施很难达到排放要求，还必须采用机外净化措施。

机外净化措施包括前处理技术和后处理技术。前处理通过改进进气或改善燃油质量，来减少发动机污染物的生成；而后处理，通过对排气系统中已生成的污染物进行处理，减少发动机最终排放的污染物。相对于前处理技术，发动机的排气后处理技术的方法较多，效果也较好，从用户的角度也容易实现。催化反应减污技术是净化发动机排气的最重要的后处理手段之一。本章在简单介绍催化作用的基本原理和概念的基础上，着重阐述车用发动机催化转化器及颗粒捕集器等主要后处理技术。

5.1　催化技术的基本原理和概念

上世纪以来，化学工业对人类生活产生了巨大的影响。化学工业的发展主要依赖于催化技术的发展，许多重要的化学产品都是经由一系列催化过程制备的。譬如塑料、橡胶、合成纤维等高分子材料的合成，化肥和农药的生产，以及石油炼制和众多的精细石油化工反应都离不开催化作用。现今的化工与炼油过程中大约90%是催化过程。

催化作用的核心是催化剂。简单地说，催化剂是一种能改变化学反应速率，而本身的质量和组成在化学反应前后保持不变的物质。催化剂不能影响化学反应的平衡位置，也不能使热力学受阻的化学反应得以进行。它可使热力学允许的反应在适当的化学条件下具有的活化能发生改变，从而加快反应的进行。化学反应中催化剂本身不发生永久性的化学变化，它只是起促进化学反应的作用。

5.1.1　催化反应的过程及扩散的影响因素

如图5-1(a)所示，催化反应一般包括下列步骤：

① 反应物向催化剂表面的外扩散 D_E 和内扩散 D_I；

② 反应物在催化剂表面的吸附；

③ 被吸附的反应物在表面的相互作用；

④ 产物由催化剂表面的脱附；

⑤ 产物离开催化剂表面向周围介质的内扩散 D'_I 和外扩散 D'_E。上面的步骤①和⑤属于物理过程，步骤②③和④相当于化学过程。对于由A生成B的反应A→B，过程②③和④如

图 5-1(b)所示。

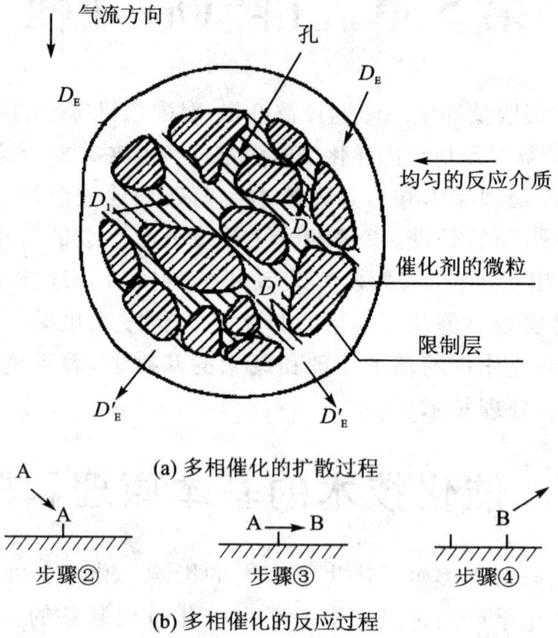

图 5-1 多相催化过程

过程①⑤是典型的扩散过程，与气流的运动以及气体分子扩散速度有关。吸附过程②与催化剂的载体有很大关系，合适的载体对要反应的分子有选择地吸附，能大幅度地提高催化转化效率。载体不合适，则容易导致催化剂表面吸附不相关分子，占据反应表面，从而降低催化反应效率。同样脱附过程④与催化剂和载体性质都有关系。产物生成后若脱附速度太慢，也会成为影响整个反应速度的瓶颈。过程③在催化剂作用下发生化学反应。这个过程与催化剂的性质有关，高效率的催化剂能大幅度降低催化反应活化能，加快反应速率。

一般认为，催化作用主要发生在催化剂的表面。高的催化活化性要求催化剂具有高的表面积，同时要求反应物和产物可以迅速地接近和离开催化剂的表面，这种过程是受扩散定律制约的。对于多孔催化剂，反应物的扩散是分两步进行的，即外扩散和内扩散过程。

在反应过程中，催化剂的颗粒被一层由反应物、生成物或稀释剂的分子所包围，形成一个滞流膜。反应物分子穿过这层滞流膜到达催化剂颗粒表面的过程称为反应物的外扩散过程，产物分子由催化剂表面穿过这层膜的过程称为产物的外扩散。外扩散的流动形式和停留时间都会受到催化剂颗粒的尺寸、形状、反应器的容积-直径比以及时空速率的影响。

内扩散是指反应物从颗粒表面深入到多孔固体内表面的过程。它决定于催化剂的孔结构。根据孔径大小可将孔分成 3 种尺寸范围：微孔、中孔和大孔。孔径大小是影响内扩散的主要因素，通常用内扩散速率来表示反应物向内、向外扩散的难易。

如果反应物向活性表面扩散速率比较小，致使反应速率低于快速扩散时所能达到的速率，则该反应过程就被称为是扩散控制。在内扩散控制时，反应速率等于反应物通过颗粒外表面的扩散速率；在外扩散控制时，反应速率等于气体通过滞流层的速率。

对于扩散控制的反应，重要的是应知道反应发生在催化剂的外表面还是在催化剂的孔隙中，从而更好地设计催化剂。例如，对于大多数烃类氧化反应，小的催化剂表面积可阻止反应物的深度氧化，从而提高产品的选择性；另一方面选择大孔的催化剂，使部分氧化产物在进一步反应之前就扩散到孔体系之外，也有利于提高产品的选择性。

5.1.2 吸附过程及相关概念

吸附过程是催化反应进行的前提，一般分为物理吸附和化学吸附。

物理吸附是由相互不起反应的分子间弱的吸引力如色散力和偶极力引起的。其特点是吸附热比较小，接近于蒸发潜热，数量级一般在－40 kJ/mol左右，它是非选择性的，即在适当的情况下，任何气体都可以在任何固体上发生物理吸附；物理吸附仅在低温下存在；可逆性好，即在升温或降低压力的情况下容易脱附。

化学吸附涉及到被吸附的气体分子（吸附质）和吸附剂表面间的电子交换和化学键的形成。它的特点是对于大多数气体-金属体系的化学吸附热很大，就像形成典型的化学键一样，化学吸附热一般为－400 kJ/mol左右。吸附热的这种巨大差异常用来在实验上判别物理吸附或化学吸附，化学吸附对于大多数气-固体系均具有专一性，即对于特定气体在不同金属，甚至于在同一种金属的不同晶面上的化学吸附都存在很大的差异；化学吸附能在较高的温度下发生。

不同物质在催化剂上的吸附性，对于催化的活性、选择性和中毒都有巨大影响。

5.1.3 催化作用的本质

催化剂增快反应速率的能力，一般可归结为它能使反应的活化能降低。理想的均相反应，只有单一的活化能，反应的速率为气相浓度的函数。多相催化反应一般较为复杂，它通常包括3个速率过程，即吸附过程、活化络合物的形成和分解过程以及产物的脱附过程。每个过程的活化能各不相同，各过程的速率还取决于催化剂的活性中心数和催化剂表面各种吸附物的浓度。

一般而言，催化剂最重要的作用在于提供一条反应途径，沿此路径形成中间表面化合物的活化能大大低于均相反应的活化能。

图5-2表示在一个简单的放热反应中，与不同反应步骤相关的能量变化。$E_{均}$为均相反

应的活化能，$E_{吸}$为反应物在催化剂上吸附的活化能，$E_{催}$为形成活化络合物的活化能，$E_{脱}$为产物脱附的活化能，$\lambda_{吸}$为反应的吸附热，可以认为是放热的。$\lambda_{脱}$为产物的脱附热，可以认为是吸热的。在反应进行过程中，反应物吸收一定的能量$E_{吸}$，得以活化，得到吸附态的反应物，这一过程吸收热量$\lambda_{吸}$；然后，吸附的反应物在能量$E_{吸}$的作用下被活化，并进一步进行反应，生成吸附态的产物；最后，吸附态的产物越过能垒，放出热量$\lambda_{吸}$，形成产物。反应的总能量变化ΔH，等同于吸附和脱附两条路径的能量变化之总和。由图5-2可见，$E_{吸}$，$E_{催}$，$E_{脱}$均远低于$E_{均}$，因而通过催化剂的作用，使活化能较高的均相反应得以较容易地进行。

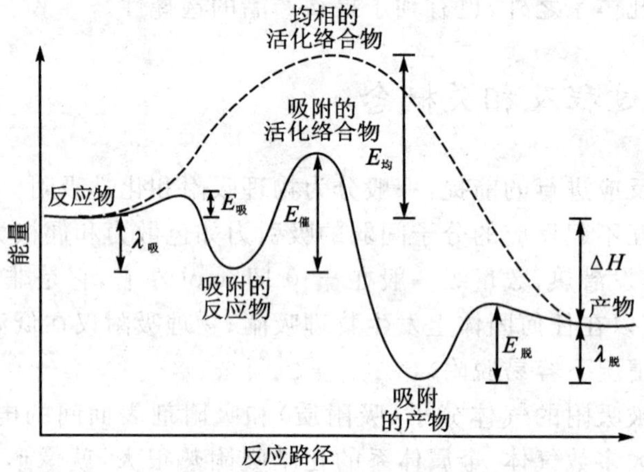

图5-2 催化反应过程中与各个反应步骤相关的能量变化

催化剂降低了反应活化能，可以用下面方程说明，即

$$A + B \rightarrow AB$$

无催化剂时的活化能为E，当有催化剂K存在时，反应分成两步进行，即

$$A + K \underset{k_2}{\overset{k_1}{\rightleftharpoons}} AK$$

$$AK + B \xrightarrow{k_3} AB + K$$

与各速率常数k_1，k_2，k_3相应的活化能为E_1，E_2，E_3。

若第一步很快建立平衡，而第二步是速率控制步骤，则总的反应速率为

$$r = r_3 = k_3 c_{AK} \cdot c_B \tag{5-1}$$

而由第一步的平衡关系可得

$$c_{AK} = \frac{k_1}{k_2} c_A c_k \tag{5-2}$$

将式(5-2)代入式(5-1)，可得

$$r = \frac{k_1 k_3}{k_2} \cdot c_K \cdot c_A \cdot c_B \tag{5-3}$$

总的反应速率常数为

$$k = \frac{k_1 k_3}{k_2} c_K \tag{5-4}$$

将各速率常数以 Arrhentus 方程表示为

$$k = A \cdot e^{-E/RT}$$

并代入式(5-4)，则得

$$k = \frac{A_1 A_3}{A_2} c_k A \cdot e^{-(E_1+E_3-E_2)/RT} \tag{5-5}$$

故催化反应总的活化能(表观活化能)为

$$E' = E_1 + E_3 - E_2$$

一般，E_1，E_3都比 E 小得多，所以 $E'<E$。故催化反应降低了活化能，提高了反应速度。

5.1.4　催化剂的性能要求

1. 催化剂的活性位和转化数

催化剂的活性位，又称为活性中心，是指催化反应只在催化剂特定的部位上进行，这种位置对于某个反应具有专一的活性，称为该反应的活性位。这种活性位可能是催化剂表面的一组或一簇相邻近的原子，也可能是吸附在催化剂上的某个物质。活性位概念是基于所有固体催化剂的物理性质及化学性质都随其在催化剂表面上的位置不同而变化，即催化剂表面是不均匀的。即使对于外观光滑平整的纯金属，在原子水平上位于晶格缺陷或晶体棱边和棱角上的原子，与平坦面上的原子的化学性质也不相同。转化数是指单位时间内每个活性位上转化的反应物的分子数。转化数常用来度量催化剂的真正催化活性，它一般是压力、温度和反应物成分的函数。因确切的活性位数量难以测量，故使转化数这个概念的应用受到一定限制。

2. 催化剂的活性

催化剂的活性是指使催化反应达到化学平衡的速率。催化活性有各种表示方法，在实际应用中，用特定条件下某一反应物的转化率或时空得率等数值来衡量，与反应装置和条件有关，而且在给定条件下，若催化剂层存在着物理因素(传热、传质等)的影响，则其活性数值并不代表催化剂本身的本征活性。在理论研究中，常采用无物理因素影响的动力学参数(反应速率、反应速率常数、活化能等)来表征催化剂的活性。但反应速率和反应速率常数与催化剂计量的基准单位(表面积、体积、质量)有关。以表面积为基准的量分别称为表面比反应速率和表面比速率常数；以质量为基准的量称为比反应速率或催化剂的比活性。反应速率常数的数值还与所用速率方程的形式有关。

3. 催化剂的选择性

催化剂的选择性是催化剂的一项重要指标。它通常是指催化剂对反应类型、复杂反应(平行或串联反应)的各个反应方向和产物结构的选择催化作用。催化剂的选择性通常用产率或选择率和选择性因子来量度。例如,在轻油或重油裂化过程中,可产生汽油、干气和焦炭,而汽油是裂化的目的产物,对于小球或微球硅铝裂化催化剂而言,裂化的产物中汽油多,干气和焦炭少,说明该催化剂的选择性好。

4. 催化剂的稳定性和寿命

催化剂的稳定性指催化剂对温度、有毒物质、机械力、化学侵蚀和结焦积污等的抵抗能力,分别称为耐热稳定性、抗毒稳定性、机械稳定性、化学稳定性和抗污稳定性。这些稳定性都各有一些表征指标,而衡量催化剂稳定性的总指标通常以寿命表示。寿命是指催化剂能够维持一定活性和选择性水平的使用时间。催化剂每活化一次能够使用的时间称为单程寿命;多次失活再生而能使用的累计时间称为总寿命。与催化剂寿命相关的是催化剂的失活。

5. 催化剂的其他性能

一个好的催化剂除了要满足上述的活性、选择性和寿命的要求外,还应具有高的比表面、良好的制备工艺重复性以及容易再生等特点。

5.1.5 催化剂的失活

催化剂的失活是一个非常重要的问题,因为它直接与催化剂的使用寿命和周期密切相关。通常导致催化剂丧失活性和选择性的原因可归纳为以下几种:化学中毒、热中毒(又称高温烧结)、物理堵塞、活性物质的流失以及催化剂破损等机械因素。导致催化剂失活的原因如表 5-1 所列,其中化学中毒和热失活是催化剂常见的失活原因。

表 5-1 催化转化器老化机理

化学中毒	热中毒	积垢老化	机械老化
· 中毒:不可逆吸附或发生表面反应; · 抑制:毒物的竞争可逆吸附; · 毒物导致催化剂表面重构; · 发生载体孔结构的阻塞	· 活性组分的烧结; · 形成合金; · 载体结构发生变化; · 贵金属-贱金属相互作用; · 金属或金属氧化物与载体相互作用; · 贵金属表面重组; · 贵金属挥发	碳积沉(结碳)	· 热冲击; · 磨损; · 机械破坏

1. 热失活

热失活主要是指催化剂长期暴露在 850℃以上的高温环境中，导致催化剂中氧化铝载体的比表面积急剧减小以及贵金属的烧结聚集，从而引起催化剂活性降低。如在突然刹车的尾气氧化环境气氛中，热老化作用非常明显。由于点火系统不良造成发动机持续失火，也会导致催化剂的温度大幅度升高，从而引起严重的热老化。由图 5－3 可以看出，在 Pt－Rh（铂-铑）催化剂上随着老化温度的升高，催化剂的 BET 比表面积（表示为 m^2/dm^3）从 800℃开始迅速降低，同时 Pt 及 CeO_2 的颗粒增大，特别是在 800℃时，Pt 的晶粒开始明显长大，表明此时 Pt 开始发生烧结。

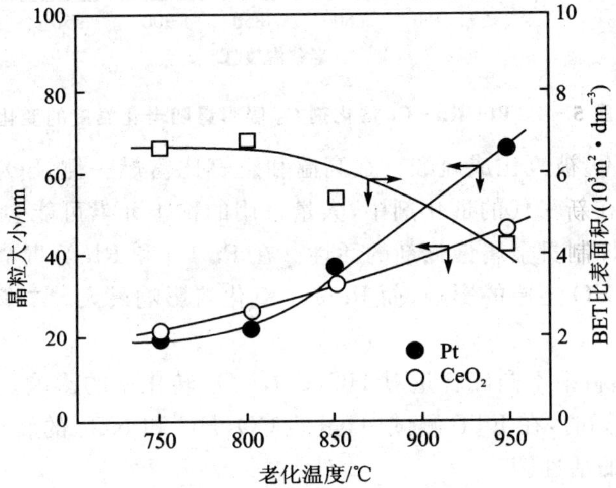

图 5－3　Pt－Rh 催化剂的热老化行为

高温还同时可以引起氧化铈助催化剂的活性以及储氧能力降低，如图 5－4 所示。此图表明催化剂对氧气的吸附在 800 ℃以上迅速降低，这与 Pt 和 CeO_2 颗粒增大的温度正好相对应。总之，催化剂热失活的主要原因是由活性组分的颗粒长大与聚集，以及催化剂比表面积的损失造成的。加入锆、镧、钕、钇可以减缓高温时活性组分的长大和催化剂载体比表面积的减小，从而提高反应的活性。

2. 化学中毒

催化剂的化学中毒主要是由燃料中的硫和铅以及润滑油中的锌和磷造成的。

(1) 硫中毒

对于硫含量为 208 mg/L 的汽油来说，尾气中的二氧化硫浓度约为 20×10^{-6}（体积分数）。在氧化型催化剂中，尾气中的二氧化硫会被氧化成硫酸。在空燃比附近，氧气浓度低，CO 的

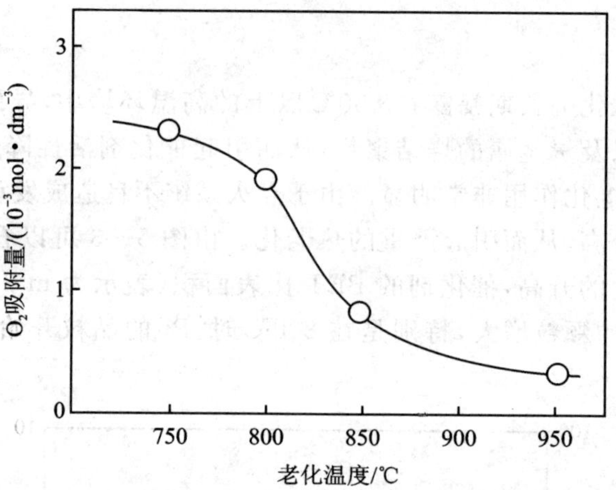

图 5-4　Pt-Rh-Ce 催化剂 O_2 吸附量随老化温度的变化

浓度高时，可以抑制 SO_2 被氧化成硫酸。在高温和空燃比富燃一侧，SO_2 又可能被氢气还原成有强烈臭味的 H_2S。在新一代的催化剂中，大量采用的稀土元素可能会增加 H_2S 的排放。

二氧化硫一般能抑制贵金属催化剂的活性。在 Pt，Pd 和 Rh 等贵金属催化剂中，Rh 能更好地抵抗二氧化硫对 NO 还原的影响，而 Pt 受二氧化硫影响最大。二氧化硫的抑制效应常受温度的影响。

表 5-2 列出了燃料中不同硫含量对 HC，CO，NO_x 转化率的影响。可以看出燃油中硫含量从0.01%增至 0.09%时，在 FTP 测试中，虽然 CO，HC 和 NO_x 的转化率均有所降低，但催化剂仍然具有相当高的活性。

表 5-2　含硫量对 HC，CO，NO_x 转化率的影响

催化剂寿命/km	燃料含硫量（质量分数）/%	平均转化率/%		
		HC	CO	NO_x
8 000	0.01	83.3	64.5	72.4
	0.03	83.9	61.8	71.4
	0.09	81.4	56.2	67.6
80 000	0.01	80.3	51.0	66.6
	0.03	79.7	48.2	64.6
	0.09	76.9	44.0	62.8

注：数据取自机动车 FTP 排放测试结果。

（2）铅中毒

铅通常是以四乙基铅的形式加入到汽油中，以增强汽油的抗爆性。它在标准的无铅汽油中的浓度约为 1 mg/L。关于铅对氧化型催化剂的影响已经做过大量研究，铅可以以氧化物、氯化物或硫化物的形式存在。

(3) 磷中毒

磷在机油中的含量约为 1.2 g/L，是尾气中磷的主要来源。据估计，汽车运行 8 万公里大约可在催化剂上富集 13 g 磷，其中 93%来源于润滑机油，其余来源于燃油。磷可以使氧化型催化剂中毒。实验表明，催化剂对含磷尾气中 CO 和 NO 的转化率降低。向润滑油中加入碱土金属(Mg, Ca)后，碱土金属与磷形成粉末状的磷酸盐可随尾气流出，此时催化剂上富集的磷较少，对 HC 的催化活性降低得较少。在发动机老化过程中磷可能以磷酸铝或焦磷酸锌的化学形式存在，粘附在催化剂表面上。

5.2　催化转化器

发动机排气中主要有害成分包括一氧化碳(CO)、碳氢化合物(HC)、氮氧化物(NO_x)、硫化合物、颗粒(铅化合物、黑烟、油雾等)、臭气(甲醛、丙烯醛等)等，其中 CO，HC 及 NO_x 是车用发动机污染大气的主要成分。

20 世纪 70 年代以来，欧洲、美国和日本等发达国家和地区采取的汽车污染控制的措施可分为机内净化和机外控制两类技术，其中在发动机排气尾管安装催化转化器是被广泛采用的方法，也是最有效的机外尾气净化方法。

5.2.1　催化转化器的结构

催化转化器是由壳体、减振层、载体及催化剂 4 部分构成的，如图 5-5 所示。

1. 壳　体

壳体材料和形状是影响催化转化器系统转化效率和使用寿命的重要因素。催化转化器的工作环境十分恶劣，壳体材料应具有抗腐蚀好和热变形程度小等特点。目前国外多采用含 Ni，Cr 的不锈钢材料。壳体的形状设计应使流经催化转化器的气流尽可能少地产生涡流和气流分离现象，防止增大气流阻力。要特别注意进气端形状的设计，保证进气流的均匀性，以提高催化转化器的转化效率和使用寿命。为了增强壳体的刚度，防止变形，应考虑在壳体上设置加强筋。目前，许多催化转化器的壳体设计成双层结构，两层壳体之间为隔热层，可以降低催化转化器外表面的温度，使散发到底盘和发动机机舱的热量减至最小。

催化转化器壳体应满足以下条件：

① 壳体的热膨胀系数要尽可能小；

② 壳体材料应具有较强的耐腐蚀性；

③ 壳体的结构设计应尽可能考虑其强度和刚度要求；

④ 壳体的形状设计要充分考虑空气动力学的需要。

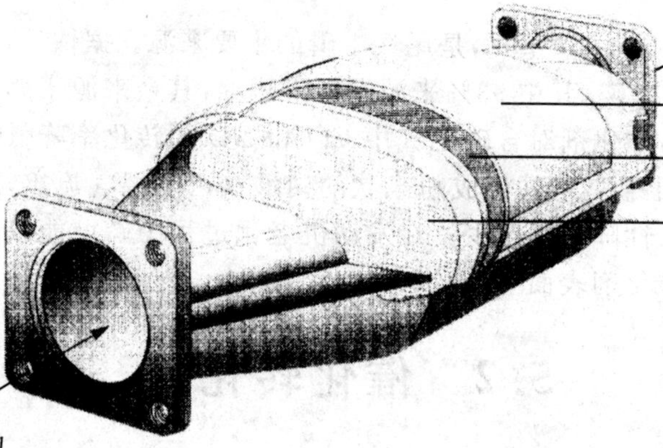

图 5-5 催化转化器的基本结构

2. 减振层

由于发动机排气温度变化范围宽,壳体和载体材料的热膨胀系数相差较大,为了避免载体产生额外应力,需要在壳体和载体之间安装减振层。减振材料应保持良好的弹性恢复力和隔热性,具有较长的使用寿命。另外,为了减小载体内部的温度梯度,以减小载体承受的热应力和壳体的热变形,减振层还应具有隔热性。常见的减振层有金属网垫和陶瓷密封垫,但陶瓷密封垫在隔热性、抗冲击性、密封性和高低温下对载体的固定力,都比金属网垫优越,是主要的应用减振层。

减振层主要作用是:

① 固定易碎的陶瓷载体并保证其被安全使用；

② 在催化转化器及内部构件受到冲击时起到缓冲作用；

③ 防止废气从载体与壳体之间的间隙逸出；

④ 防止催化转化器内部过热的温度传递给催化转化器壳体；

⑤ 起到一定的隔声、吸声作用。

3. 载 体

催化剂载体的性能好坏,对催化剂活性和寿命影响极大。而理想载体应具有:

① 足够的机械强度,以适应发动机的振动；

② 足够的耐热性；

③ 合适的孔隙结构或开孔率；

④ 不含有使催化剂中毒的物质；

⑤ 不与催化剂发生相互作用；

⑥ 适当的吸水率、价格便宜。

目前载体主要有3种：颗粒状载体、蜂窝陶瓷载体和金属载体。

4. 涂　层

涂层是在载体的表面涂的一层多孔的活性水洗层(Washcoating layer)，如图5-6所示。其粗糙的多孔表面可使载体的实际催化表面积大大增加。涂层主要由$\gamma-Al_2O_3$构成，具有较大的表面积(>200 m^2/g)，适合的孔分布，并具有一定的强度，其缺点是高温(>900℃)时会发生相变，从而导致结构破坏。在涂层表面分散着作为催化活性材料的贵金属，一般为铂(Pt)、铑(Rh)和钯(Pd)；以及作为助催化剂成分的铈(Ce)、钡(Ba)和镧(La)等稀土或贱金属材料。助催化剂主要用于提高催化剂的活性和高温稳定性。催化剂的活性及耐久性除与涂层的成分有关外，也与涂层的制备工艺密切相关。

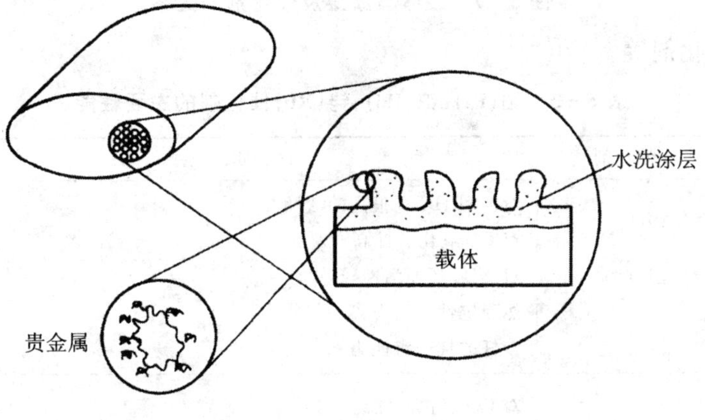

图5-6　水洗涂层

5. 催化剂

催化剂通常是指催化活性组分和水洗涂层的合称，它是整个催化转化器的核心部分，决定着催化转化器的主要性能指标。因此在许多文献上并不严格区分催化剂和催化转化器的定义，催化转化器有时也简称为催化器。发动机中常用的催化剂主要有铂(Pt)、钯(Pd)、铑(Rh)等金属或其氧化物，表5-3列出了它们的主要性能。

图5-7给出了催化转化器中载体、涂层及催化剂的关系。

经过几十年的发展，已经有多种汽车催化剂在实际中应用。汽车催化剂可按其作用和化学组成分为Pt-Pd两效型催化剂，两金属Pt-Rh三效催化剂、三金属Pt-Pd-Rh三效催化

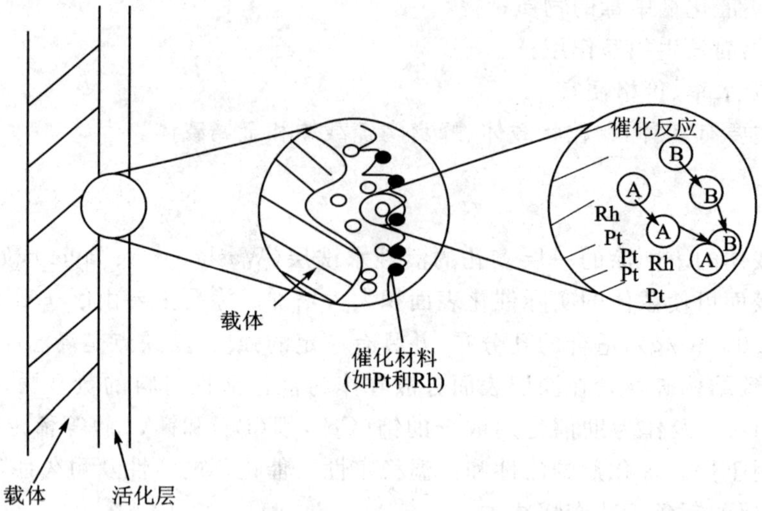

图 5-7 载体与涂层及催化剂的关系

剂和全 Pd 三效催化剂等。

表 5-3 铂(Pt)、钯(Pd)、铑(Rh)催化剂的主要性能

催化剂	性 质
铂(Pt)	对饱和 HC 有很高的活性 对 CO 氧化活性高 对 NO_x 还原活性较差 热稳定性差 较好的抗中毒能力
钯(Pd)	对 CO 氧化活性高 对烯烃氧化活性很高 当做成大颗粒时,对烷烃有很高活性 当加合适主助剂时,对 NO_x 有很高还原活性 抗中毒能力差 热稳定性好 起燃活性很好
铑(Rh)	对 CO 氧化活性一般 对 NO_x 有很高还原活性 对 HC 氧化活性差 在富氧条件下,热稳定性差 较低的抗中毒能力

5.2.2 催化转化器的性能指标

催化转化器对发动机排气的净化作用非常显著，催化转化器的性能指标用以评价各种催化转换器的性能，主要包括：

(1) 转化效率

发动机排气在催化转化器进出口浓度差与排气在催化转化器入口处的浓度的比值称为催化转化器的转化效率。

(2) 空燃比特性

转化效率随空燃比的变化称为催化转化器的空燃比特性，催化剂转化效率的高低与发动机的空燃比或过量空气系数有关。

(3) 起燃特性

催化剂转化效率的高低与温度有密切关系，催化剂只有达到一定温度以上才能开始工作。催化转换器的起燃特性有两种评价方法，一种称为起燃温度特性，另一种为起燃时间特性。

(4) 空速特性

空速被定义为每小时流过催化转化器换算到标准状态的排气体积流量与催化转化器容积之比，其单位为 h^{-1}，转化效率随空速的变化称为催化剂的空速特性。

(5) 流动特性

催化转化器的流动阻力增大了发动机的排气背压，背压过大会使排气过程的推出功增加，消耗同样燃料所输出的有用功减少；背压过大还会使残余废气量增大，导致发动机的充气效率降低，每循环同样气缸容积所能利用的燃料化学能减少；同时残余废气量的增加，又引起燃烧热效率下降，这使得发动机的经济性和动力性降低。

5.3 常用气相污染物催化净化方法

催化净化内燃机排气中的气相污染物技术，目前已在汽油机作动力的汽车上得到广泛的应用。汽油机排气中 NO_x，CO，HC 基本上是由发动机的空燃比(A/F)所决定，图 5－8 表示了空燃比与汽油机有害排放物之间的关系。发动机在理论空燃比下运转时，气缸内工质的燃烧温度达到最高值，此时 NO_x 的生成量最大。

如让汽油机处在这样的状态下运转，就很难将排气中 NO_x 排放量控制在当前的排放标准以下。相反，如把空燃比设定在稀薄区域运转，NO_x 的排放量会明显减少，而 HC 和 CO 的排放量会增加。但由于排气中存在较多的未燃过量空气，此时可借助催化剂将 HC 和 CO 在排气管中氧化成 H_2O 和 CO_2，这样就有可能使 NO_x，HC，CO 的排放量都控制在标准值以下，这种方法称之为氧化催化净化法。这种净化方法最为简单，但它会使汽油机的比功率下降。如果要维持发动机有高的比功率，则要让汽油机维持在理论空燃比下运转，同时净化处理 NO_x，HC，CO 这 3 种有害污染物。经研究后已被应用的方法有三效催化净化法和还原氧化催化净化法，后者也称为二级催化净化法。

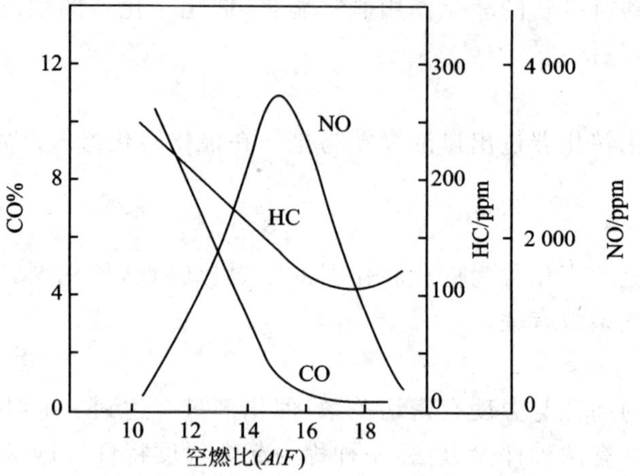

图 5-8 空燃比(*A/F*)与排气中气相有害成分的关系

5.3.1 氧化催化净化法

这种净化方法让汽油机处在稀薄燃烧状态下运转，只对排气中的 HC 和 CO 进行氧化催化处理。在排气管中进行的氧化反应为

$$2CO + O_2 \xrightarrow{k} CO_2 \quad (5-6)$$

$$2C_mH_n + (4m + n)O_2 \xrightarrow{k} 4mCO_2 + 2nH_2O \quad (5-7)$$

实验表明，许多种贵金属和金属氧化物都对上述化学反应有催化作用。

在这类反应中催化剂的作用是把氧分子以化学吸附的方式吸附在固体表面，然后截断氧与氧的结合键(键能 D=493.95 kJ/mol)，使它们成为与 CO 和 HC 容易进行反应的原子活性基 O^{-1} 或 O^{-2}。催化剂同时也能使 CO 和 HC 活性化并吸附于催化剂表面，从而促进了 CO 和 HC 的氧化反应。

为了提高催化剂的催化效率，希望吸附于该催化剂表面上的被活化的氧与催化剂之间的结合力不能过强也不能过弱。

5.3.2 还原氧化催化净化法

还原氧化催化净化法的基本原理如图 5-9 所示。

这种方法实质上是通过二级催化把排气中的 NO_x,CO,HC 净化。第一级催化净化是利用排气中本身存在的 CO,HC 作为还原剂，借助排气的高温将 NO_x 还原成 N_2。在第二级催化净化过程中需重新导入二次新鲜空气，以氧化未参加反应的 HC 和 CO。具体的反应式可写成

$$xC_mH_n + yCO + zNO_x \rightarrow \frac{z}{2}$$
$$N_2 + CO_2 + H_2O + y'CO + x'C_mH_m \quad (5-8)$$

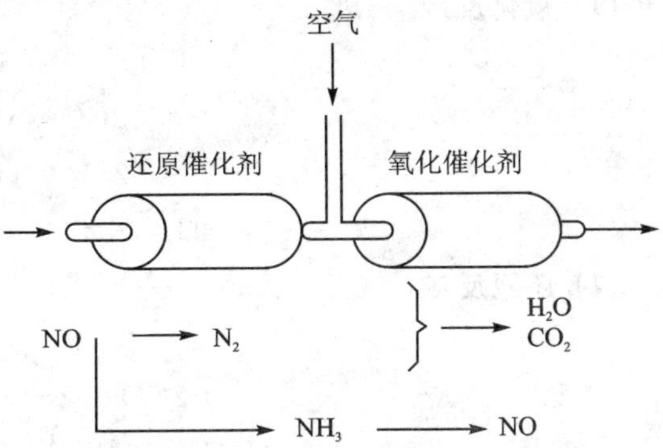

图 5－9　还原氧化催化净化法

$$y'CO + x'C_mH_n + O_2 \rightarrow CO_2 + H_2O \quad (5-9)$$

这种催化净化方法存在的一个主要问题是，在还原层中有可能会生成氨(NH_3)。它是因存在于排气中的 CO 和 H_2O 与 NO 发生水性气体反应而产生的。NH_3在第二级的氧化催化层中会再次被氧化而形成 NO，为了尽可能减少 NH_3的生成，还原催化层应维持高的工作温度，发动机应尽可能处于理论空燃比的状态下工作，如果空燃比进入稀薄区域，还原剂有可能被氧化，NO 的变换率会急剧减小，同时还会促使催化剂变质。

二级催化净化方法存在的另一个问题是需要汽车发动机排气管路中设置二级催化段，这在结构布置上有一定难度。关于第一个问题，通过研究已寻找到新的催化剂钌(Ru)，用 Ru 元素作还原催化剂会大大地抑制 NH_3的生成，受到了人们的关注。至于结构布置上的问题，现已通过开发的三效催化方法来取而代之。

5.3.3　三效催化净化法

三效催化净化法是一种需要使用氧气探测器、反馈控制机构、电子控制的燃料喷射装置，并将可燃混合气的空燃比始终控制在理论空燃比附近，以一级催化方式同时将 NO_x,CO,HC 这 3 种有害成分除去的排气净化方法。它与二级催化方法相比较可以省掉空气输送泵，装置布置较为简单。由于发动机始终都处在接近于理论空燃比下运转，发动机具有比功率高、燃油消耗率低等优点。这种方法现在大多使用铂(Pt)-铑(Rh)贵金属作催化剂，催化反应器的载体使用 Al_2O_3材料。

在汽车尾气中既有还原性的气体 HC 和 CO，又有氧化性的组分 NO_x。在催化剂的作用下，这些气体将在三效催化转化器的催化剂作用下发生如下的主要反应。

(1) 氧化反应

$$2CO + O_2 \rightarrow 2CO_2 \tag{5-10}$$

$$2H_2 + O_2 \rightarrow 2H_2O \tag{5-11}$$

$$4HC + 5O_2 \rightarrow 2H_2O + 4CO_2 \tag{5-12}$$

(2) 还原反应

$$2CO + 2NO \rightarrow 2CO_2 + N_2 \tag{5-13}$$

$$4HC + 10NO \rightarrow 4CO_2 + 5N_2 + 2H_2O \tag{5-14}$$

$$2H_2 + 2NO \rightarrow 2H_2O + N_2 \tag{5-15}$$

(3) 水蒸气重整反应(Steam Reforming)

$$2H_2O + 2HC \rightarrow 3H_2 + 2CO \tag{5-16}$$

(4) 水煤气转换反应(Water Gas Shift)

$$H_2O + CO \rightarrow CO_2 + H_2 \tag{5-17}$$

排气中部分大分子烃、烯烃和芳香烃可通过水蒸气重整反应,使之转化为 CO 和 H_2,催化剂 Rh 可促进此反应;部分 CO 可通过水煤气转化而除掉,催化剂 Pt 可促进此反应。在三效催化剂的催化反应中,NO 与 CO 的反应是最重要的反应。

除了 NO 与 CO 的反应外,在汽车尾气三效催化器中还存在着 NO 与 H_2 的反应,以及尾气中可能存在的过量氧与还原剂 CO,H_2 和 HC 的氧化反应。在上述诸多反应中,包含 NO_x 的还原反应的机理最为复杂,通常认为 NO 在催化剂表面的离解是 NO 还原反应的第一步骤。这一步骤在 Rh 上较 Pt 和 Pd 上进行得更容易。

图 5-10 是一个用 Pt-Rh 混合物作催化剂,某一台发动机经三效净化处理后 NO_x,HC,CO 转化率与空燃比之间关系的例子。

由图 5-10 可知,当发动机处在空燃比(A/F)≈14.6 的条件下运转时,NO_x 的转化率基本上接近 100%,HC,CO 的转化率也处于较高值。如 $A/F>14.6$,则 NO_x 的转化率大大降低;反之,$A/F<14.6$,则 HC,CO 的转化率会大幅度降低。通常把 NO_x,HC,CO 转化率都很高(80%以上)的空燃比(A/F)区域称为"窗",表示在图 5-10 中的阴影区域。三效催化净化方法较为理想的 A/F 幅度非常狭窄,为了求得高的转化率,必须把空燃比严格控制在 14.6±0.1范围以内。

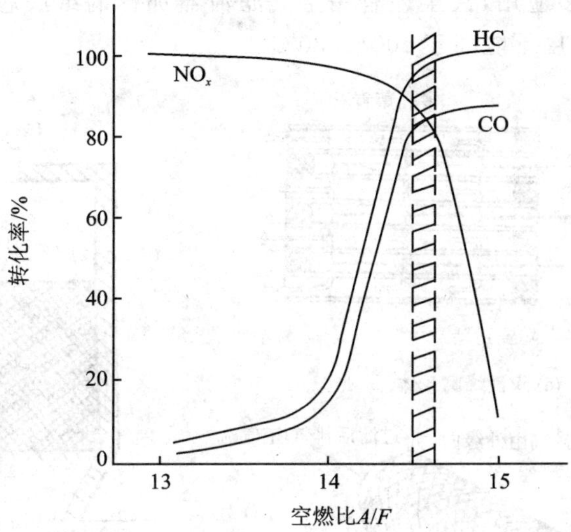

图 5-10　NO$_x$,HC,CO 转化率与空燃比的关系

5.4　颗粒捕集器

颗粒是柴油机的主要排放污染物之一。世界各国对柴油机颗粒排放进行了严格的限制。目前,消除柴油机颗粒污染的主要方法是采用颗粒捕集器 DPF(也称颗粒过滤器)。

一个好的颗粒捕集器除了要有较高的过滤效率外,为了确保发动机的有功效率和输出功率,还应具有较低的压力降和排气背压;所用材料应耐高温,并有较长的使用寿命;在满足上述性能要求的同时,还应尽可能减小 DPF 的体积。

5.4.1　颗粒捕集器的过滤材料

柴油机颗粒捕集器的主要工作部分是滤芯,即过滤材料,它是决定颗粒捕集器的捕集效率、压力损失、工作可靠性、使用寿命以及再生技术的使用和再生效果好坏的关键所在。对于颗粒捕集器过滤材料的设计要求包括过滤效率高、颗粒容量大、最大许可温度高、热膨胀系数小、热应力承受能力强、高强度、不与灰质混合物反应、低的氧化阻力、可涂附催化剂涂层、与再生方法的适应性(如燃料添加剂的方法)、低的压力损失(包括清洁时吸收了颗粒后的压力损失)、尺寸小、重量轻。

DPF 的过滤材料,可以是陶瓷蜂窝载体(如堇青石,$Mg_2Al_4Si_5O_{18}$)、陶瓷纤维编织物(如 $Al_2O_3-B_2O_3-SiO_2$)和金属纤维编织物(如 Cr-Ni 不锈钢),其结构如图 5-11 所示。另外用金属蜂窝载体的也有很多应用，甚至还有用空气滤清器那样的纸滤芯作颗粒过滤材料的，当然，进入纸滤芯的排气温度不能高于 100～130℃。

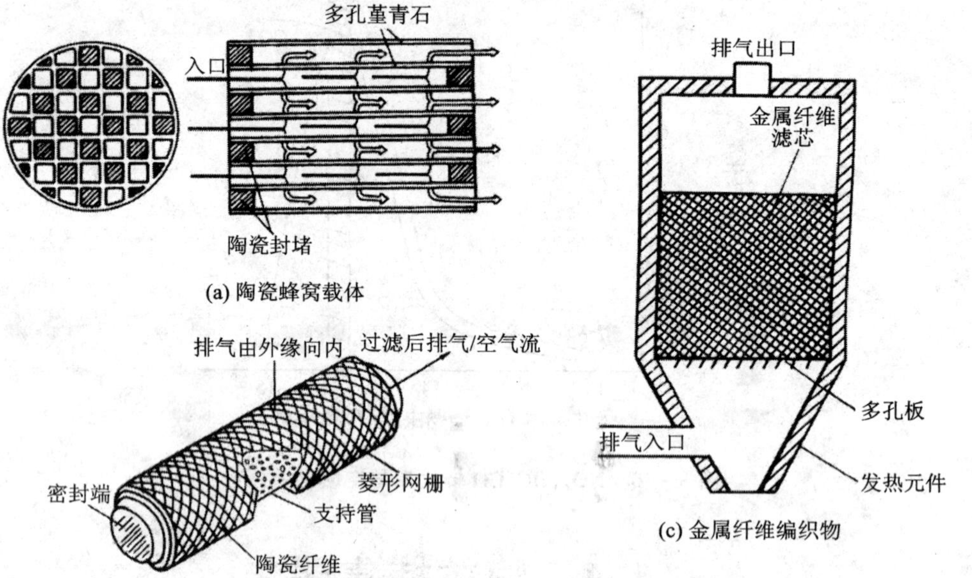

(a) 陶瓷蜂窝载体

(b) 陶瓷纤维编织物

(c) 金属纤维编织物

图 5-11 颗粒捕集器的过滤材料

颗粒捕集器芯体过滤通过以下过滤机理来捕集排气中的颗粒。

(1) 惯性碰撞机理

柴油机排气流经颗粒捕集器时，由于捕集器设计的结构特点使排气在捕集器中流动时不断地发生拐弯，这样在拐弯处惯性较大的颗粒脱离流动轨迹，与捕集器单元发生碰撞而吸附或沉积在捕集器单元中。

(2) 拦截机理

柴油机排出的废气流经颗粒捕集器时，发生两种情况：一是直径大于过滤材料孔径的颗粒被截流了下来；二是直径比过滤材料孔径小的颗粒由于相互粘着和聚合成直径较大的颗粒被截流了下来。

(3) 扩散机理

柴油机排出的废气中的颗粒由于气体分子的热运动而做布朗运动，颗粒越小，这种运动越明显，由于布朗运动造成了扩散效应，当尾气流经捕集器单元时，纤维状的捕集器单元对颗粒的运动起到了汇集的作用，造成颗粒浓度梯度，引起颗粒的扩散输运，从而可使颗粒被捕捉。

(4) 重力沉降机理

当柴油机排出的废气流经颗粒捕集器时，由于较大的颗粒可能由于重力作用而脱离原来的流动轨迹沉积在捕集器单元上。

图 5－12 表示了颗粒捕集器的过滤机理。排气颗粒在金属丝网和陶瓷纤维上的碰撞和扩散起主要作用。较大的颗粒撞在过滤网的金属丝线而粘附其上，也可能撞在已粘附在丝网的颗粒上后再相互粘附；一些较小的颗粒通过扩散的方式转移到丝线的表面或已被捕集的颗粒的表面而被截留。因为这类捕集方式的排气通道并没有被阻塞，故被称为非阻塞性的捕集，它具有较低的压力降和中等的捕集效率。

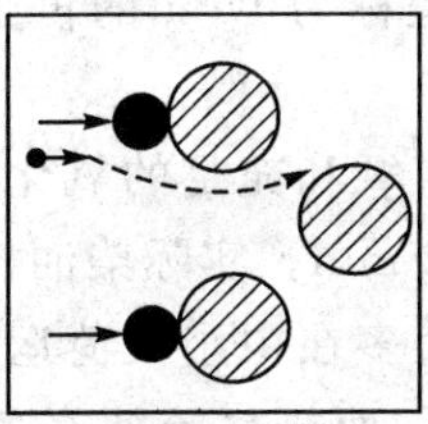
(a) 碰撞机理——非阻塞性捕集(金属丝网或陶瓷纤维)

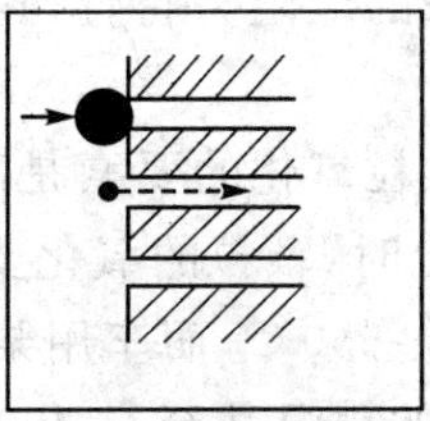
(b) 拦截机理——阻塞性(全过滤)捕集(多孔陶瓷体)

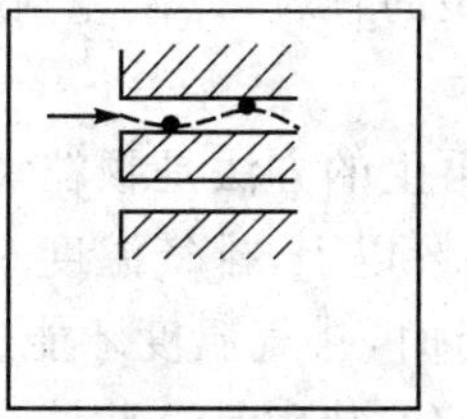
(c) 扩散机理(多孔陶瓷体、金属丝网和陶瓷过滤体)

图 5－12　DPF 的机械过滤原理

在多孔的过滤器上，拦截(interception)机理起主要作用，扩散机理也起一定作用。比多孔过滤器材料孔径大的颗粒被材料所拦截而不能通过。随着颗粒不断地被拦截，材料的有效孔径变小，导致捕集效率提高。此类捕集方式被称为阻塞性或完全过滤捕集。

目前应用最多的是美国康宁(Corning)公司和日本 NGK 公司生产的壁流式蜂窝陶瓷颗粒捕集器，其结构如图 5－11(a)所示，主要结构参数以及与催化剂载体的对比如表 5－4 所列。与一般催化剂用的陶瓷载体不同的是，壁流式蜂窝陶瓷载体孔径粗且壁厚大，壁面是多孔陶瓷，每相邻的两个通道中，一个通道的出口侧被堵住，而另一通道的进口侧被堵住。这就迫使排气由入口敞开的通道进入，穿过多孔陶瓷壁面进入相邻的出口敞开通道，而颗粒就被过滤在通道壁面上。壁流式颗粒捕集器对颗粒的过滤效率可达 90％以上。可溶性有机成分 SOF(主要是高沸点 HC)也能被 DPF 部分捕集。但这种捕集作用受温度的影响很大，排气温度较低时沉积在壁面的 HC 成分将在排温升高时重新挥发出来，并排向大气。壁流式蜂窝陶瓷过滤体的整体性能较为理想。

表 5－4　DPF 与催化剂载体的对比

结构参数	颗粒捕集器	催化剂载体
孔数/(孔/in^2)	100	400
孔边长/μm	2	1.1
壁厚/mm	0.4	0.17

5.4.2 颗粒捕集器的再生

DPF 只是一种物理的降低排气颗粒方法，把颗粒从柴油机的排气中过滤出来，沉积在滤芯内，它本身并不能清除颗粒。在 DPF 中积聚的颗粒会逐渐增加排气的流动阻力，增大柴油机排气背压，影响柴油机的换气和燃烧，降低功率输出，增加燃油消耗。因此，必须及时清除 DPF 中积聚的颗粒，以恢复到接近原来的低阻力特性，这个过程称为 DPF 的再生，是 DPF 中的关键技术。

DPF 再生的方法是颗粒氧化，而颗粒氧化的要素是高温、富氧和充足的氧化时间。例如，在氧浓度 5%以上，排气温度 650℃以上时，颗粒的氧化要经历 2 min。实际柴油机只有在全速全负荷运行时，排气温度才能达到 600～650℃，而车用柴油机大多在中小负荷运行，排温一般不超过 400℃，特别是一些城市公交车的排温甚至在 300℃以下，而排气流速在各种工况下都很高。如果调整发动机工作参数来提高排温，往往会导致燃油经济性的恶化。积存在 DPF 中的颗粒主要成分是碳(C)。在合适的温度和富氧环境中一旦开始氧化燃烧，温度可高达 2 000℃以上，很容易将陶瓷载体烧熔。如果考虑到寿命问题，陶瓷载体的最高工作温度一般应控制在 1 000℃以下。总之，如何控制再生温度是一个关键技术，温度过低，颗粒不起燃；温度过高，会造成 DPF 烧熔或增加 DPF 的热应力以致产生破裂。对于转速和负荷都在频繁且大幅度变化的车用柴油机，要将其排气温度控制在这样一个狭窄的范围内确非易事。实际上，要在车用柴油机上实际使用条件下自动实现 DPF 的再生是不可能的。

目前 DPF 再生都采用强制再生技术，可分为两类，即断续加热再生和连续催化再生，其工作原理分别如下。

1. 断续加热再生

所谓断续加热再生是指在 DPF 每工作一段时间后，由外界提供附加能源，提高滤芯的温度，使沉积在滤芯中的颗粒燃烧，恢复滤芯的洁净状态。目前断续加热再生方式有电加热式再生法、燃烧器加热再生法、反吹式再生法和微波再生法。

(1) 燃烧器加热再生方法

用燃烧器加热再生方法，在 DPF 入口处设置一燃烧器，喷入柴油(或丙烷)和二次空气，燃烧后引燃颗粒进行再生。同时还要求能根据燃烧温度自动调节燃料和二次空气供给量，使燃烧器温度即使在发动机工况变化时也保持一定。

(2) 电加热式再生方法

即采用电热丝或其他电加热方法对 DPF 加热，以促使颗粒起燃。电加热式再生方法避免了采用复杂昂贵的燃烧器，同时电加热可消除二次污染的问题。在实际使用加热再生方式时，需要一套复杂的控制系统。

(3) 反吹式再生方法

反吹式再生系统中，在陶瓷过滤器的后方(下游)装有压缩空气喷射器，再生时，0.6～0.8 MPa的高压空气脉动地向陶瓷载体喷吹，被吹掉下来的颗粒聚集到陶瓷载体以外的地方(膨胀室)，由电热装置引燃氧化烧掉，因而不会引起再生高温对陶瓷载体的烧损，反吹式再生系统可分为膨胀室式和副过滤器式两种。前者结构简单，但体积较大；后者通过一个小的副过滤器释放空气和收集由陶瓷载体上吹下的颗粒，因而体积较小，但结构较复杂。

(4) 微波加热再生

与上述几种再生方法不同，微波加热再生利用微波选择性地加热碳烟颗粒进行 DPF 的再生。颗粒能以 60%～70%的效率吸收频率为 2～10 GHz 的微波。微波不会加热堇青石陶瓷，因为它的损耗系数很低，实际上对微波来说是透明的。此外，DPF 的金属壳体会约束微波，防止微波逸出壳体并把它反射到滤芯上。因此，微波再生法是一种很有前途的热再生方法。

上述几种断续加热再生都属于强制加热方式，因而要消耗能量(电能或各种燃料)，使车辆的燃油经济性变差；同时要有一套复杂的控制系统，使得结构复杂，成本较高。

2. 连续催化再生

催化再生是利用催化剂降低柴油机颗粒的着火温度和提高其氧化速率，使之能在柴油机实际使用条件下保证较高的 DPF 再生效率，保持较低的排气背压。连续催化再生在颗粒捕集器工作的同时进行再生。

(1) 催化捕集器

早期考虑的催化再生方法，是在 DPF 陶瓷滤芯表面(主要在其排气入口附近)涂覆含有贵金属活性成分的催化剂涂层，对捕集的颗粒物产生催化分解作用，促进颗粒的氧化作用，降低其着火温度，从而降低捕集器的再生温度。例如，在较低的排气流速和低颗粒物负载以及含氧量高的条件下，再生温度可以降低约 100℃，即在 450℃左右起燃。为保证足够的排气温度，往往与进气节流装置并用。

对于催化捕集器的设计和使用，应注意以下几点：

① 使焦炭起燃温度降低约 30～100℃，故仍需要热再生措施辅助；

② 贵金属催化剂仅适用于低硫(大约 0.05%)柴油；

③ 具有高孔隙度和平均孔径的过滤器效果较好；

④ 对于低颗粒物负荷的捕集器催化活性较高；

⑤ 可靠性和寿命是捕集器设计的主要指标。

在催化过滤器中，由于颗粒与金属活性中心的接触程度不好，使得降低再生温度很有限。燃油中引入催化组分可以克服这一不足。

(2) 燃油中加入催化剂

近年来，作为一种有代表性的方案，在柴油中加入铈(Ce)添加剂，使得燃烧产生的排气颗粒中含有铈的化合物，可将颗粒的起燃温度降到300℃以下（无催化剂条件下），这就可以使颗粒捕集器在柴油机绝大部分工况下自动进行再生。

但这种方法尚存在一些问题，如添加剂用量较大，因而成本较高；金属铈（或其他金属添加剂）的氧化物会残留在颗粒捕集器内，造成慢性堵塞等。另外，为保证低负荷时排气温度不致于过低，还要同时应用进气或排气节流、喷油提前角推迟等方法。这种方法目前尚处于实用化前的中试阶段。

(3) 利用 N_2O 的连续再生捕集器系统

除了上述两种连续再生方式，还有一种连续再生捕集器系统（CRT），从另一个角度解决颗粒的燃烧问题。它由DPF与其上游的特殊氧化催化反应器组成。在这个催化反应器中，借助特殊配方催化剂的催化作用，柴油机排气中的NO被氧化成 NO_2。

$$2NO + O_2 \rightarrow 2NO_2 \tag{5-18}$$

这种新生的 NO_2 具有很强的氧化活性，能使后面的DPF中的颗粒在200 ℃左右的温度下就发生激烈的氧化反应：

$$2NO_2 + C \rightarrow 2NO + CO_2 \tag{5-19}$$

不过这种方法要求使用无硫的柴油，否则催化剂很快中毒、失活。而且当排气温度超过400℃时，反应式（5-18）的化学平衡趋向于NO，不能产生 NO_2，使系统失效。

5.4.3 颗粒捕集器的失活

颗粒捕集器的失活主要源于过热或局部受热不均。典型的工况是在高速运行时突然刹车，发动机在低的排气流下怠速运转，造成捕集器温度急剧升高。采取下面的措施可缓解捕集器的失活：

① 控制合理的再生频率，保持捕集器上有较低的颗粒负载；

② 控制空燃比以尽可能降低尾气中氧的含量；

③ 保持尽可能高的排气流量，以冷却捕集器，并且降低停留时间；

④ 在某些条件上，采用捕集器旁路的设计也是一种有效的保护措施。

5.5 柴油机 NO_x 还原催化转化器

尽管三效催化转化器已在汽油车上得到了普遍应用，但在柴油车上却无法应用，而针对柴油车开发的还原催化转化器是一项难度极大的研究工作，尚未达到实用阶段，这主要存在以下原因：

① 在柴油机排气这样氧含量很高的氧化环境中进行 NO_x 还原反应，对催化剂性能要求极高；

② 柴油机排温明显低于汽油机排温；

③ 柴油机排气中含有大量 SO_x 和颗粒，容易导致催化剂中毒。

表 5-5 列出了柴油机与汽油机主要排气成分的对比。作为妨碍 NO_x 还原反应进行的氧含量，柴油机是汽油机的 30 倍左右；而作为还原反应不可缺少的还原剂（如 HC，CO，H_2 等），柴油机约是汽油机的 1/10。因此，为保证较高的还原效率，往往要从外部添加 HC 等还原剂，或者研制开发受氧影响小的还原催化剂。

表 5-5　柴油机与汽油机主要排气成分对比

类　别	排气成分及含量/%				
	NO_x	O_2	HC	CO	H_2
汽油车排气	0.05～0.15	0.2～0.5	0.03～0.08	0.3～1.0	0.1～0.3
柴油车排气	0.04～0.08	6～15	0.01～0.05	0.01～0.08	0.01～0.05

目前，研究开发中的柴油机 NO_x 后处理方法有以下 4 种：

① 选择性非催化还原（SNCR）

② 选择性催化还原（SCR）

③ 非选择性催化还原（NSCR）

④ 吸附还原催化剂。

其中，SCR，SNCR 和 NSCR 法已在治理发电厂锅炉 NO_x 排放中得到了成功的应用，在大型固定工况运转的柴油机中也有不少应用实例。目前，SCR 方法已在一些车用柴油机上应用，以减少其 NO_x 排放，具体 SCR 的原理、构造等有关内容见第 9 章。

5.6　其他排气后处理技术

除了上面的排气后处理技术外，还有一些新的技术正在研究。

5.6.1　四效催化转化器

对于汽油机的排气净化，最为有效的方法是采用三效催化转化器。由于柴油机过量空气系数较大，三效催化转化器不能用于柴油机。柴油机排放中大部分的 NO_x 是在高负荷的高温状态下产生的，而此时 HC 氧化效果较好，柴油机排气中没有足够的 HC 用来还原 NO_x。尽管可以将柴油机氧化催化转化器、颗粒捕集器和 NO_x 还原催化转化器合三为一，作为一个整套的排气后处理装置，但其体积庞大，成本昂贵，令用户难以接受。如三元催化转化器中 CO，HC 和 NO_x 互为氧化剂和还原剂，四效催化转化器的基本原理是使颗粒和 NO_x 互为氧化剂和还原剂，并在同一催化床上同时除去CO，HC，PM和NO_x，图5-13为柴油机四效催化转化器的示意图。具备这一功能的后处理装置是一种理想的柴油机排气净化技术，该技术目前还处在探索性试验阶段。

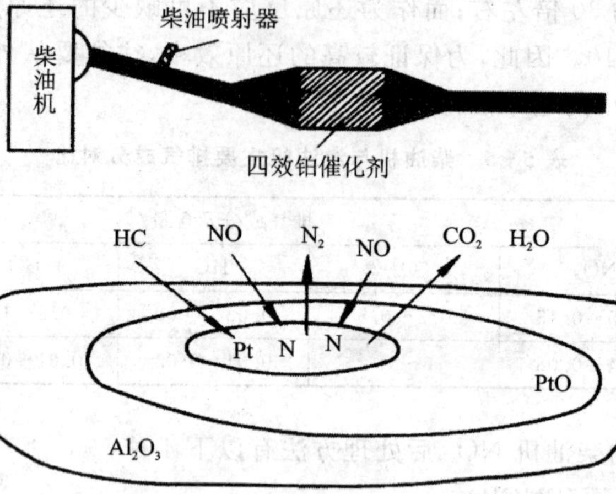

图5-13 柴油机四效催化转化器示意图

5.6.2 NO_x 吸收器

NO_x 吸收器（NO_x 吸附催化器）是柴油机 NO_x 排放控制的最新技术，这项技术最早是为研究稀燃、低排放汽油机服务的，现在该技术也应用在柴油机上。NO_x 吸收器要求发动机组件的整体配合，其反应原理如图5-14所示。NO_x 吸收器通过吸收和再生两个过程减少发动机氮氧化物的排放。首先，在柴油机正常工作时，排气处于富氧状态，在催化剂的作用下排气中的NO被氧化成NO_2，吸收器中碳酸钡[$BaCO_3$]和NO_2反应生成硝酸钡[$Ba(NO_3)_2$]，吸收NO_x，直至吸收器饱和，再启动第二个阶段，即再生。此阶段，通过柴油机周期性的富燃工况，或通过人为调整发动机的工作状况，使其产生富燃条件，使柴油机排气中含有较多的CO和未燃HC，利用CO和HC把吸收器中的$Ba(NO_3)_2$重新还原为$BaCO_3$，并释放出NO_x。释放出的NO_x在还原环境下被下游的三效催化转化器很快地转化为N_2。NO_x吸收器的再生过程一般需要几秒的时间。NO_x吸收器再生所需的还原环境可通过下面几种方法实现：

① 进气节流；

② 废气再循环；

③ 燃油喷射后燃技术。

NO_x吸收器中的主要化学反应如下：

吸收过程

$$2NO + O_2 \rightarrow 2NO_2 \tag{5-20}$$

$$BaCO_3 \rightarrow BaO + CO_2 \tag{5-21}$$

$$4NO_2 + 2BaO + O_2 \rightarrow 2Ba(NO_3)_2 \tag{5-22}$$

再生过程

$$2Ba(NO_3)_2 \rightarrow 4NO + 2BaO + 3O_2 \tag{5-23}$$

$$2NO + 2CO \rightarrow N_2 + 2CO_2 \tag{5-24}$$

$$(2c + 0.5h)NO + C_cH_h \rightarrow (c + 0.25h)N_2 + 0.5hH_2O + cCO_2 \tag{5-25}$$

根据相关文献，NO_x 吸收器对 NO_x 的转化效率很高，可达 90%以上。但其缺点是，NO_x 吸收器对燃料中硫含量非常敏感，十分容易为硫所损害。使用 NO_x 吸收器时，一般要求柴油机使用超低硫柴油(ULSD)，而且再生过程较大地降低了燃油经济性。

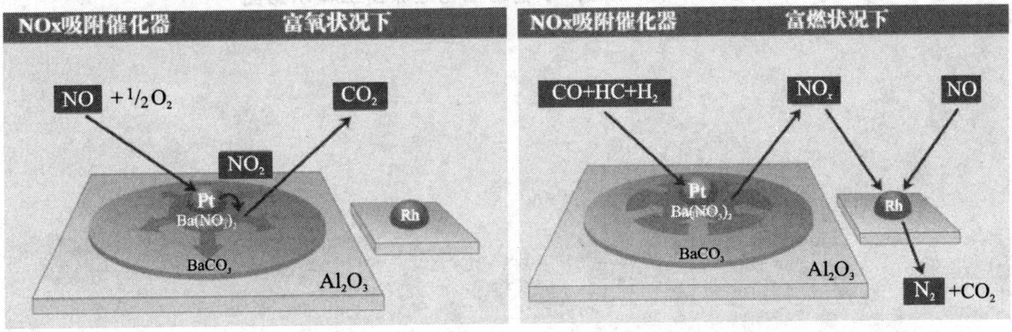

图 5-14　NO_x 吸收器的工作原理

5.6.3　低温等离子辅助催化系统

低温等离子辅助催化系统也是新型减少发动机 NO_x 排放的技术，其工作过程可以设计为一个阶段，或者两个阶段。单阶段工作过程的结构是著名的填充床式设计，催化剂被放在等离子区。这个方法主要优点是可以最大可能地利用等离子体自身的性质，增强催化剂催化效果，但是物质反应机理复杂，不容易掌握。两个阶段工作过程的结构由两个不同的装置组成，废气通过的第一个装置是低温等离子发生器(NTP)，其主要用途是把废气中的 NO 转化为 NO_2；第二个阶段是选择性催化还原过程，在 NTP 中产生的 NO_2，在催化剂表面转化为 N_2。该系统主要部件是等离子发生器和催化还原装置。与一个阶段设计方案相比，二个阶段方案不论是在低温等离子反应器中还是在催化还原的装置中的物质反应机理都比较好掌握，可靠性更高。图 5-15 为二级等离子辅助催化还原器工作示意图。

低温等离子辅助催化系统的优点是，用低温等离子体技术处理柴油机排放时，可同时减少 NO_x，PM，HC 的排放；另外该系统对燃料含硫量几乎没有要求，可使用含硫量较高的燃油，且可在相对低的温度下运行。

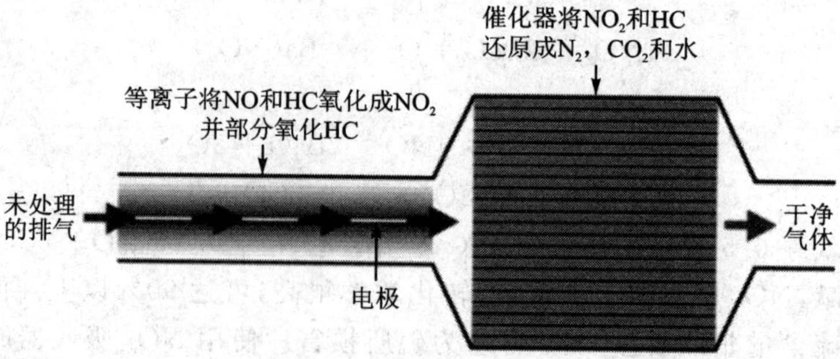

图 5-15　二级等离子辅助催化还原器工作示意图

第6章　内燃机替代燃料和新能源

近几十年来，国内外在努力降低内燃机排放污染的同时，也在不懈地探索和研制开发更理想的动力系统和排放污染更低的燃料。这些研究的目的，不仅是为了降低内燃机排气污染，也是为了节省能源和开发新的发动机能源，以缓解对石油燃料的单纯依赖。

甲醇、乙醇、天然气和液化石油气是替代燃料中主要的几种，在发动机上已有很多实际应用。与现有燃料相比，它们的排放污染较低，更清洁。

6.1　有机替代燃料

随着全球环保意识的增强，迫切需要寻找可以更有效减少发动机有害物质排放的方法。鉴于目前在常规燃料（汽油、柴油）方面的工作遇到了越来越大的困难，许多国家的研究机构把目光转向替代燃料——液化石油气（LPG）、压缩天然气（CNG）、甲醇（methanol）和生物柴油（biodiesel）等。替代燃料有保存原油产品和保护能源的潜力，同时它又能有效地减少发动机的污染物排放。

由于经济效益和环境效益的双重影响，目前在世界上许多地区，天然气和液化石油气对常规的汽油、柴油产品有很大的竞争力，而乙醇和甲醇比汽油贵得多，因而较难推广。

6.1.1　天然气

天然气是以甲烷（CH_4）为主的气体燃料，其他成分种类虽多，但含量很少。根据产地不同，天然气中甲烷的体积分数在80％～98％之间变化。汽车内燃机用天然气要求甲烷含量在88％～90％之间，甲烷加乙烷（$CH_4+C_2H_6$）在94％（均为体积分数）以上。地球上天然气蕴藏量丰富，是相对清洁的能源。

作为发动机燃料，天然气有许多优越之处，如低排放、低价格、储量丰富、无需加工、高辛烷值等多方面，但需进行压缩后使用（CNG）。在阿根廷、加拿大、意大利、新西兰、俄罗斯和美国等许多国家，天然气在一次能源结构中均占有重要地位，作为车用燃料，也显示了巨大的市场潜力。部分国家的天然气汽车开发概况如表6－1所列。

表 6-1 天然气汽车开发概况

时间	国家	开发机构	车型	研究开发状况	备注
1984	日本	丰田汽车公司	汽油、天然气混合燃料	开始商用车的研究	应加拿大政府的要求
1991	日本	丰田汽车公司	CNG 轿车	开展 CNG 专用轿车的研究	响应美国的大气法和能源综合法案
1993	日本	运输者		开始 CNG 车辆的行驶试验	
1996	日本	本田技研工业株式会社	CNG 车辆(CNGV)	研制、开发大型一体式气瓶;开发了 CNG 多点喷射器和集成两级调压器	
1996	意大利	菲亚特汽车公司	BRAVA(车型名称)	研制新型气缸,提高能量密度(单位体积能量);重点开发发动机及降低排气污染技术	与 SNAM 公司和意大利天然气公司协议推广使用
1996	委内瑞拉	通用汽车公司(美)	公共汽车及出租车	正在示范两辆样车	与委内瑞拉石油工业合作
1997	美国	通用汽车公司	CNG 汽油两用燃料车(VORTEC 牌卡车)	已完成认证,满足安全和排放标准	将在北美销售

天然气的理化和热工特性参数如表 6-2 所列。由于甲烷 H/C 原子比高,燃烧时排放 CO_2 相对较少,其产生的温室气体只有煤炭的 1/2,是石油的 2/3。作为气体燃料,与空气容易实现均匀混合,这对于实现低排放的冷启动十分有利。对于采用同样的排放控制技术的汽车,天然气汽车与汽油汽车相比,尾气排放中 CO 下降约 90%,HC 下降约 50%,NO_x 下降约 30%,SO_2 下降约 70%,CO_2 下降约 23%,颗粒排放降低约 40%。但是,由于天然气不易燃烧,其 THC 排放高于汽油,不过其中主要是甲烷,而非甲烷碳氢(NMHC)反而较少。

天然气汽车排放的有毒、有害物质如苯、1,3-丁二烯等远比汽油车低,而且在使用过程中基本没有蒸发排放,冷启动过浓问题、运行损失和加油排放也可忽略。如果发动机采用较高的压缩比,天然气汽车的燃料效率可与柴油机抗衡,从而更有利于减少二氧化碳排放。装备现代电子燃料控制系统和三效催化转化器的轻型天然气汽车,其尾气排放比最严格的美国加州超低排放车(ULEV)标准还要低 75%,称得上是真正的清洁燃料汽车。

作为车用动力装置的燃料,天然气的主要缺点是能量密度低,不容易携带。燃用天然气与汽油相比,混合气的热值低(天然气/空气混合气热值为 3.36 MJ/m^3,汽油/空气混合气热值为 3.82 MJ/m^3),进气量少,动力性约下降 20%。根据携带方式不同,天然气在汽车内燃机上的应用可分为两类:一是用压缩天然气(CNG),即将天然气加压到 20～30 MPa,灌入高压气瓶;二是用液化天然气(LNG),即将天然气在沸点 −162℃ 以下低温冷藏。不管哪一种方式,附加成本都很高。

表 6-2　内燃机燃料的理化和热工特性参数

特性参数		汽油 $C_5 \sim C_{12}$烃	柴油 $C_{10} \sim C_{21}$烃	天然气 CH_4	液化石油气 C_3H_8	液化石油气 C_4H_{10}	甲醇 CH_3OH	乙醇 C_2H_5OH	二甲醚 CH_3OCH_3	植物油[①] $C_CH_bO_O$	氢 H_2
质量分数	C	85	86	75	82	83	37.5	52.2	52.2	77.6	0
	H	15	14	25	18	17	12.5	13.0	13.0	11.6	100
	O	0	0	0	0	0	50.0	34.8	34.8	10.8	0
H/C 原子比		2.0～2.3	2.0～2.2	4	2.67	2.5	4	3	3	1.78	—
密度(液相)/($kg \cdot L^{-1}$)		0.72～0.78	0.82～0.86	0.424[②]	0.508[③]	0.584[④]	0.79	0.81	0.66	0.904	0.071[⑤]
气体相对密度(设空气密度为 1)		—	—	0.56	1.52	2.07	—	—	1.59	—	0.07
沸点/℃		30～190	180～370	−162	−42	−0.5	65	78	−25	—	−253
汽化潜热/($kJ \cdot kg^{-1}$)		310	250	551	426	385	1110	904	460	—	452
低热值/($MJ \cdot kg^{-1}$)		44.0	42.5	50.1	46.1	45.5	19.5	25.0	27.6	36.7	120
化学计量(质量)空燃比		14.6～14.8	14.4～14.7	17.24	15.56	15.43	6.5	9.0	9.0	12.7	34.2
化学计量混合气低热值/($MJ \cdot kg^{-1}$)		2.80	2.70	2.75	2.77	2.77	2.60	2.50	2.76	2.68	3.41
辛烷值 RON/NON		91～98/82～88	—	130/100	111/97	103/89	111/92	108/92	—	—	—
十六烷值		—	40～55	—	—	—	5	8	55～60	37	
自燃点/℃		550	350	650	480	440	450	420	235	—	580
点火范围(过量空气系数)		0.4～1.4	0.48	0.7～2.1	0.42～2.0	0.36～1.84	0.34～2.0	0.3～2.1	0.34	—	0.5～10.5
最小点火能量/mJ		—	—	0.32	0.305	0.38	0.215	0.65	0.29	—	0.02
蒸汽压(293 K)/kPa		—	—	—	830	210	37	21	530	—	—
摩尔质量/($g \cdot mol^{-1}$)		98	170	17	44.09	58.12	32.04	46.07	46.07	—	2.01

续表 6-2

特性参数	汽油 $C_5\sim C_{12}$烃	柴油 $C_{10}\sim C_{21}$烃	天然气 CH_4	液化石油气 C_3H_8	液化石油气 C_4H_{10}	甲醇 CH_3OH	乙醇 C_2H_5OH	二甲醚 CH_3OCH_3	植物油[①] $C_CH_bO_O$	氢 H_2
气化比热容/[kJ·(kg·K)$^{-1}$]	1.7	1.7	2.2	1.67	1.68	1.72	1.93	2.99	—	1.44

①50%(V)菜籽油+50%(V)花生油。

②气相密度 0.714kg/m^3。

③气相密度 1.964 kg/m^3。

④气相密度 2.589 kg/m^3。

⑤气相密度 0.089 kg/m^3。

影响到天然气汽车推广使用的主要因素是燃料供应网络欠缺,供气体系建设困难,续行里程较短,以及储气罐相对较重等。即使使用 20 MPa 的 CNG,汽车的行驶半径也只有汽油车的 1/4 左右。天然气汽车储气罐占用空间较大,携带不便。1 m^3 常压天然气装入 20 MPa 的贮气瓶中,约占 5 L 容积。而与之等热量的汽油(0.81 kg)只占 1.1 L 容积,CNG 所占容积等于汽油的 4.5 倍(容积系数等于 4.47)。要保证相同的续驶里程,天然气汽车贮气瓶的体积比汽车油箱就要大许多,这相对降低了车辆的承载能力。贮气瓶在压力下的携带,技术上不是难题,但毕竟不如汽油和柴油方便。而且气瓶贮气量直接关系到行驶的里程。建设高压加气站网络需要巨额的投资,而没有足够覆盖率的网络就限制了天然气车的机动性。LNG 的能量密度比 CNG 略高一些,但液化和加气站的成本更高。

为了保证天然气发动机使用中可靠供应燃料,天然气汽车发动机大多用可转换燃料的两用燃料方案,即发动机既可燃用天然气,也可以燃用汽油。不过这样一来,原汽油机基本结构和参数不能改动,改用天然气作燃料后性能有很大下降。由于充量系数下降和燃烧迟缓,汽油改为天然气后会使发动机功率下降 15%~25%。天然气辛烷值很高(见表 6-2),本来可以通过提高压缩比来补偿一些性能的损失,但考虑到还要用汽油的可能而很难实现。

天然气由于十六烷值低,不宜直接用于柴油机。柴油机改燃天然气时经常从压燃式改为点燃式,动力性和燃料经济性很好,但结构改动较大,且不再能回到使用柴油。为了保持发动机燃料的灵活性,柴油机应用天然气时多采用喷射少量柴油引燃天然气的双燃料方案。这种方案的优点是排气烟度低、颗粒排放少。缺点是要维持两套燃料供给系统使结构复杂,燃料供给的控制比较困难:小负荷时,可能使天然气与空气的混合比超出可燃稀限,造成未燃 HC 大量排放;大负荷时,又可能使天然气与空气的混合气在柴油机的高压缩比下发生爆燃。

总之,天然气发动机缺乏机动性,虽然在排放方面有一定优点,但总体上不可能与汽油机和柴油机竞争。在现阶段,这种动力只适用于局部地区(例如产气地区)和局部行业(例如市内出租汽车行业)。目前,全球部分国家天然气汽车的使用情况如表 6-3 所列。

表 6-3　全球部分国家天然气汽车的使用情况

序　号	国　家	天然气汽车拥有量/辆	加气站数量/座	月均天然气消费量/万标准立方米	截止时间
1	阿根廷	1 698 700	1 753	24 713	2008.3
2	巴基斯坦	1 650 000	1 923	—	2008.1
3	巴西	1 532 844	1612	21 139	2008.3
4	印度	821 872	325	5 200	2008.3
5	伊朗	730 107	402	—	2008.4
6	意大利	432 900	609	4 900	2007.3
7	哥伦比亚	251 688	313	4 500	2007.5
8	孟加拉	160 000	211	2 136	2007.9
9	乌克兰	120 000	224	4 600	2007.9
10	亚美尼亚	101 352	206	2 380	2008.3
11	美国	100 000	1 100	5 500	2007.9
12	俄罗斯	95 000	222	2 400	2007.9

数据来源：世界燃气汽车协会。

6.1.2　液化石油气

液化石油气(LPG)是多种气体不同比例的混合物，主要成分有丙烷、丁烷、丙烯和丁烯等4种。除上述主要成分外，有的还含有少量的戊烷、硫化物和水等。液化石油气具体成分随产地、季节而异，且变化幅度较大。

LPG 有许多与 CNG 相似的优点，如能量密度高、高辛烷值等，而它突出的优点是容易转运和装车使用，这使得它成为目前应用最广泛的车用气体燃料。其缺点主要有：燃料的储存较为复杂，一般只能利用 80%的存储空间；燃料需进行再加工，使成本增高。而且由于受燃料供应量的限制，使得进一步大面积推广应用也比较困难。

LPG 汽车在排放方面与天然气汽车相似，由于燃料含碳低，CO_2 排放比汽油车和柴油车都要低。在汽油机上使用 LPG 燃料，可以使用更大的压缩比，且稀燃特性优越，低温启动及低温运转性能好，几乎没有颗粒物排放，CO 减少 90%～95%，HC 减少 60%～70%，但在加气过程中会产生较多的 LPG 排放。与同等技术的汽油车相比，LPG 汽车尾气排放的非甲烷碳氢化合物和一氧化碳都较低，NO_x 排放水平与汽油车相近，但可以通过采用三效催化转化器来净化。

LPG 汽车比 CNG 的环境效益要逊色一些，主要是由于燃料中碳氢组分的特点(含烯烃成分较高)，其排放的碳氢组分通常具有更高的臭氧反应活性，另外，CO 的排放量也要高一些。

欧洲对5辆双燃料LPG-汽油车进行的排放测试表明，采用闭环控制的三效催化转化器和第三代LPG装置，除NO_x略有增加外，CO和HC排放量均比汽油车少，其平均排放可以达到很满意的水平（见表6-4）。重型LPG发动机配备三效催化转化器，很容易满足严格的欧II和欧III号重型发动机排放法规要求。

表6-4　5辆现代欧洲双燃料轿车的排放水平和燃料消耗比较

排放与油耗	汽　油	LPG
CO排放/($g\cdot km^{-1}$)	0.87	0.72
HC排放/($g\cdot km^{-1}$)	0.14	0.12
NO_x排放/($g\cdot km^{-1}$)	0.12	0.16
油耗/[$L\cdot(100\ km)^{-1}$]	8.7	11.3
能量消耗/($MJ\cdot km^{-1}$)	2.8	2.7

液化石油气汽车的发展情况如表6-5所列。全世界目前注册登记的LPG汽车超过400万辆，加气站有2.3万座。拥有LPG汽车最多的国家是意大利，已经超过100万辆，然后依次是荷兰、美国、澳大利亚、日本、墨西哥、韩国和加拿大等，LPG汽车保有量分别为47万、35万、33万、31万、30万、28万和14万辆。

表6-5　液化石油气汽车发展概况

时　间	国　家	开发机构	车　型	研究开发状况	备　注
50年代	美国、荷兰、意大利		LPG	相继应用，迅速推广	
1962	日本		出租车	日本较早实际应用	日本80%LGP车是出租车
1963	日本	丰田汽车公司	轿车	丰田开始开发LPG车型	皇冠牌
80年代	前苏联、日本、新加坡、马来西亚、南美各国		各种车型的LPG车辆	技术趋于成熟，普遍推广	前苏联制定出20488－90LPG装置标准和2757887LPG检验标准
近几年	日本、澳大利亚、韩国			LPGV发展很快，已成为日本出租车的主力车型	
1996	美国	通用汽车公司	液态丙烷改装车	正在研制	

6.1.3　醇燃料

醇燃料主要指甲醇(CH_3OH)和乙醇(C_2H_5OH)，它们属于含氧燃料。内燃机能应用的含氧燃料种类较多，除上述两种外，还有丙醇以上的高碳醇及醚类等，但目前应用和研究得较多的是甲醇和乙醇。甲醇、乙醇的理化性质及燃烧特性如表 6－2 所列。

醇燃料主要性质可归纳如下：

(1) n_H/n_C 值大

低碳醇中碳原子数少，甲醇只含一个碳原子，乙醇也只有两个碳原子，它们的氢、碳原子数比 n_H/n_C 值分别为 4 和 3，比汽油和柴油的 n_H/n_C 值大。因此醇燃料跟汽油及柴油相比，燃烧时排气烟色清淡，颗粒排放量很少。

(2) 含氧及燃烧产物中水多

甲醇和乙醇分子的含氧量分别为 50％及 34.2％，它们的理论空燃比比汽油和柴油的都低。内燃机掺烧醇燃料，会产生稀释效应，使混合气的空燃比增大，燃烧更完善，排气中 CO 含量减少。

(3) 含有极性大的 OH 基团

醇的通式为 ROH，含有极性大的 OH 基团，使它的性质与石油燃料的差别较大。羟基在低碳醇分子结构中占重要地位，使甲醇或乙醇都能与水以任何比例互溶，因此，醇燃料掺水燃烧很方便。不过，醇与水的相溶性随着分子中碳原子数增加而减弱。

(4) 理论空燃比低

醇的热值及理论空燃比低，但在理论空燃比时的混合气热值仍与汽油、柴油的相接近。此外，由于醇的可燃界限宽，n_H/n_C 值大，燃烧时排气烟度很低，故排气烟度不是高负荷最大功率的制约条件。在部分负荷及低负荷时，适当节流进气对醇燃料的燃烧及降低排放有利，因此，在采用排气再循环时，对内燃机动力性及燃油经济性的影响，不像用汽油或柴油时那样突出。

(5) 辛烷值高、十六烷值低

甲醇、乙醇的辛烷值比汽油的高，因此，当内燃机燃用醇燃料时，提高压缩比 ε_c 能提高循环热效率。醇燃料的十六烷值低，自燃温度高，它在柴油机中难以靠压燃着火，故一般要采取助燃措施，为此需优化供油与助燃的匹配及有关参数，以降低油耗及排放。此外，在柴油机中掺烧醇燃料时，如果不添加十六烷值改进剂，滞燃期会延长。

(6) 汽化潜热大

醇类分子的极性，使分子间形成氢键。在氢键作用下，醇分子形成缔合分子，缔合过程是可逆的，进行缔合时放热，减弱或破坏这种缔合，即打断氢键时，必须给予能量，因此醇类的汽化潜热大。甲醇的汽化潜热分别为汽油、柴油的 3.6 倍和 4.1 倍。燃料汽化吸热对混合气起冷却作用，在内燃机输出同样功率时，纯甲醇汽化所需的热量约为柴油的 8 倍，在甲醇完全绝热蒸发时，在理论空燃比下其混合气温度将下降 122 ℃。在内燃机中，混合气温度的下降不会这么大，但相对汽油和柴油而言，在掺烧或完全燃用醇燃料时，内燃机压缩终点温度都较低，循环的最高燃烧温度也较低。这一方面有利于降低 NO_x 排放，另一方面却不利于燃料的蒸发和燃烧，造成低温启动困难，延长暖机时间，不利于降低未燃烃的排放量。

(7) 着火界限宽

燃油一空气混合气的着火界限是指混合气可以着火的燃油的最低浓度(着火稀限)与最大浓度(着火浓限)之间的范围。由于醇燃料的着火稀限比汽油的低,较稀的混合气也能燃烧,因此对排气净化及降低比油耗有利。

(8) 火焰传播速度快

试验表明,甲醇的火焰传播速度比汽油的快,在理论混合比情况下,甲醇的层流火焰传播速度为 44～57 cm/s,而汽油的为 35～40 cm/s。甲醇的火焰传播速度快,有利于提高燃烧速率及热效率,也有利于用稀混合气燃烧。

(9) 蒸汽压

燃料蒸汽压及挥发性,不仅对混合气形成、燃烧及燃油管路的汽阻有影响,而且对蒸发排放也有影响。汽油和柴油都是挥发性不同的化合物的混合物,而醇则是单一的物质。纯甲醇的蒸汽压比汽油的低,然而在汽油中掺入低比例的甲醇后,甲醇与汽油分子间的吸引减弱,导致甲醇缔合分子离解,使甲醇及汽油分子容易自液面逸出,蒸汽压升高。M10 燃料(含 10%容积的甲醇)等的蒸汽压比纯汽油的高,随着混合燃料中醇含量的增加,蒸汽压又逐步下降。

1. 甲醇及甲醇混合燃料

甲醇是一种无色、透明、高度挥发、易燃液体。甲醇的理化性质近似汽油,可部分或全部代替汽油或柴油在汽车上应用。而且,生产甲醇有广泛而丰富的原料(煤、天然气等)来源,又易于储存,所以许多国家进行了研究开发。目前,在技术和成本方面,甲醇汽车已达到了实用阶段(见表 6-6)。

表 6-6 甲醇及甲醇混合燃料车发展概况

时 间	国 家	开发机构	车 型	研究开发状况	备 注
1993	日本、美国	日本石油产业活动中心,美国 DOE 能源研究中心		共同研究开发,是指能成为安全抗爆的液体燃料	
1993.2～1995.8	日本	汽车研究所	大型公共汽车,载货车使用 M85,M100 燃料	已进行 6 万公里的道路试验,考验发动机的耐久性,可靠性	需提高零件可靠性
1994.3	日本		奥托型甲醇汽车	用 7 年的时间进行道路试验	
1995	美国加州		M85 燃料	12 700 辆甲醇车投入行驶	
1996	日本	本田技研工业株式会	汽油/甲醇自由混合双燃料车	已完成可确保与汽油车大致相同耐久可靠的灵活燃料车(FFV)	降低成本以便生产

注:M85 和 M100 分别表示燃料中甲醇的含量为 85%和 100%。

纯的甲醇燃料(M100)在排放方面的优势尚带有一定的不确定性,但 M85 甲醇混合燃料确实有一些优点。由于甲醇中不含硫和复杂的有机物,与汽油相比有两方面的优势:生成臭氧的活性很低，排放一些有毒有害空气污染物（如苯和芳香烃）低得多。但是，甲醛的排放量却高达汽油车的 5 倍之多，由于甲醛有毒，而且可能有致癌作用，这就成为甲醇燃料汽车的主要缺点。

纯甲醇使用不便，一般使用甲醇和其他燃料的混合物。由于甲醇混合燃料的冷启动较困难，会导致过量的未燃烧 HC 和 CO 排放。研究还发现，由于甲醛的光化学反应活性强，基本抵消了甲醇燃料在臭氧方面的排放效益。M85 混合燃料虽然只产生较少的甲醛和 1,3 -丁二烯，但乙醛排放比较高，接近乙醇-汽油混合燃料的排放水平。总之，甲醇燃料车受到经济因素的制约，加之环境效益和在材料磨损方面的不确定性，较少在实际中大面积地推广应用。

2. 乙醇及乙醇混合燃料

乙醇的来源多为经各种谷物、纤维生物质发酵和化工合成。乙醇燃料理论空燃比低，对发动机进气系统要求不高，自燃性能差，辛烷值高，有较高的抗爆性，挥发性好，混合气分布均匀，热效率较高。添加乙醇可以有效地提高汽油的辛烷值以提高抗爆性，如含 22％乙醇的汽油可以完全代替含铅汽油的作用。乙醇燃料汽车排放的未燃烧乙醇、乙醛和甲醛要比汽油车高，但是这些排放污染物可以通过催化转化器进行有效削减。

与汽油车相比，乙醇燃料车排放的 CO 和 NO_x 分别要低 20％～30％和 15％左右。乙醇燃料车排放的苯、1,3 -丁二烯和颗粒也要低很多，蒸发排放部分也比汽油车低。但在环境温度很低时，有可能因启动困难而造成较高的冷启动排放。纯乙醇燃料排放物的臭氧生成潜势与新配方汽油相近，比汽油和柴油低，但高于 CNG，LPG 和甲醇燃料。

乙醇及乙醇混合燃料车的发展概况如表 6 - 7 所列。由于受到成本和资源等的影响，乙醇燃料车主要在巴西得到了一定程度的实际应用。

表 6 - 7　乙醇及乙醇混合燃料车发展概况

时　间	国　家	开发机构	车　型	研究开发状况	备　注
1979.10～1984.5	巴西	由德国大众汽车公司进口	乙醇汽车	进 L161 万辆	乙醇汽车已占巴西汽车总量的 30％
1996	巴西/美国	巴西公司/通用汽车公司	乙醇灵活燃料车(FFV)	以制造、运行多年	

目前醇类汽车多使用乙醇与汽油或柴油以任意比例掺和的灵活燃料驱动，既不需要改造发动机，又起到良好的节能、降污效果，但这种掺和燃料要获得与汽油或柴油相当的功率，必须加大燃油喷射量，当掺醇率大于 15％～20％时，应改变发动机的压缩比和点火提前角。

车用乙醇汽油（乙醇和普通汽油按一定比例混配形成）作为一种清洁的发动机燃料油具有以下优点：

① 辛烷值高，抗爆性好；

② 乙醇含氧量高达 34.7%，在汽油中含 10%的乙醇，含氧量就能达到 3.5%；

③ 车用乙醇汽油的使用可有效地降低汽车尾气排放，改善能源结构，研究表明，E15 乙醇汽油（汽油中乙醇含量为 15%）比纯车用无铅汽油碳烃排量下降 16.2%，一氧化碳排量下降 30%；

④ 燃料乙醇的生产资源丰富，技术成熟。当在汽油中掺兑少于 10%时，对在用汽车发动机无需进行大的改动，即可直接使用乙醇汽油。

汽车用乙醇汽油在燃烧值、动力性和耐腐蚀性上的不足：

① 乙醇的热值是常规车用汽油的 60%，据有关资料报道，若汽车不做任何改动就使用含 10%乙醇的混合汽油时，发动机的油耗会增加 5%；

② 乙醇的汽化潜热大，理论空燃比下的蒸发温度大于常规汽油，影响混合气的形成及燃烧速度，导致汽车动力性、经济性及冷启动性的下降，不利于汽车的加速性；

③ 乙醇在燃烧过程中会产生乙酸，对汽车金属特别是铜有腐蚀作用，试验表明，在汽油中乙醇的含量在 0%～10%时，对金属基本没有腐蚀，但乙醇含量超过 15%时，必须添加有效的腐蚀抑制剂；

④ 乙醇是一种优良溶剂，易对汽车的密封橡胶及其他合成非金属材料产生轻微的腐蚀、溶涨、软化或龟裂作用；

⑤ 乙醇易吸于水，车用乙醇汽油的含水量超过标准指标后，容易发生液相分离。

6.1.4 二甲醚

近年来，二甲醚（DME）作为柴油的替代燃料受到了国内外的广泛关注。DME 最初是为了解决甲醇发动机冷启动困难而作为着火促进剂使用的。有关 DME 作为主燃料在不同发动机上的性能试验，以及为此开发的燃料喷射系统等研究结果表明，DME 有可能成为一种高效、低污染、廉价的十分理想的柴油机新型燃料。目前各国的大学和研究单位都在进行 DME 在柴油机上的应用研究工作。

1. DME 的特点

表 6-2 中给出了 DME 与其他燃料的物化特性对比。概括起来，DME 共有以下特点：

① DME 是最简单的醚类化合物，由两个甲基中间夹着一个氧原子构成，即不存在 C 原子与 C 原子的直接结合，因而在燃烧时不会像柴油那样产生碳烟，这就为解决柴油机 NO_x 和碳烟的 Trade-off 难题提供了可能。

② DME 的沸点很低（−24.9℃），在气缸内更容易与空气混合，有助于混合气的形成和燃烧，从而缩短点火延迟期，使柴油机具有较好的冷启动性能。

③ DME 的十六烷值为 55～60，比柴油高，远高于其他替代燃料，具有良好的自燃性；DME 的着火温度为 235℃，低于柴油的 250℃；因而 DME 的着火性能优于柴油。

④ DME 的含氧量为 34.8%，容易完全燃烧。

⑤ DME 不发生光化学反应；对人体无毒，只有当其体积分数超过 10%时，才会产生轻微的麻醉作用。因此 DME 对环境(臭氧层等)和人体无害。

⑥ DME 是一种可再生燃料，合成原料来源广泛，生物质原料都可以用来生产二甲醚(DME)。

2. DME 的排放特性

将 DME 替代柴油作为燃料，在直喷式柴油机上的排放特性试验结果如图 6-1～图 6-4 所示。

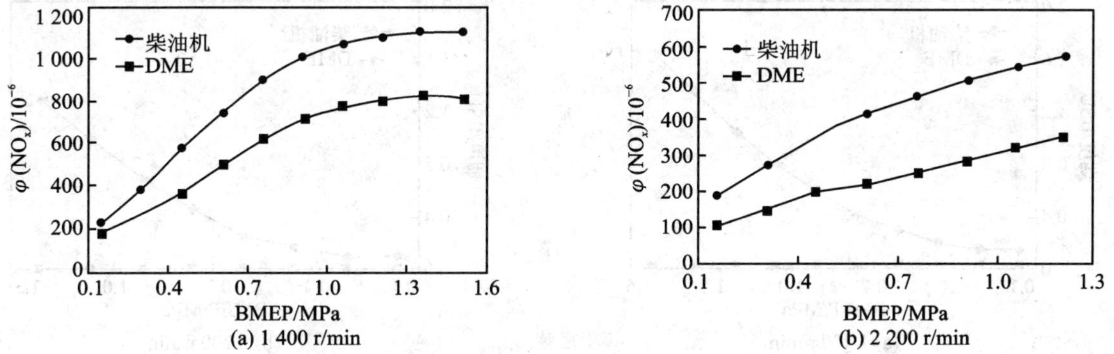

图 6-1　二甲醚发动机和柴油机 NO_x 排放的对比(供油提前角 12°CA BTDC)

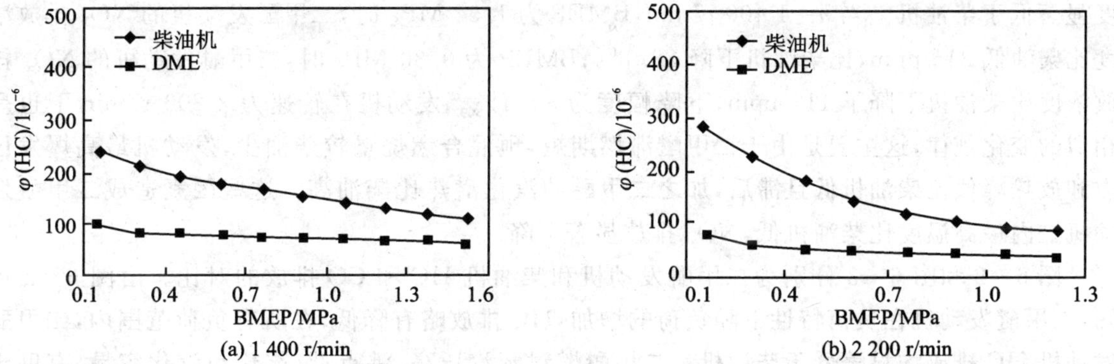

图 6-2　二甲醚发动机和柴油机的 HC 排放对比(供油提前角 12°CA BTDC)

图 6-1 为燃用二甲醚和柴油时 NO_x 排放的对比，由图可见，二甲醚发动机 NO_x 排放浓

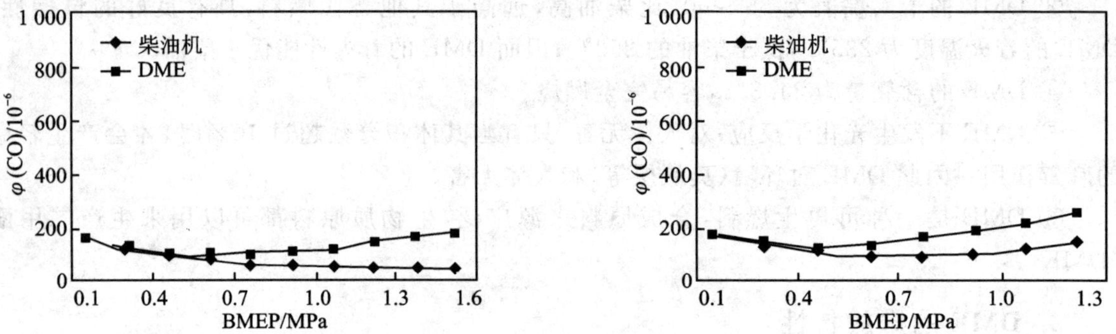

(a) 1 400 r/min (b) 2 200 r/min

图 6-3 二甲醚发动机和柴油机的 CO 排放对比(供油提前角 12°CA BTDC)

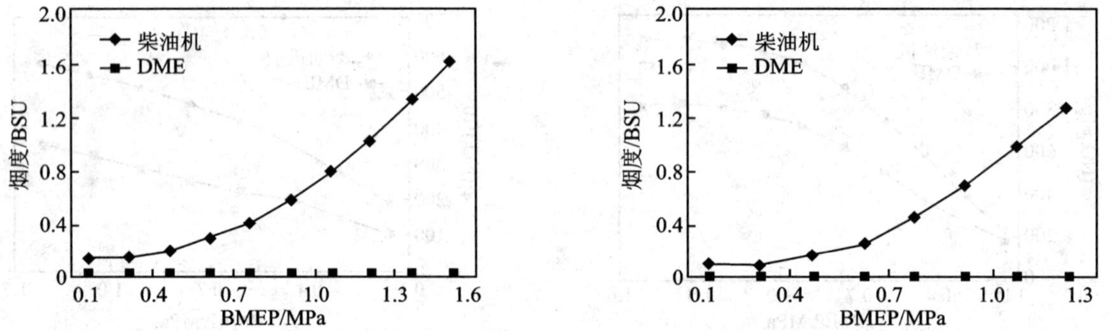

(a) 1 400 r/min (b) 2 200 r/min

图 6-4 二甲醚发动机和柴油机的碳烟排放对比

度显著低于柴油机。当 n=1 400 r/min,BMEP 为 1.52 MPa 时,二甲醚发动机的 NO_x 排放浓度比柴油低 315 ppm,比柴油机下降 28.1%;BMEP 为 0.30 MPa 时,二甲醚发动机的 NO_x 排放浓度比柴油机下降了 117 ppm,下降幅度为 30.4%。发动机在转速为 2 200 r/min 下也呈相似的变化规律,这主要是由于二甲醚滞燃期短,预混合燃烧量较柴油少,发动机最高爆发压力和放热峰值比柴油机低且滞后,加之二甲醚的汽化潜热比柴油高。这些因素造成二甲醚发动机缸内最高温度比柴油机低,NO_x 排放显著下降。

图 6-2 和图 6-3 分别为二甲醚发动机和柴油机 HC 和 CO 排放的对比。由图 6-2 可知,二甲醚发动机在负荷特性下随负荷的增加,HC 排放略有降低,在所有负荷范围内,二甲醚发动机 HC 排放均显著低于柴油机。二甲醚燃料蒸汽压高、沸点低,雾化与汽化容易,有助于可燃混合气形成与快速燃烧,导致未燃 HC 减少。从图 6-3 可以看出,在负荷特性下,低负荷时二甲醚发动机 CO 排放与柴油机相同,而中高负荷下二甲醚发动机的 CO 排放比柴油机大。CO 是燃料燃烧的一种中间产物,主要来源于燃料的不完全氧化。二甲醚发动机缸内局部混

合气过稀，可能是导致 CO 浓度升高的原因。值得注意的是，二甲醚发动机 HC 和 CO 排放与柴油机相比有升降，但 HC 和 CO 都处于很低水平。

图 6-4 为二甲醚发动机和柴油机碳烟排放的对比。由图可知，二甲醚发动机在所有运转工况下的碳烟排放均为零，实现了无烟燃烧。由于二甲醚没有 C-C 键，含氧量高达 34.8%，非常有利于燃烧，特别是扩散燃烧，有效抑制了碳烟的生成。

图 6-5 为二甲醚发动机和柴油机燃油消耗率的对比。发动机转速为 1 400 r/min 时，在全负荷范围内，二甲醚发动机燃油消耗率均比柴油机低，低负荷时更为显著。当发动机转速为 2 200 r/min，低负荷时二甲醚发动机的燃油消耗率和柴油机相当接近，中高负荷时二甲醚发动机的燃油消耗率都比柴油机高。当二甲醚发动机处于高转速时，由于二甲醚喷油量远大于柴油，在相同的功率输出情况下其每循环喷射体积约为柴油的 1.9 倍，喷油持续期长，导致燃烧持续期延长，会使二甲醚发动机的油耗率升高。降低二甲醚发动机高转速下的燃油消耗是二甲醚发动机研究的重点。

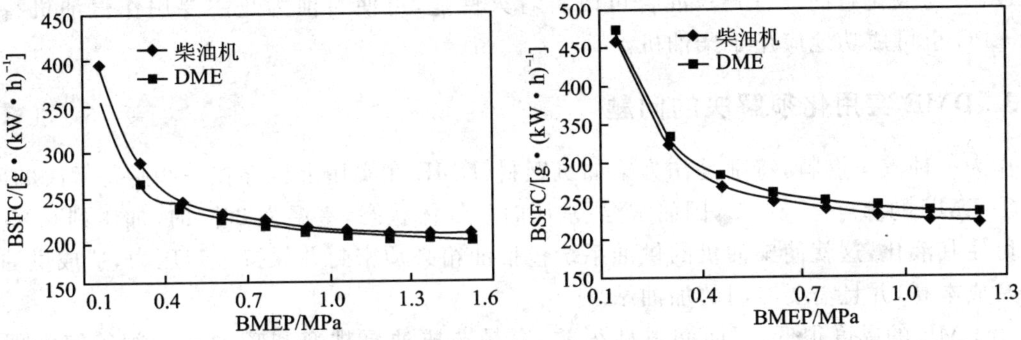

图 6-5　二甲醚发动机和柴油机的油耗率对比（供油提前角 12°CA BTDC）

图 6-6 为二甲醚发动机和柴油机在外特性下 1 400 r/min 和 2 200 r/min 转速时的示功图和放热率的比较。由图可知，二甲醚燃烧时示功图和燃料放热规律与柴油燃烧时有明显不同。由于二甲醚的十六烷值比柴油高，滞燃期比柴油短，滞燃期内二甲醚发动机缸内积聚可燃混合气比柴油少，造成二甲醚发动机最高爆发压力比柴油机的低，压力升高率低。此外，二甲醚的喷油延迟比柴油大，相同几何供油提前角情况下，二甲醚的喷油提前角比柴油小，虽然二甲醚的十六烷值高，比柴油更易着火，从放热规律可见，二甲醚发动机着火时刻明显晚于柴油机，造成二甲醚发动机的最高爆发压力和放热峰值所对应的位置比柴油机晚。供油提前角 12°CA BTDC 时二甲醚的着火点与供油提前角 9°CA BTDC 时的柴油着火点相当或稍晚，而且二甲醚初始燃烧速率以及放热率峰值低于柴油，扩散燃烧部分大于预混合燃烧部分，整个燃烧持续期并没有比柴油燃烧时拖长。

另外 DME 可以和柴油等燃料以任意比例混合。例如，以 DME：柴油比为 20：80 的比例（质量比）混合，与纯柴油相比，碳烟排放降低 50%，HC 排放降低 40%。相反，如果在 DME

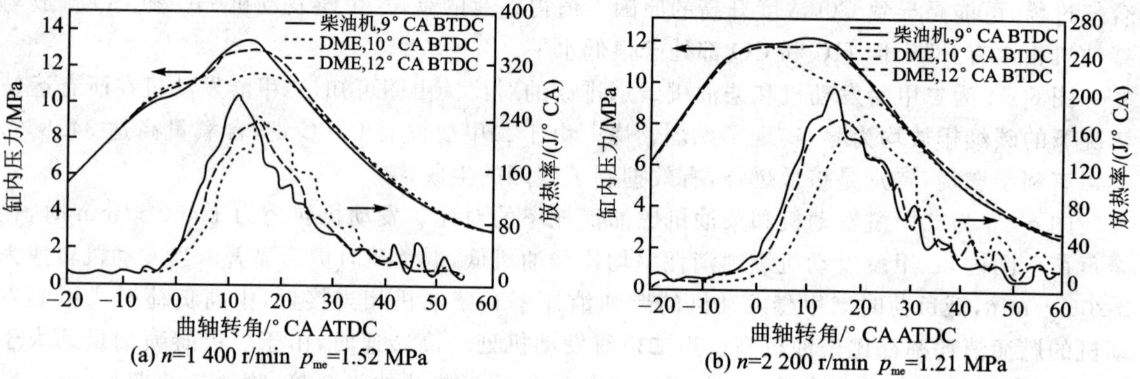

图 6－6　二甲醚发动机与柴油机缸内压力、放热率、累计放热率和压力升高率的对比

中掺入 20％的柴油，喷油系统的磨损可得到改善，DME 能量密度低的问题也可有所改善。

DME 与液化石油气（LPG）混合可改善着火性能，可使目前为止主要用作汽油机替代燃料的 LPG 也可成功地应用于柴油机。

3. DME 实用化须解决的问题

作为一种汽车燃料，特别是作为柴油机燃料，DME 在实用上也存在一些亟待解决的问题。

① DME 的沸点是－25℃，因而常温、常压时呈气体状态，室温为 20℃时，加压到 0.53 MPa 以上可使其液化，这就使柴油机的供油系统包括油箱必须密封并保持一定压力，造成供油系统复杂及成本高，并且需要专门的加油站。

② DME 的黏度很低，因而润滑性很差，容易造成油泵柱塞和喷油器针阀等精密偶件磨损、卡死以及泄漏，这一点是 DME 实用化的最大障碍。

③ DME 的燃料低热值为 28.8 kJ/kg，约为柴油（42.7 kJ/kg）的 70％，DME 液体密度只有柴油的 78.5％，这就意味着为了达到原柴油机的动力性，应增加 DME 的供给量。

④ DME 对金属材料无腐蚀性，因而其储藏使用等无需特殊的材料，对燃油系统也没有特殊要求；但一些合成橡胶与 DME 不能长期共存，因此对密封件材料有一定要求。

6.1.5　生物燃料

所谓生物燃料（biomass fuel）是指由植物中获取的燃料。植物在生长过程中吸收 CO_2，而在长成后可以以不同方式变成人类生活中的能源。植物的生长期远远短于石油的生成期，植物又是可以人工种植的，因此利用植物替代石油燃料，对减少全球的 CO_2 排放量是有深远意义的。

将绿色植物发酵处理，即长时间置于高温和还原环境中，可产生甲烷（俗称沼气）。将其作为生活和发电用燃料，已在不少地方得到应用；但要在汽车上应用，还要经历一系列收集处理过程，大规模普及应用还存在一些问题。

甘蔗等含糖植物以及白薯等含淀粉农作物，经过物理和化学的处理，可以得到乙醇（酒精）。酒精燃料在巴西得到了广泛的应用，据 1989 年统计，大约有 500 万辆酒精燃料车在巴西行驶。将木材等发酵糖化也可得到乙醇，但成本太高，尚不能商业化。

由植物的籽粒也可获得发动机的替代燃料，如菜籽油、棉籽油、棕榈油、大豆油、花生油以及向日葵油等。研究表明，这类植物油十六烷值、燃料的性质几乎与轻柴油相同，热值约为轻柴油的 90%，可直接在柴油机上使用。生物油脂的种类将影响生物柴油的十六烷值，对发动机的燃烧和排放影响较大。只要用合适的方法将其黏度调整到柴油的水平，可以在发动机不作改进的情况下直接使用。生物柴油富氧，可以促进燃烧，减少有害排放 CO，HC 和颗粒排放。棉籽油和葵花籽油中的甲酯可以显著减少颗粒排放，但 NO_x 排放较高。研究发现，葵花籽油中的乙酯可以减少颗粒排放。豆油中甲酯、乙基酯和丁基酯对排放影响较大，发动机燃用 HC，CO 和颗粒排放与柴油相当，所有酯类的 NO_x 排放较高，满负荷时，甲酯、乙基酯可以显著改善颗粒排放，但丁基酯颗粒排放增大。使用过的食品油回收处理后，也可以作为柴油机燃料，这同时也减轻了废食品油对江湖水源的污染。但这类植物油使用时必须经过精制，否则会引起喷油器针阀偶件卡死和燃烧室严重积碳等问题。

6.2　氢燃料

氢气是重要的化工原料，广泛应用于石油、化肥、橡胶以及合成燃料等工业部门。氢是能量的载体，可以将不能储运的太阳能、核能、风能及水能等转换成氢能，再储运到用户。氢可以从水中制取，它具有良好的内燃机燃料特性，其燃烧产物主要是水，排气的有害排放物很少。

制氢的原料有天然气、煤、渣油及水等。由于水的资源极其丰富，目前人们正在重点研究高效率、低成本从水中制氢的方法。但是迄今为止，制氢的成本还比较高，这是近期氢不能广泛用做内燃机燃料的原因之一。氢的主要理化性质如表 6－2 所列。

1. 氢作为汽车燃料的特点

氢（H_2）作为燃料，主要有以下特点：

① 唯一的不含碳燃料，氢燃料燃烧后产物只有水、NO_x，没有 CO，CO_2 及颗粒，被认为是一种最清洁的燃料。

② H_2 的燃料热值为 120 MJ/kg，是汽油的 2.7 倍。但单位体积的发热量只有汽油的 1/20，因此氢发动机燃烧系统与汽油机有很大差别。

③ H_2 极易点燃，最小点火能量只有汽油的 1/3，火焰传播特性也很好，在理论空燃比的情况下，氢燃料的火焰传播速度比汽油大 2～3 倍；但 H_2 的着火温度（在大气压力下）高达850 K，

高于柴油的 620 K 和汽油的 770 K。

④ 氢混合气的着火界限比汽油的宽得多，浓、稀两端都有所扩展，尤其稀限比汽油大好几倍，容易实现稀薄燃烧，氢发动机可以在更宽广的工况范围内，得到好的燃料经济性和排放特性。

⑤ H_2的沸点为－253℃，常温、常压下为气体，携带性和安全性差。由于 H_2在大气中的扩散系数为 0.63 cm^2/s，约为汽油的 8 倍，所以能很快形成可燃混合气，由火花塞点燃，燃烧速度和燃烧温度都很高。

⑥ 由于氢燃料与石油燃料的物化特性明显不同，传统发动机直接燃用氢气，将出现严重的早燃、回火、燃烧压力波动等异常燃烧。因此，对氢发动机的早燃、回火等异常燃烧的控制以及对 NO_x 的抑制，是提高功率，改善燃烧效率，保证发动机正常燃烧所需要解决的关键技术。

需要注意的是，氢发动机的燃烧产物是水及氮氧化物，但是在实际的氢发动机中，由于少量润滑油渗漏到燃烧室中燃烧，因此排气也有 CO，CO_2及 HC 等排放物，但其量很小。

2. H_2在发动机中的供给方式

作为发动机的燃料，H_2可以采用图 6－7 中(b)～(d)这 3 种方式进入燃料室，以图 6－7(a)的燃用汽油为比较基准(输出功率设为 100％)，随供给方式不同，发动机的输出功率也不同。尽管 H_2单位质量的燃料低热值为汽油的 27 倍左右，但完全燃烧的化学计量比约为汽油的 2.3 倍。H_2与空气按化学计量比混合的理论混合气热值为汽油理论混合气的 0.86 倍，因此，采用图 6－7(b)中将气体 H_2由进气管吸入的方法，输出功率只有图 6－7(a)的 86％；采用图 6－7(c)的方式，将液态 H_2由进气管吸入，其输出功率为汽油的 114％；而采用图 6－7(d)的缸内直接喷射的方法，输出功率为汽油的 120％。

3. H_2燃料的实用化问题

氢在一般条件下是以气态形式存在的，这就给储存和运输带来很大的困难。H_2发动机能否实用化的关键是解决如何廉价地获得 H_2和携带储运两个问题。对各种储运方法的要求是安全、低成本和能量密度高，常用的储运方法有高压气瓶法(HP)、液态 H_2法(LH_2)和储氢合金法(MH)，不同储氢方法的能量密度(单位质量或体积的能量供给)对比如图 6－8 所示。

(1) 高压气瓶法

气态氢可储存在钢瓶中，为减小储存体积，必须先将氢气压缩，为此需消耗较多的压缩功。一般一个充气压力为 20 MP 的高压钢瓶储氢重量只占 1.6％，高压气瓶法储 H_2量少，能量密度小。

(2) 液态 H_2法

将氢气冷却到－253℃，即可呈液态，然后，将其储存在高真空的绝热容器中。液氢的储存成本较高，安全技术也比较复杂，但在 3 种储氢方法中能量密度最大。液态 H_2可在气化后供

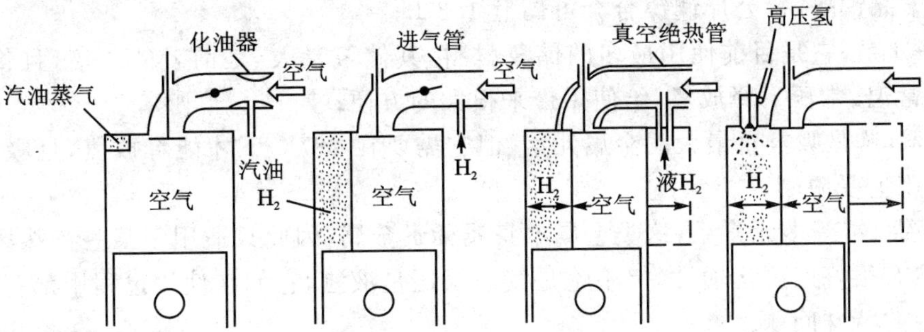

	(a)	(b)	(c)	(d)
燃料体积/mL	17	300	400	420
空气体积/mL	983	700	950	1000
热值/cal	840	720	960	1010
输出功率/(%)	100	86	114	120

(a) 汽油机　(b) 常温氢气进气管吸入　(c) 液态氢进气管吸入　(d) 高压氢缸内直喷

图 6-7　H_2 的不同供给方式与输出功率

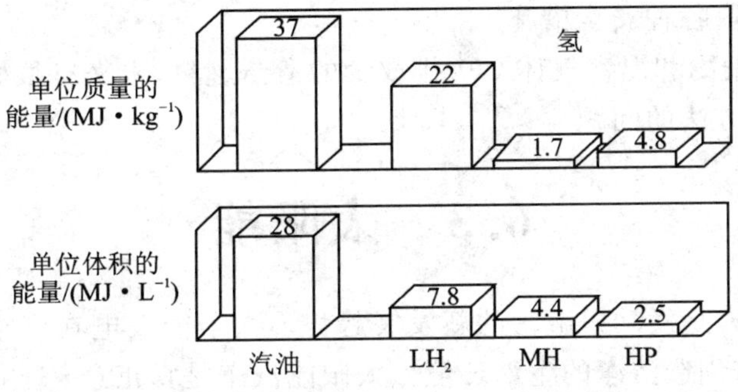

LH_2—液氢；MH—储氢合金；HP—高压容器

图 6-8　不同储氢方法的能量密度

给发动机，但如果能以液态直接喷入气缸内，将会改善发动机的动力性和升功率。LH_2法目前的难点是，保持液态 H_2容器处于－253℃以下，是一项难度极大的绝热保温技术，从这样的容器中将 H_2泵吸出来，则又需要很高的低温工程枝术。

(3) 储氢合金法

氢与氢化金属之间可以进行可逆反应，当外界有热量加给金属氢化物时，它就分解为氢化金属并放出氢气；反之氢和氢化金属构成氢化物时，氢就以固态结合的形式储于其中。储氢合金法储运能力(质量密度，单位为 kg/kg)为 1.8%～3.8%，这种方法具有很好的安全性，但储运能力较小，100 kg 合金的储氢能力不到 2 kg，成本高及释氢温度高。目前用来储氢的氢化金属大多为由多种元素组成的合金，可以分为 4 类：

① 稀土镧镍等,每公斤镧镍合金可储氢 153 L;

② 铁-钛系,它是目前使用最多的储氢材料,其储氢量大,是前者的 4 倍,且价格低,活性大,还可在常温、常压下释放氢,给使用带来很大的方便;

③ 镁系,这是吸氢量最大的金属元素,但它需要在 287℃下才能释放氢,且吸收氢十分缓慢,因而使用上受限制;

④ 钒、铌、锆等多元素系,这类金属本身属稀贵金属,因此只适用于某些特殊场合。

氢虽然有很好的可运输性,但不论是气态氢还是液氢,它们在使用过程中都存在着以下几点不可忽视的特殊问题:

① 由于氢特别轻,与其他燃料相比,在运输和使用过程中单位能量所占的体积特别大,即使液态氢也是如此。

② 氢特别容易泄漏,以氢作燃料的汽车行驶试验证明,即使是真空密封的氢燃料箱,每 24 小时的泄漏率就达 2%,而汽油一般一个月才泄漏 1%。因此对储氢容器和输氢管道、接头、阀门等都要采取特殊的密封措施。

③ 液氢的温度极低,只要有一点滴落在皮肤上,就会发生严重的冻伤,因此在运输和使用过程中应特别注意采取各种安全措施。

总之,H_2作为污染物和温室气体 CO_2排放少的清洁燃料,未来有很好的实用前景,但必须解决生产成本和储运方法的问题。

6.3 太阳能

利用太阳能作动力是发动机减污的新发展趋势。太阳能发电在汽车上的应用,将能够有效降低全球环境污染,创造洁净的生活环境。太阳能汽车是真正意义上的无公害、无能源消耗的环保汽车,其基本结构和工作原理如图 6-9 所示。太阳能汽车在车身表面装有大面积(2~10 m^2)的太阳能电池板,利用太阳能电池把光能转化成电能,电能存储在储电池中备用,用来推动汽车的电动机。为了随时根据日照量和温度条件控制太阳能电池工作在最佳状态,设有最大功率点跟踪仪(MPPT);来自太阳能电池的电能经过 MPPT 和车速控制装置驱动电机,电机通过链传动或皮带带动车轮转动。为弥补能量不足以及日照不足时的行驶动力,汽车上带有蓄电池。由于太阳能车不用燃烧化石燃料,所以不会放出有害物。据估计,如果用太阳能汽车取代燃油汽车,汽车的二氧化碳排放量可减少 43%~54%。

太阳能电池的类型可分为多晶硅和单晶硅,近年来单晶硅越来越成为主流。太阳能电池的光电转换效率是太阳能汽车的关键,美国已研制成光电转换率达 35%的高性能太阳能电池,澳大利亚用激光技术制成的太阳能电池,其光电转换率达 24.2%,而且成本与柴油发电相当。这些都为光电池在汽车上的应用开辟了广阔的前景。

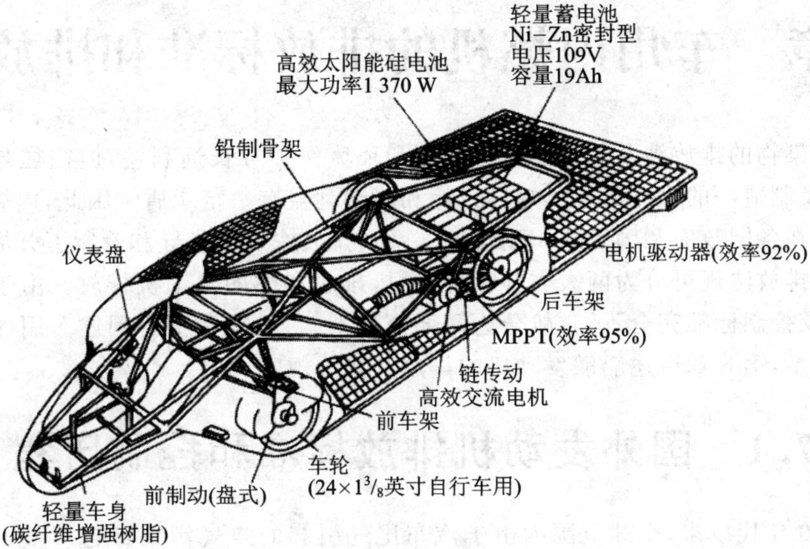

(a) 基本结构

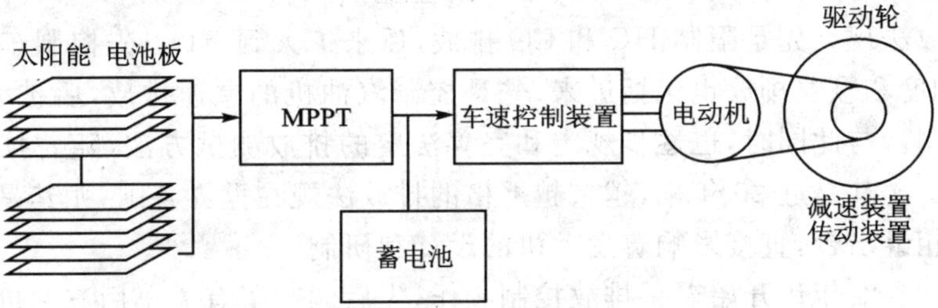

(b) 工作原理

图 6-9　太阳能汽车基本结构和工作原理

第 7 章　车用内燃机的排放标准和排放测量

内燃机污染物的排放涉及公众的身体健康和环境保护等长远利益，但往往与内燃机动力性、经济性以及制造厂的生产成本等短期目标和局部利益有一定矛盾。因此，内燃机的排放控制工作始终是在各国政府和国际组织制订的一系列排放法规的指导和管制下开展的。

内燃机的排放法规可分为两大类：陆用内燃机排放和船舶发动机排放。由于二者工作环境、标准制定及控制标准完全不同，故分为两部分分别阐述，本章主要阐述车用内燃机的排放标准和排放测量，第 8 章讲述船舶发动机的排放及其法规。

7.1　国外发动机排放标准和控制历程

20 世纪 60 年代以来，全球范围内由于汽车尾气引起的空气污染日趋严重，在工业发达、交通稠密的国家更是如此。美国、欧洲和日本等工业化国家从 20 世纪 60 年代开始先后颁布了各种各样的排放法规。先是限制 HC 和 CO 排放，后来扩大到 NO_x；先控制车用汽油机，后覆盖柴油机，把烟度和颗粒排放也包括进来；先是控制汽油机的怠速排放，后扩大到实际使用工况下的排放控制。与此同时，也逐步规定和完善法定的排放测试方法，随着技术的进步，不断严格排放限值。尤其是近 20 年来，越来越严格的排放法规在世界各国，尤其是欧洲、美国和日本等发达国家相继出台，直接影响着发动机的设计和研制。

我国从 20 世纪 80 年代开始着手排放控制工作，先后颁布了有关车用汽油机怠速污染物、车用柴油机全负荷烟度和自由加速烟度、轻型汽车排气污染物、车用汽油机排气污染物、汽车曲轴箱污染物、汽油车燃油蒸发污染物、车用压燃式发动机排气污染物、压燃式发动机排气可见污染物等一系列排放法规，规定并不断修订排放限值及测试方法，从无到有建立起我国的汽车及车用内燃机的排放控制体系。到 20 世纪末，我国开始逐步参照直至等效采用欧盟（EU）的排放法规，使排放控制工作走上系统化、科学化的轨道。

7.1.1　机动车排放法规的演变

20 世纪 50 年代以来，人们越来越多地使用汽车，不仅使交通拥挤和环境噪声大幅度增加，而且汽车排放污染物对人体和环境造成了严重的危害。早在 20 世纪 40 年代中期，由于美国洛杉矶市出现了严重的“光化学烟雾”事件，促使加利福尼亚州成为世界上第一个实施控制汽车排放法规的地区。1968 年美国联邦政府通过了《清洁空气法》修正案，在国家环保局（EPA）建立了流动源办公室，开始对全国的汽车排放进行控制。继美国之后，世界各国也根据各自不同的环境状况、技术特点和汽车保有量，纷纷制订和实施汽车排放法规。

机动车排放法规的发展大体可分成 3 个时期。

1. 第一时期

这一阶段可称为排放法规的起步和完善时期。从控制汽油车曲轴箱排放的 HC 开始，其次是怠速排放的 CO，HC 浓度，然后逐步实施工况法，控制尾气的 CO，HC 和 NO_x 排放量。这一时期污染物降低的比例一般为 40%～60%，采用的控制技术主要是发动机改造，包括燃烧系统的改进，如稀化空燃比、延迟点火角、进气预热、进气恒温等和化油器的改进。另外，有的国家开始采用废气再循环（EGR）装置降低 NO_x 的排放量。

2. 第二时期

这个时期实际上是 1970 年美国《清洁空气法》修正案正式实施的时期。该修正案鉴于当时的技术水平，对某些限值延缓执行，同时规定空气污染严重的区域要实行车辆定期检查和维修（I/M）制度。该修正案实施后，CO，HC，NO_x 的排放限值为实施前的 10%。这一阶段是汽车排放控制技术发展最快、大气质量改善效果最为明显的时期。这一阶段出现了三效催化转化器和电子燃油喷射技术等先进的排放控制技术，这些新技术的采用不仅使汽车排放污染物大幅度降低，而且使动力性、经济性和驾驶性能都得到了较大的改善，促进了汽车工业的技术进步。与此同时，由于使用三效催化转化器对汽油的含铅量提出较苛刻的要求，也促进了石油工业的发展，实现了汽油无铅化。

3. 第三时期

即低排放车时期。1990 年美国联邦对《清洁空气法》再次进行修正，进一步强调要改善空气质量，特别是对那些臭氧和 CO 浓度较高的城市。该法案针对机动车要求：继续加严尾气排放标准，并重申给存在特殊空气质量问题的州以自主加严排放标准的权力；确定新配方汽油方案；建立有关清洁代用燃料和清洁车辆的法规等。这一时期的减排目标分为两个阶段，第一阶段限值要求 CO，HC，NO_x 的排放量降低 30%～60%，第二阶段限值要求比第一阶段再降低 50%，几乎达到零排放。要达到这一时期的排放限值，不仅需要车辆技术的改进，而且要靠燃料的同步改善。相应采取的减排技术措施有：更先进的催化转化器、电控发动机技术、新型配方汽油、代用燃料汽车和电动汽车等。

7.1.2　国外汽车排放法规

目前世界上的车用发动机排放法规主要有 3 个体系，即美国、欧洲和日本体系，其他各国基本是在参照美国和欧洲法规的基础上制定本国的排放法规。

1. 美国排放标准

美国最早认识到汽车排放对环境的危害，对汽车排放控制也最严格，从20世纪60年代中开始实施汽车排放控制法规，有多种不同的汽车排放法规和标准，对各种污染物的限制也越来越严格。1996年，对汽油轿车尾气排放控制的限值与未控制的1970年以前型车相比，单车CO，HC，NO_x排放量分别降低了96%，98%和94%。美国加利福尼亚州是美国第一个实施机动车排气标准的州，至今仍是美国唯一有权力制定自己的排放标准的州。美国的汽车排放法规和标准主要分为加利福尼亚标准和美联邦标准两大类，一般以加州制定的标准最为严格，而且往往要早于联邦标准1～2年。由于美国法规的先进性，许多控制汽车排放较早的国家一直都在采用美国法规，美国法规的测量方法较欧洲法规和日本法规要复杂，其运行工况多为瞬时工况，因此对设备的要求也比较高。表7-1所列为美国轻型汽车排放标准。

表7-1 美国轻型汽车排放限值(FTP75测试循环)

标准名称	实施年份	保证里程/km	排放限值/($g \cdot km^{-1}$)			
			CO	HC	NO_x	PT①
Tier1	1994	80 000	2.11	0.16(NMHC)	0.25	0.05
		160 000	2.61	0.19(NMHC)	0.37	0.05
Tier2	2004	80 000	1.06	0.08(NMOG)	0.124	0.05
		160 000	1.06	0.08(NMOG)	0.124	0.05

① 颗粒排放只用于柴油车。

1994年美国实行清洁燃料和低排放汽车计划(CF/LEV)，规定从1995年起在加州逐年增加过渡性低排放汽车(TLEV)、低排放汽车(LEV)、超低排放车(ULEV)和零排放车(ZEV)的使用。这些车的排放限值分别如表7-2所列。

表7-2 美国加州轻型汽车排放限值 g/km

保证里程80 000 km					
标 准	CO	NMOG	NO_x	PT	HCHO
1993	2.11	0.16①	0.25	0.05	
TLEV	2.11	0.08	0.25	0.05	0.009
LEV	2.11	0.047	0.125	0.05	0.009
ULEV	1.06	0.025	0.125	0.025	0.005
ZEV	0	0	0	0	0

续表 7-2

保证里程 160 000 km					
标　准	CO	NMOG	NO_x	PT	HCHO
1993	2.61	0.19①	0.62	0.05	
TLEV	2.61	0.097	0.37	0.05	0.011
LEV	2.61	0.056	0.19	0.05	0.011
ULEV	1.31	0.034	0.19	0.025	0.007
ZEV	0	0	0	0	0

①　1993 年加州排放标准规定是 NMHC。

表 7-3 和表 7-4 分别给出了美国汽油车排气净化过程和控制汽车排放取得的成效。由表可看出，通过几十年的努力，美国环保局在控制汽车污染物排放，改善空气质量方面取得了明显的成效。虽然如此，美国的许多大城市仍然存在空气质量超标问题，特别是臭氧超标问题，控制汽车排放污染的努力还远未达到终点。

表 7-3　美国汽油轿车排气净化过程

措施	辅助措施	实施时间	排放标准/(g/km)				备　注
			CO	HC	NO_x	蒸发排放/(g/试验)	
机内净化		1968～1975	52.5	6.6	2.5		改进前
			17	1.9	1.93	2	机内净化
机外净化	使用无铅汽油	1975	9.3	0.93	1.93	2	
		1979	4.3	0.25	1.24	2	
电控燃油喷射技术	使用无铅汽油加清净剂	1984	2.1	0.25	0.63	2	当前世界水平
使用新配方汽油	使用无铅汽油加清净剂	1994	2.1	0.15①	0.25	2	当前美国水平
未来			1.05	0.08①	0.125	2	

①为非甲烷烃类。

表 7-4　美国控制汽车排放的成效

项　目	1970 年	1994 年	结　论
人口	20 400 万人	26 000 万人	增长 27%
汽车行驶里程	1.11×10^{12} 哩	2.347×10^{12} 哩	增长 111%
国民生产总值	2.841×10^{12} 美元	5.344×10^{12} 美元	增长 90%
机动车保有量	10 681 万辆	约 19 300 万辆	增长 81%
CO 排放量	12 810 万吨	9 800 万吨	减少 23%
NO_x 排放量	2 060 万吨	2 360 万吨	增加 14%

续表 7-4

项 目	1970 年	1994 年	结 论
VOC 排放量	3 060 万吨	2 320 万吨	减少 24%
PM 排放量	1 220 万吨	270 万吨	减少 78%
SO_2 排放量	3 120 万吨	2 110 万吨	减少 32%
Pb 排放量	21.95 万吨	0.5 万吨	减少 98%

2. 欧洲的排放法规

早在 1969 年，欧洲的瑞典、西德等国家就开始实施怠速排放控制法规，1970～1972 年开始实行欧洲统一的工况试验法，最初各国的限值都不一样。欧洲经济共同体(EEC)从 1970 年开始以 ECEW5 法规的形式对轻型汽油车排放污染物和曲轴箱污染物排放进行控制，以后每隔 3～4 年修订加严一次，形成了 ECER15－01(1975)，ECER15－02(1977)，ECER15－03(1979)系列排放法规。在 1975 年前执行的 ECER15 和 ECER15－01 法规只限制 CO 和 HC 的排放量，从 1977 年的 ECER15－02 法规开始增加了对 NO_x 的限值要求*。

为控制 NO_x 的排放，1982～1985 年实施的 ECER15－04 法规对 HC 和 NO_x 的总量作为一个限值来控制；从 1988 年起排放法规细分为 ECER83(88/76/EEC)和 ECER15－04 两部分，分别针对不同的车辆。为了达到 ECER83 法规要求，1989 年起 ECE 开始使用无铅汽油。ECE 在 1991 年修改了 ECER83－00 法规，制定了欧Ⅰ排放法规，从 1992 年开始实施。该法规积极向美国排放法规靠拢，大大加严了排放限值。考虑道路交通情况的变化，欧Ⅰ法规及时修改了试验规范，改为 ECE15(城区)工况＋EUDC(城郊)工况试验循环；1996 年起执行欧Ⅱ排放法规，排放法规限值已接近美国过渡低污染车(TLEV)的限值水平，欧Ⅱ法规中不仅在形式认证时对汽车排放限值加严，而且规定生产一致性检查时排放限值与形式认证的限值相同。

2000 年执行的欧Ⅲ排放法规，对 HC 和 NO_x 分别给出限值，在欧Ⅱ基础上将其限值再降低 1/2，排气测量方法改为发动机启动后立即采样，同时加严对 HC，CO 的限制。以前的方法都是在发动机启动后 40 s 才开始采样，而实际发动机 70%的 HC 是在启动后 125 s 内生成的，原来启动后 40 s 内不采样，使冷启动时约有 30%的排放污染物未测到。此外，欧Ⅲ还新增如低温冷启动排放试验、OBD 系统功能检查、LPG/NG 汽车排放试验、8 万公里内的在用车工况法排放一致性检查、替代用催化器的认证试验等项目，确保在用车排放量的持续达标要求。

对于柴油车的排气排放物，欧洲是从 1982 年开始控制的。柴油轿车的限值与汽油轿车一

*：EEC 法规与 ECE 法规的区别：

欧盟经济共同体的各会员国在委员会批准各项新指令后，必须在 18 个月内将该指令实施执行成该国的国内法。若某一会员国已有现行相关之法规与 EEC 法规相似者，则以 EEC 法规优先适用。而 ECE 法规对各会员国则较不具强迫性，每一个会员国皆有权利决定是否接受该项法规。

样，欧洲最初制订了 ECE R49－00 法规，以后逐步加严，目前已修订为 ECE R49－02A 和 ECE R49－02B。此外，还于 1972 年制订了柴油车的烟度法规 ECE R24，目前已修订为 ECE R24－03。对新生产车的烟度限制随发动机的进气量而变，进气流量越大，限值越严。

欧洲经济委员会从 1960 年颁布实施第 1 项 ECE 法规，至今已形成 109 项包括安全、环保、节能三大领域的汽车排放法规体系。

回顾欧洲控制汽车排放的历史，其特征可以归纳为前松后紧。从开始控制汽车排放的 1970 年直至 1989 年，在近 20 年的时间里，限值都比较宽松，直到进入 90 年代欧洲对汽车的排放控制迅速加严。

欧洲的轻型车和柴油车排放法规各阶段限值如表 7－5 和表 7－6 所列。

表 7－5　欧洲轻型车排放法规各阶段限值　　g/km

类　型	欧洲水平	欧盟指令	实施年份	排放限值				
				CO	HC＋NO_x	HC	NO_x	PM
汽油轻型车	EU Ⅰ	93/59EEC	1994	3.16	1.13			
				6.0	1.60			
				8.0	2.00			
	EU Ⅱ	96/69/EC	1997	2.2	0.50			
				4.0	0.70			
				5.0	0.80			
	EU Ⅲ	98/69/EC Ⅰ	2002	2.30		0.20	0.15	
				4.17		0.25	0.18	
				5.12		0.29	0.21	
	EU Ⅳ	98/69/EC Ⅱ	2007	1.00		0.10	0.80	
				1.81		0.13	0.10	
				2.27		0.16	1.11	
柴油轻型车	EU Ⅰ	93/59EEC	1994	3.16	1.13			0.18
				6.0	1.60			0.22
				8.0	2.00			0.29
	EU Ⅱ	96/69/EC	1997	2.2	0.70			0.08
				4.0	1.10			0.15
				5.0	1.30			0.20
	EU Ⅲ	98/69/EC Ⅰ	2002	0.64	0.56		0.50	0.05
				0.80	0.72		0.65	0.07
				0.95	0.86		0.78	0.10
	EU Ⅳ	98/69/EC Ⅱ	2007	0.50	0.30		0.25	0.025
				0.63	0.39		0.25	0.04
				0.74	0.46		0.39	0.06

① 适用范围：至少 4 轮，总质量不超过 3.5t，装备点燃式发动机或压燃机的 M1 类和 N1 类机动车辆。

② 表格中的 3 行数据分别表示:第 1 行,乘客(包括驾驶员)不超过 6 人且总质量不超过 2 500 kg 的 M1 类车和 RW≤1 250 kg的 N1 类车;第 2 行,非第 1 行中 M1 类车和 1 250 kg<RW≤1 700 kg 的 N1 类车;第 3 行,非第 1 行中 M1 类车和 RW>1 700 kg 的 N1 类车。

表 7-6 欧洲柴油车排放法规各阶段限值

欧洲水平	CO/$[g\cdot(kW\cdot h)^{-1}]$	HC/$[g\cdot(kW\cdot h)^{-1}]$	NO_x/$[g\cdot(kW\cdot h)^{-1}]$	PM/$[g\cdot(kW\cdot h)^{-1}]$	烟度/m^{-1}	实施年份
EUⅠ	4.5	1.1	8.0	0.36(对功率小于或等于 85 kW 的发动机,该限值为 0.61)		1993
EUⅡ	4.0	1.1	7.0	0.15		1997
EUⅢ	2.1	0.66	5.0	0.10(对于每一气缸的扫气容积小于 0.75 dm^3,且额定功率时转速大于 3 000 r/min 的发动机,该限值为 0.13)	0.8	2000
EUⅣ	1.5	0.46	3.5	0.02	0.5	2005
EUⅤ	1.5	0.46	2.0	0.02	0.5	2008

注:本表适用于装备压燃式发动机或燃用天然气或液化石油气的点燃式发动机、总质量超过 3.5t 的 M1 车辆,所有 M2,M3,N1,N2,N3 类车辆。

目前,由于欧盟法规要求相对宽松一些,另外其测量方法的运行工况及对设备的要求也相对简单,许多发展中国家更倾向于采纳欧盟法规。我国目前所采用的排放标准也主要参考欧洲法规。

3. 日本的排放法规

日本控制汽车排放的法规从 1966 年起步,基本上是效仿美国法规。虽然日本对汽车污染物的控制比美国起步晚,但自 20 世纪 70 年代以来,它对氮氧化物(NO_x)的控制进程却比美国快,在控制排放的第二阶段某些限值的严格程度已超过了美国(如对 NO_x 的限制)。日本的排放法规是在全国范围内强制执行的,其轻型商用车的排放标准如表 7-7 所列。表 7-8 和表 7-9分别为日本 2003 年 10 月 1 日起和 2005 年底起实施的重型柴油车排放限值。图 7-1 则给出了日本自 70 年代以来执行排放法规所带来的空气质量改善情况。

表 7-7 日本轻型商用车尾气排放标准

车辆发动机类型	汽油车及 LPG 车辆,发动机排量>550 cm^3				
实施日期	1991.4.1		1991.4.1		1996.4.1
最大总质量(GVM)kg	≤1 700		1 700<GVM≤2 500		
测试方法	10.15 工况	11 工况	10.15 工况	11 工况	10.15 工况
单位	g/km	g 试验	g/km	g 试验	g/km

续表 7－7

车辆发动机类型	汽油车及 LPG 车辆,发动机排量＞550 cm^3				
HC 排放限值	0.25(0.39)	7.0(9.50)	2.1(2.7)	13.0(17.0)	2.1(2.7)
CO 排放限值	2.1(2.7)	60.0(85.0)	13.0(17.0)	100(130)	13.0(17.0)
NO_x 排放限值	0.25(0.48)	4.4(6.00)	0.7(0.98)	6.5(8.5)	0.4(0.63)

注:括号中的数值为简化的认证测试和产品测试限值,只有当某型车年销＜2 000 时才适用。

表 7－8　日本 2003 年 10 月 1 日起实施的重型柴油车排放限值

车辆分类	试验工况	单位	限值			
			CO	HC	NO_x	PM
① 车辆总量不超过 12t 的柴油车	13 工况	$g\cdot(kW\cdot h)^{-1}$	3.40(2.22)	1.47(0.87)	4.22(3.38)	0.35(0.18)
② 车辆总量超过 12t 的柴油车	13 工况	$g\cdot(kW\cdot h)^{-1}$	9.20(7.40)	3.80(2.90)	5.80(4.50)	0.49(0.25)

表 7－9　日本 2005 年底起实施的重型柴油车排放限值

车辆分类	试验工况	单　位	限　值			
			CO	HC	NO_x	PM
车辆总重 3.5t 以上的柴油车	新工况 JE05 运转循环	$g\cdot(kW\cdot h)^{-1}$	2.22	0.17	2.0	0.027

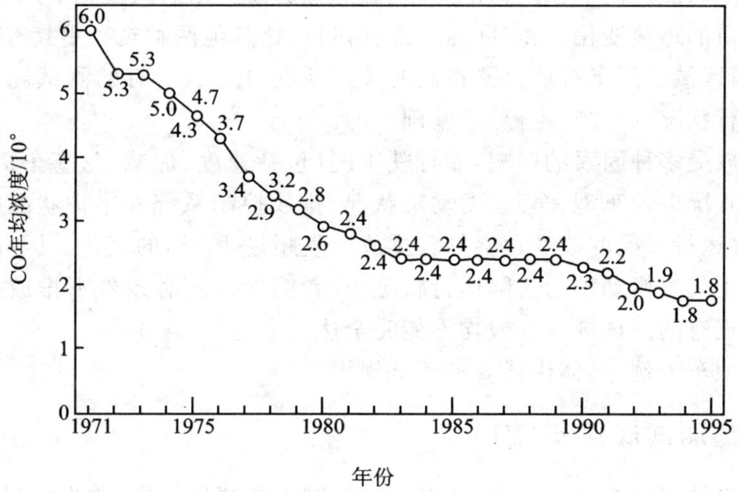

图 7－1　日本执行排放法规所带来的空气质量改善情况

日本的汽车排放法规一般是规定最高限值和平均值,车辆的排放不能超过最高限值,同时在一定时间内抽查的同型号汽车的平均排放值不能超过平均排放限值。任何单个车或发动机的排放量不能超过最高值；在规定期间(如 3 个月)，工厂按一定百分比抽检某一批型号车或发动机，所测得的排放量的平均值不能超过限值规定的平均值。对于年销售量不足 2 000 辆的汽车，则以最高值作为限值。为了进一步限制汽车发动机排放，日本还推出了新短期排放限值和新长期排放限值。

由于日本的测试方法与美国和欧洲不同，因此其排放限值也无法直接与欧美相比。事实上，很少有国家采用日本法规，但由于日本是控制汽车排放较早的国家之一，也是控制技术较为先进的国家，且其控制法规自成体系，因此，一直被人们认为是一个独立的法规体系。

7.1.3 国外汽车排放测试规程

每一排放标准的限值都是与该标准所采用的测试规程和方法相对应的。虽然测试方法建立的目的都是为了反映当地的车辆实际运行状况，但由于不同的测试规程由不同的工况组成，平均车速也各不一样，因此，直接比较基于不同测试规程的排放限值没有意义。

跟汽车排放标准一样，目前测定机动车排放的规程有 3 大系列，最常用的是美国联邦测试规程(FTP)、联合国欧洲经济委员会(ECE)法规和日本测试法规，其中美国联邦测试规程和 ECE 测试规程在其他国家也得到了广泛的应用。通常，轻型车和摩托车的测试在底盘测功机上进行，尾气排放采用定容取样系统(CVS)收集，而重型车的测定则是在发动机台架上进行。上述 3 种测试规程的不同在于它们采用不同的行驶工况(对整车而言)和操作工况(对发动机而言)，欧洲和日本的法规由一系列稳定操作状态组成，而美国的法规则引入了瞬态工况，其中包括了速度和负荷的迅速变化，与实际运行工况接近，比其他两种规程更具有代表性。需要指出的是，由于城市区域的汽车排放是要控制的关键所在，因此，所有的测试规程均是建立在典型的城市汽车运行状况——“走走停停”基础上的。

机动车的排放受多种因素的影响，如行驶工况(包括速度、加减速、塞车情况)、海拔高度、温度和其他环境状况以及车型、车龄、发动机状况、排放控制系统和维护状况等。即使其他情况完全相同，仅仅运行工况的改变也会导致排放产生超过 100%的变化。因此，理想的排放测试规程应该能真正代表机动车的实际运行状况，或者能保证所有条件下排放控制系统均能有效地发挥作用。现有的测试规程一般均不能完全达到上述目标。

下面将以轻型车为例，具体讲述 3 种测试规程。

1. 美国联邦测试规程(FTP)

世界最早的排放测试循环于 1966 年诞生于美国加利福尼亚州，称为加利福尼亚标准测试循环，它在 20 世纪 70 年代初被美国联邦环保局(EPA)的排放测试循环(FTP)所代替。最早的 FTP72 循环，是在美国洛杉矶市内对早晨上班的汽车工况实测获得的瞬态测试循环。1975 年以后，FTP72 被扩充成 FTP75，成为目前所使用的美国联邦市区排放测试循环，用于测试轻型汽车的排放。

FTP75 由 4 段组成：0～505 s 为冷启动过渡段，506～1 372 s 为稳定段，1 372～1 972 s 为停机热烤段，1 972～2 477 s 为热启动过渡段（具体工况与冷启动过渡段相同），如图 7－2 所示。FTP75 循环时间为 1 877 s＋600 s 停机，行驶距离 18 km，平均车速约为 34 km/h，最高车速约为 91 km/h。这是一个对应发动机低中速、低中负荷运行为主的测试循环。3 个运行段的排放物分别被收集到 3 套样气袋中，进行分析并乘以不同的加权系数，其和即为总的排放结果。图 7－2 给出了美国 FTP 测试循环示意图。

阶　段	加权系数
1. 过渡段(0~505s)冷启动	0.43
2. 稳定段(506~1 372s)	1.0
3. 10 min停车	
4. 重复过渡段(0~505s)热启动	0.57

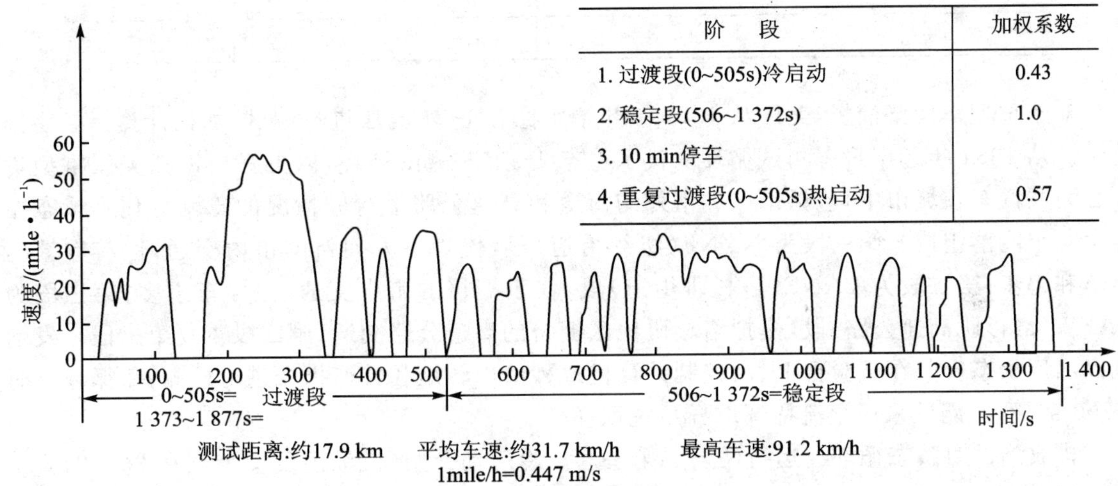

图 7－2　美国 FTP 测试循环

尽管 FTP75 测试工况要尽可能地代表城区机动车的运行状况，但由于实际状况的复杂性，FTP 并不能覆盖所有的实际运行工况。该工况在 20 世纪 70 年代初采用时，就因底盘测功机的性能限制，所达到的最高时速为 91 km/h，最大加速度为 1.47 m/s^2，都远远低于实际情况。由于不能覆盖所有的速度和加速度范围，使得非测试工况条件下的汽车排放不能得到有效控制，可能导致少数汽车制造商趁机在非受检工况下提高输出功率，加大排放。而 EPA 和 CARB（加州空气资源局）的研究均表明，高速和高加速度行驶的情况在实际中是非常常见的。

FTP 测试规程的另一缺点是由于测功机所承受的负荷有限，不能模拟汽车空调开放时的运行情况。在测试过程中，空调必须是关闭的。EPA 实验表明，开启空调的车辆比无空调时 NO_x 的排放几乎多一倍。

2001 年以后，美国排放标准中引入了 SFTP 测试循环。它是由 FTP75，SC03 和 US06 这 3 个循环组成的，以适应对速度变化较频繁以及带空调的运行状态的检测。SFTP 循环的具体组成是：

带空调车：35％FTP75＋37％SC03＋28％US06

无空调车：72%FTP75＋28%US06

引入 SFTP 循环后，车辆必须同时满足用 FTP75（表 7－1）和 SFTP（表 7－10）两个测试循环的排放限值。

表 7－10 美国轻型汽车排放限值（SFTP 测试循环）

保证里程/km	$(NMHC+NO_x)/(g\cdot km^{-1})$	CO 的排放量/$(g\cdot km^{-1})$		
	SFTP	SFTP	SC03	US06
80 000	0.404	2.11	1.86	5.59
160 000	0.566	2.61	2.30	6.90

对于重型车用柴油机，美国从 1973 年开始用稳态 13 工况法进行测试，加权计算污染物排放量。从 1984 年起用瞬态测试循环取代了稳态 13 工况测试循环，以更好地模拟美国重型货车和公共汽车在城市中，包括市区和市郊的街道和高速公路上行驶情况的急剧变化。瞬态循环由 4 个段落组成。第一段为 NYNF（纽约街道）段，代表不太拥挤的市内交通，但有频繁的停车和起步；第二段为 LANF（洛杉矶街道）段，代表拥挤的市内交通，但停车不多；第三段为 LAFW（洛杉矶高速公路）段，模拟洛杉矶地区拥挤的高速公路交通；第四段重复第一段。发动机以出厂状态安装在试验台上，由控制计算机逐秒给出转矩和转速指令进行检测，每循环历时 1 200 s。瞬态测试采用全流稀释取样系统取样。

排放测试时瞬态循环要运行两遍。第一遍从冷启动开始（机油温度应控制在 20～24℃），结束后停机 20 min，再进行第二遍热启动循环。冷启动循环排放量与热启动循环排放量以 1∶7的比例进行加权平均。

2. 欧洲测试规程

欧洲轻型汽车的排放测试规程是由 ECE R15 规定的，由 3 组试验组成。第一组试验是工况法尾气排放试验，在底盘测功机上改变行驶工况来测量尾气排放。欧洲的行驶工况仅仅是城市行驶过程的一个简化代表，由 15 种行驶方式组成，通常称为“15 工况法”。整车要求在 20～30℃间至少静置 6 小时，然后冷启动后 40 s 怠速（不测量）运转，紧接着开始行驶试验，共进行 4 个 15 工况循环。该测试方法共持续 780 s，总行驶里程为 4.052 km，平均车速为 18.7 km/h。其中第二组试验为怠速测量，紧跟在第一组试验结束后进行，检查车辆在怠速工况下的 CO 排放浓度，用规定的工具可进行怠速调整。第三组试验测定汽车曲轴箱的排放。为了解决对城市中心以外的高速运行工况时排放的模拟，从 1992 年起，又增加了一个模拟汽车在市郊公路上行驶工况的市郊行驶循环（EUDC），平均速度为 62.6 km/h，最大速度为 120 km/h，最大加速度为 1.83 m/s^2，以补充原来的 15 工况法在考虑高速工况方面的欠缺。

与美国的测试规程相比，欧洲的运行工况要简单得多，由匀速、匀加速和匀减速运动组成，这种脱离真实工况的试验必然导致测试结果的严格性下降。有关研究表明，欧洲测试规程对尾气排放的估计要比实际情况低 15%～25%。而且，试验中的最大加速度为 1.04 m/s^2，也大大低于美国测试规程的要求，因此其结果的可信度要低一些。

对于重型车用柴油机，直到 20 世纪末，欧洲一直采用 ECER49 稳态 13 工况测试循环（参见表 7－11）测量排放。气态污染物用直接取样系统取样，也可用稀释取样系统取样。颗粒排放可用全部取样或部分取样的分流稀释风道取样系统取样，但最好用全流稀释风道（一级稀释或二级稀释）取样系统。在每一测试工况，通过进气和燃油流量的测量求得发动机的排气流量，乘上测出的各种污染物浓度，可算出该工况的排放量，再除以测得的功率就可算出比排放量。每工况的比排放量乘以该工况的加权系数，按工况累加，就可最终得到该测试循环下的比排放量指标。

表 7－11　重型车用柴油机排放试验 13 工况规范及各工况的加权系数

工况序号	柴油机转速	负荷百分比①	加权系数	工况序号	柴油机转速	负荷百分比①	加权系数
1	怠速转速	0	0.25/3	8	标定转速③	100	0.10
2	中间转速②	15	0.08	9	标定转速③	75	0.02
3	中间转速②	25	0.08	10	标定转速③	50	0.02
4	中间转速②	50	0.08	11	标定转速③	25	0.02
5	中间转速②	75	0.08	12	标定转速③	10	0.02
6	中间转速②	100	0.25	13	怠速转速	0	0.25/3
7	怠速转速	0	0.25/3				

① 负荷百分比，指在发动机某一转速下可得到的最大转矩的百分数。

② 如果柴油机的最大转矩转速 $n_T=(0.6\sim0.75)n_p$（n_p 为标定转速），中间转速就是 n_T，否则中间转速等于 0.6 n_p。

③ 标定转速 n_p，指制造厂在使用说明书中规定的发动机最大功率工况的转速，或调速器所允许的满负荷最高转速。

从 2000 年开始实施的欧洲Ⅲ标准，采用了一种新的 13 工况法，称为欧洲稳态测试循环（ESC），如表 7－12 所列。

表 7－12　重型车用柴油机排放测试用的欧洲稳态测试循环

工况序号	柴油机转速	负荷百分比	加权系数	运行时间/min
1	怠速转速	0	0.15	4
2	A	100	0.08	2
3	B	50	0.10	2
4	B	75	0.10	2
5	A	50	0.05	2
6	A	75	0.05	2

续表 7-12

工况序号	柴油机转速	负荷百分比	加权系数	运行时间/min
7	A	25	0.05	2
8	B	100	0.09	2
9	B	25	0.10	2
10	C	100	0.08	2
11	C	25	0.05	2
12	C	75	0.05	2
13	C	50	0.05	2

3. 日本测试规程

日本的测试规程与欧洲相似。在1991年之前，日本一直采用10工况热启动法来模拟拥挤的城区工况。10工况循环需进行6次，对后5次进行尾气排放测量。1991年11月起，10.15热启动工况代替了原来的10工况法试验，即在原来的基础上，增加一个15工况循环测试，最大速度达到70 km/h。对于冷启动的排放，通过11工况法冷启动试验进行测试，试验共进行4次，4个循环全部进行排放计量。

7.2 我国控制汽车排放的标准和技术政策

与发达国家相比，我国机动车排放污染控制起步较晚，并且汽车工业生产技术和汽车零配件质量与国际水平相比也有较大差距。与国外相比，从排放的角度看，我国汽车排放有两个方面的特点：

① 我国机动车排放标准比较宽松，车辆排放控制水平低，机动车单车排放因子很大，而且汽车产品的可靠性和耐久性不过关；

② 车辆维修服务体系不完善，在用车普遍车况差，加之城市配套基础设施相对落后，机动车运行的工况条件较差，加重了车辆的污染物排放。在人口和交通集中度很高的中国城市，这些排放造成的空气污染问题很突出。

我国机动车污染控制工作始于1979年《中华人民共和国环境保护法（试行）》颁布以后，1984年4月1日起实施GB3842～3844—83四冲程汽油车怠速排放污染物、柴油车自由加速烟度、柴油车全负荷烟度等排放标准。1989年制定了参照ECE15—03和采用ECE15—04法规的GB11641～GB11642—89轻型汽车污染物排放标准。1994年5月起实施GB14761.1～14761.7—93等7项汽车排放标准，对汽油车怠速污染物、柴油车自由加速烟度和全负荷烟度排放限值有所加严。由于世界3大排放标准体系中，欧洲法规在标准的松严程度、道路交通情况等方面相对较适用于我国的实际情况，我国在充分吸收欧美的经验后，全面等效采用了欧盟(EU)指令、ECE 技术内容和部分前欧共体(EEC)法规的基础上形成了中国排放法规体系。1999 年国家颁布了 4 项等效采用欧洲排放法规的 GB3847—1999《压燃式发动机和装用压燃式发动机的车辆排气可见污染物限值及测试方法》、GB14761—1999《汽车排放污染物限值及测试方法》、GB17691—1999《压燃式发动机和装用压燃式发动机的车辆排气污染物限值及测试方法》和 GB/T17692—1999《汽车用发动机净功率测试方法》标准。1998 年我国实施的 GB14761. 1—93 达到了 ECE15—04 法规规定的限值，1999 年 1 月 1 日北京率先实施了相当于欧Ⅰ法规限值的 GB11/105—1998《轻型汽车排气污染物排放标准》，2000 年 1 月 1 日在全国实施了相当于欧Ⅰ限值的 GB14761—1999 标准，后来该标准于 2001 年 4 月 16 日被 GB18352. 1—2001《轻型汽车污染物排放限值及测量方法(Ⅰ)》代替，而 GB18352. 2—2001《轻型汽车污染物排放限值及测量方法(Ⅱ)》等效于欧Ⅱ排放法规，于 2004 年 7 月 1 日起在全国实施；等效于欧Ⅲ的国家标准 GB18352. 3Ⅻ2005《轻型汽车污染物排放限值及测量方法(Ⅲ)》，于 2007 年实施；等效于欧Ⅳ的国家标准 GB18352. 3Ⅻ2005《轻型汽车污染物排放限值及测量方法(Ⅳ)》，将于 2010 年实施。中国轻型汽车Ⅲ，Ⅳ号排放标准在污染物排放限值与欧Ⅲ、欧Ⅳ标准完全相同，但在实验方法上做了一些改进。

我国部分现行的汽车排放限值标准体系如表 7 - 13 所列。

表 7 - 13　我国汽车排放限值标准体系

序　号	标准项目	标准及其编号		标准适用范围
1	轻型汽车排气污染物排放标准及测量方法	限值方法	GB1476. 193 GBT1164289	400 kg≤总质量≤3 500 kg
2	车用汽油机排气污染物排放标准及测量方法	限值方法	GB1476. 293 GBT1164293	总质量>3 500 kg 的汽油车
3	汽油机燃油蒸发污染物排放标准及测量方法	限值方法	GB1476. 393 GBT1164393	汽油车
4	汽车曲轴箱污染物排放标准及测量方法	限值方法	GB1476. 493 GBT1134089	汽油车
5	汽油车怠速污染物排放标准及测量方法	限值方法	GB1476. 593 GBT384593	汽油车
6	柴油车自由加速烟度标准测量方法	限值方法	GB1476. 693 GBT384693	柴油车

续表 7-13

序 号	标准项目	标准及其编号		标准适用范围
7	汽车柴油机全负荷烟度排放标准及测量方法	限值方法	GB1476.793 GBT384783	柴油车
8	摩托车排气污染物排放标准及测量方法(2 项)	限值方法怠速法	GB1462193 GB1462293 GBT546693	摩托车

GB18352 等排放标准的实施，明显缩短了我国与国外汽车污染物排放标准的差距，但对照我国《机动车排气污染物防治技术政策》要求，我国现行的汽车污染物排放标准仍落后欧洲 5 年以上。

7.3 排气污染物的检测

排放法规的核心内容实际上是两个，即实验方法和排放限值。本节主要针对排放检测方法进行讨论，包括检测试验方法和取样方法。

7.3.1 排气污染物的检测方法

1. 工况法与怠速法

汽车排放污染物检测，从试验方法划分，主要有怠速法和工况法两种。怠速法是测量汽车在怠速工况下排气污染物的方法，一般仅测 CO 和 HC，测量仪器采用便携式排放分析仪。这种方法具有简便易行、测试装置价格便宜和便于携带以及检测时间短等优点；但测量结果缺乏全面代表性，测量精度较低。怠速法可作为环保部门对在用车的排放进行监测，以及汽车修理厂对车辆的排放性能和发动机是否正常工作进行简易评价。

工况法是将汽车若干常用工况和排放污染较重的工况组合在一起来测量污染物的排放，以期综合全面地评价车辆的排放水平。

与怠速法相比，工况法检测结果可以比较全面地反映汽车排放水平，一般用于新车的认证许可检测和出厂抽查检测；但其试验设备的价格往往是怠速法的 100～200 倍。

2. 轻型车与重型车

工况法又根据轻型车和重型车而有具体不同的试验方法。对于轻型车和重型车的定义各国不完全统一，但一般将总质量在 400～3 500(或 4 000)kg 范围内，乘员在 9～12 人以下的车辆作为轻型车，为了与农用车区别，还规定最高车速应为 50 km/h 以上；而总质量在 3 500（或 4 000）kg 以上的作为重型车。

轻型车的排放检测，要求以整车在底盘测功机上进行（也有在发动机台架上进行的）。被检车辆按规定的测试循环运转，试验结果用单位行驶里程的排放质量（g/km）表示。世界各国的排放法规中，对测试装置、取样方法和分析仪器的规定基本是一致的，但测试循环和排放限值的差别较大。

重型车的排放检测只要求在发动机台架上进行，其结果用发动机的比排放量表示，因为能进行重型车试验的底盘测功机价格太昂贵。

3. 排放限值

工况法检测的排放限值一般分为两类，即形式认证试验限值和产品一致性试验限值。形式认证试验是指对新设计车型的认证试验。产品一致性试验是指对批量生产车辆的试验，要求从成批生产的车辆中任意抽取一辆或若干辆进行试验。一般而言，形式认证试验限值严于产品一致性试验限值，但这两种排放限值现在有合二为一的趋势。

7.3.2 排气污染物的取样系统

1. 轻型车工况法测试的取样系统

对于轻型车工况法排放测试循环的取样系统，目前世界各国的排放法规都规定用定容取样（CVS）系统，如图 7－3 所示。被测车辆在转鼓试验台上按规定的工况法测试循环运转，全部排气排入稀释风道中，按规定的比例与空气混合，形成流量恒定的稀释排气，将其中一小部分收集到采样气袋中。美国 FTP75 测试循环（见图 7－2）要求各阶段分别采样，即将过渡段、稳定段和重复过渡段期间排出的废气分别采入 3 个气袋中。欧洲测试循环和日本测试循环则将整个循环期间的全部废气采入一个气袋中。测试循环结束后，用规定的分析仪器分析测量采样气袋中各种污染物的浓度，再乘上定容采样系统中流过的稀释排气总量，可得到各种成分的总排放量；然后分别除以测试循环的总运转里程数后得到比排放量指标（g/km）。

底盘测功机的种类，按吸收功率的方式可分为水力测功机和电力测功机，按转鼓个数可分为单鼓（1 鼓）和双鼓（2 鼓），其性能特点如表 7－14 所列。目前，日本和欧洲各国以单鼓电力测功机为主流，而美国正从双鼓水力测功机向单鼓电力测功机转变。

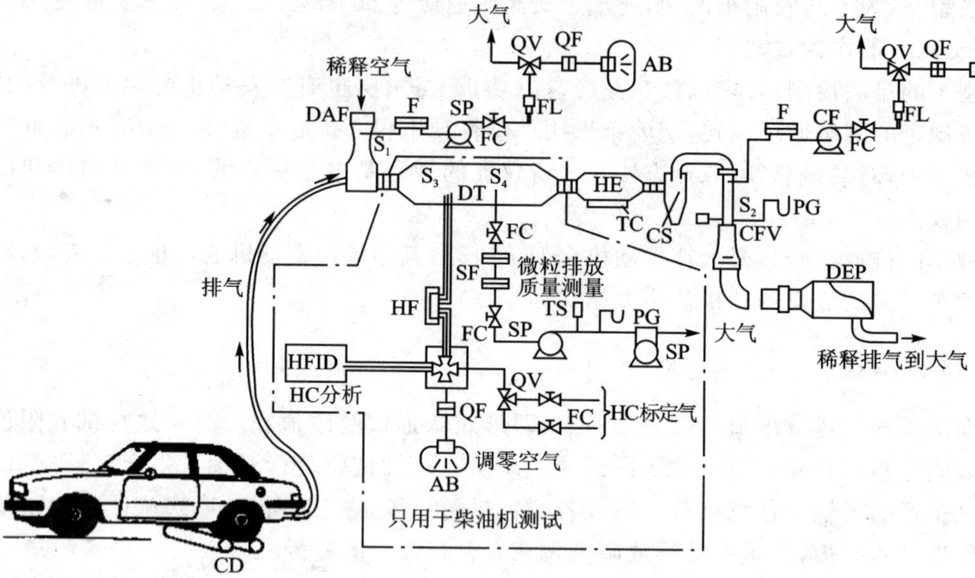

图 7-3 用于轻型车工况法测试的定容采样系统(CFV/CVS 系统)

表 7-14 底盘测功机的种类和特点

测功机	转鼓数量	惯性控制方式	特 点
水力测功机	2 鼓(轴)	机械惯性	小型、低价格 行驶阻力设定精度低
电力测功机	2 鼓(轴) 1 鼓(轴)	机械惯性 机械/电力并用型 电力惯性	大型、高价格 行驶阻力设定精度高 可进行反拖运转

2. 发动机台架测试的采样系统

在发动机台架上进行排放测试时，一般采用直接采样分析方法，即被测样气不经稀释直接进行分析。为防止一些气体成分在常温下发生冷凝，必须对采样管等部分进行加热。如图 7-4 所示的直接采样系统，用氢火焰离子化检测仪 FID 检测 HC 时，包括取样探头 1、粗滤器 2、逆向清扫系统 3 和取样泵 4 在内的取样系统都被加热并保持在 130 ℃(汽油机)或 190 ℃(柴油机)。

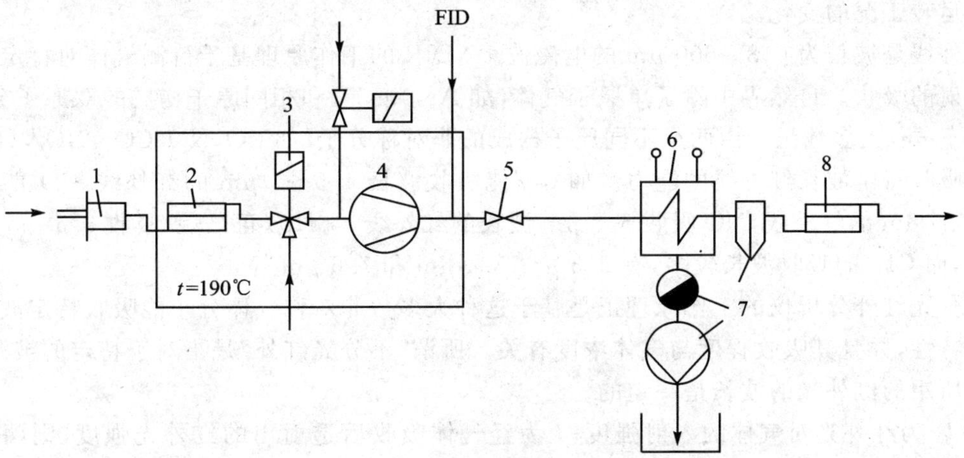

1—取样探头；2—粗滤器；3—逆向清扫系统；4—取样泵；5—减压器；6—气样冷却器；7—冷凝液分离器；8—细滤器

图 7-4　发动机台架测试的采样系统

7.4　排气污染物的试验设备

为了使内燃机排放物测量的结果具有较高的精度和可比性，除了要确定试验工况及试验规范外，还要采用较精确的测量方法及仪器。目前，法规规定的需要测量的污染物，对汽油机来说，有 CO，HC，NO_x 和燃料蒸发量；对柴油机来说，则通常是 CO，HC，NO_x，烟度或颗粒。

本节主要讨论排气污染物的测量方法及其相关试验装置。测量方法又分为气体成分测量和颗粒及碳烟的测量两类，而对非排气成分测量则用密闭室收集法等方法。

7.4.1　气体成分的测量

用于发动机气体排放污染物测量的方法主要有 3 种，即：用不分光红外分析仪测量 CO 和 CO_2；用化学发光分析仪测量 NO_x；用氢火焰离子分析仪测量 HC。世界各国在工况法检测标准中都严格规定必须采用上述测试方法。但怠速法检测标准中略有不同，一般用不分光红外法测量 CO，CO_2 和 HC。在试验研究中，对排气气体成分和浓度的分析可采用气相色谱仪。

1. 不分光红外分析仪

不分光红外分析仪（NDIR）是目前测定 CO 和 CO_2 浓度的最好方法，其量程上限为 100%，下限可到微量（10^{-6}），甚至痕量（10^{-9}）。当 CO 和 CO_2 浓度较高时，排气中的干扰成分对测值的影响可忽略不计。不分光红外分析仪采用连续取样系统，能记录 CO 和 CO_2 浓度随发动机运转工况的变化。

红外线是波长为 0.8～600 μm 的电磁波。NDIR 的工作原理基于待测气体对特定波长红外线辐射的吸收。自然界中除了单原子气体(如 Ar,Ne 等)和相同原子构成的双原子分子(如 O_2,N_2等)外,大多数至少由两个不同原子构成的非对称分子(如 CO,NO,CO_2,NO_2,H_2O 等)都具有吸收特定波长红外线的能力。如 CO 能吸收波长 4.5～5 μm 的红外线,CO_2能吸收波长 4～4.5 μm 的红外线,NO 吸收 5.3 μm 波长的红外线,C_6H_{14}(正己烷)吸收 3.5 μm 波长的红外线,而 CH_4的吸收波长较多,有 2.3 μm,3.4 μm 和 7.6 μm 等。

不分光红外分析仪的工作原理正是基于这种大多数非对称气体分子能吸收特定波长段红外线的特性,并且其吸收程度与气体浓度有关。所谓"不分光红外"是指对于特定的被测气体,测量时所用的红外光的波长是一定的。

设 I_0 为红外光对气体的入射强度,I 为经气体吸收后透射出的红外光强度,则两者的关系遵循比尔-朗伯(beer - lambert)定律,即

$$I = I_0 e^{-k_\lambda cl} \tag{7-1}$$

式中:k_λ——气体对波长为 λ 的红外光的吸收系数,对于某一特定成分,k_λ 为常数;

c——气体浓度;

l——红外光透射过的气体厚度。

由式(7-1)可知,当入射的红外光强度 I_0、待测成分(k_λ)及其厚度 l 一定时,透射的红外光强度 I 就成为待测气体浓度的单值函数。

图 7-5 为 NDIR 分析仪的工作原理示意图。在参比室里充满了不吸收红外线的气体(如 N_2),被测气体流过分析室,从红外光源射出的强度为 I_0 的红外射线经过旋转的光栅(截光盘)周期性地射入参比室和分析室,由于被测气体吸收红外线,使得透射过分析室的红外线减少,其强度变为 I;而参比室内的气体不吸收红外线,其透射红外线强度仍保持为 I_0;两室透射出的红外线周期性地进入检测器。检测器有两个接收室,里面充有与被测气体成分相同的气体,中间用兼作电容器极板的金属膜片隔开。接收室中的气体周期性地被红外线加热,因而产生周期性的压力变化。由于来自分析室的红外线强度 I 小于来自参比室的红外线强度 I_0,使金属膜片向分析室一侧凸起,电容量减少,并且正比于被测气体的浓度。把电容量的变化调制为交流电压信号的变化,经放大器后显示在指示仪或其他输出装置上。

设置滤波室是为了防止其他气体对被测成分的干扰。如分析 CO 的 NDIR,在滤波室中充以 CO_2和 CH_4,分析时就不会受到排气中 CO_2和 CH_4的干扰。采用旋转光栅的目的是为了产生交流电压输出信号,因为交流信号放大器的无漂移特性一般好于直流放大器。另外,检测器除电容式的以外,也可用半导体等方式。

利用待测气体吸收特定波长红外线的能力,不分光红外分析仪除了具有图 7-5 所示的结构外,还有另一种结构形式,如图 7-6 所示。

图 7-6 所示的不分光红外分析仪,利用在不同气室里填充气体(惰性气体和目标气体),

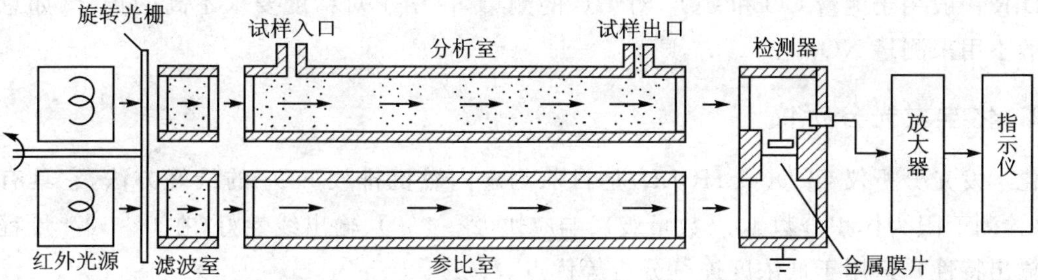

图 7-5　NDIR 的测量原理(Ⅰ)

测量光源通过不同气室时,被测气体对红外光的不同削减,来获取被测气体的浓度。

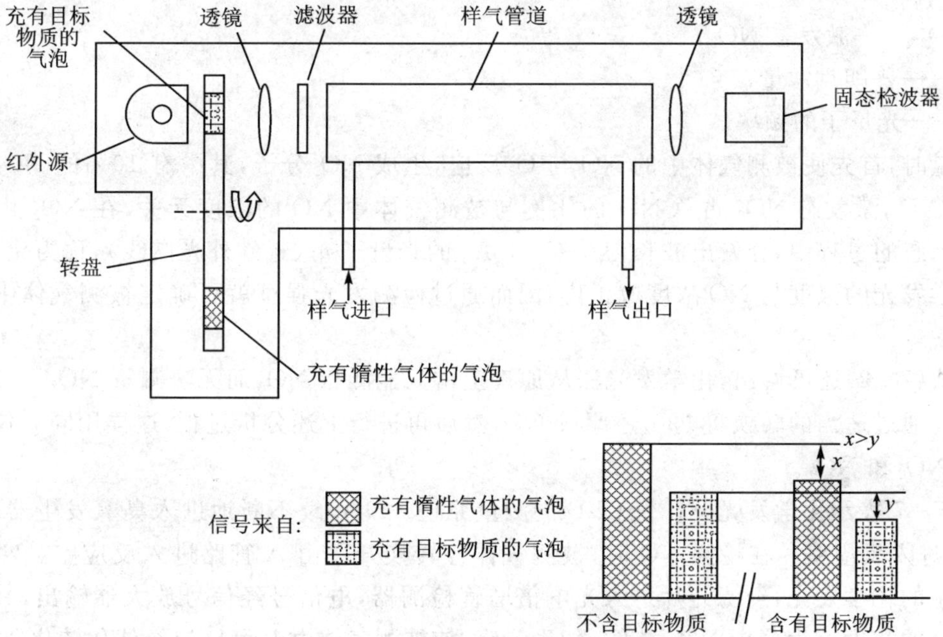

图 7-6　NDIR 的测量原理(Ⅱ)

NDIR 具有灵敏度高、测量范围大的优点,可测量分析 CO,CO_2,CH_4,C_6H_{14},SO_2,H_2O,NO,NO_2 以及 NH_3 等 70 多种气体成分。当然,测量时须在检测器的接收室内封入相应的气体。

应当注意的是,内燃机排气中有上百种 HC,而 NDIR 只能检测某一波长段的 HC。如在检测器的接收室内充填正己烷,则测量仪器对饱和烃敏感,而对非饱和烃和芳香烃不敏感。因而测量结果仅反应了饱和烃的含量。

另外,用 NDIR 测量 NO 时,由于输出信号非线性以及易受干扰,造成测量精度较低。因而 NDIR 一般用于测量 CO 和 CO_2，对 HC 的测量，仅用于对精度要求不高的场合(如怠速)，但一般不用来测量 NO_x。

2. 化学发光分析仪

化学发光分析仪 CLD(或 HCLD)是目前测定内燃机排放 NO_x 的最好方法，它具有灵敏度高(检测下限为体积分数 10^{-7} 数量级)、响应快(2～4 s)、输出线性好(在 0～10^{-2} 量程内呈线性输出特性)、适用于低浓度连续分析等优点。

用化学发光法测量 NO_x 的原理为

$$NO + O_3 = NO_2^* + O_2 \tag{7-2}$$

$$NO_2^* = NO_2 + h\nu \tag{7-3}$$

式中：NO_2^* ——激发态 NO_2；

h——普朗克常量；

ν——光量子的频率。

测量时，首先使被测气体中的 NO 与 O_3 反应，生成 NO_2 分子，其中有 10％的 NO_2 处于激发态(NO_2^*)，激发态 NO_2^* 占总 NO_2 的比例与被测气体中 NO 的浓度无关，在 NO_2^* 由激发态衰减到基态的过程中，会发出波长为 0.6～3 μm 的光量子 $h\nu$(近红外光谱线)，称为化学发光。这种化学发光的强度与 NO 浓度成正比，因而通过检测发光强度就可确定被测气体中 NO 的浓度。

由式(7-2)还可看出，化学发光法从原理上讲只能测量 NO，而无法测量 NO_2。实际应用中可以先通过适当的转换将 NO_2 还原成 NO，然后再进行上述分析过程，这样用同一仪器也可以测得 NO_2 和 NO_x。

图 7-7 表示化学发光分析仪 CLD 的测量原理。O_2 持续不断地进入臭氧发生器，产生的臭氧 O_3 进入反应室。在检测 NO 时，被测气体经转换开关由 A 管路进入反应室。NO 与 O_3 反应产生的化学发光，经滤光片进入光电倍增管检测器，电信号经信号放大器输出，其测量结果是 NO 的浓度。为分析 NO_2 浓度，关闭 A 路，使被测气体由 B 管路流经催化转化器，NO_2 在此还原成为 NO，然后进入反应室。这样，仪器测得的是 NO 与 NO_2 的总和 NO_x，NO_2 浓度则等于 NO_x 与 NO 的浓度之差。设置滤光片的目的是为了滤除其他化学发光的干扰。

在实际测量中常会出现 NO_2 测值量过低的问题。一般原因有二：一是催化转化器老化，NO_2 向 NO 的转化率下降；二是 NO_2 可能溶解在冷凝水中。因此，在 NO_2 浓度较高的排放测量中(如直接取样测量柴油机排放时)，必须将取样系统加热。

CLD 除了可以测量 NO 和 NO_2 以外，如果在 CLD 前安装一个高温(700℃)不锈钢转换器，在测量 NO 和 NO_2 之前，把 NH_3 氧化为 NO，也可类似地测量排气中的 NH_3 浓度，这一般用于 SCR 系统中。

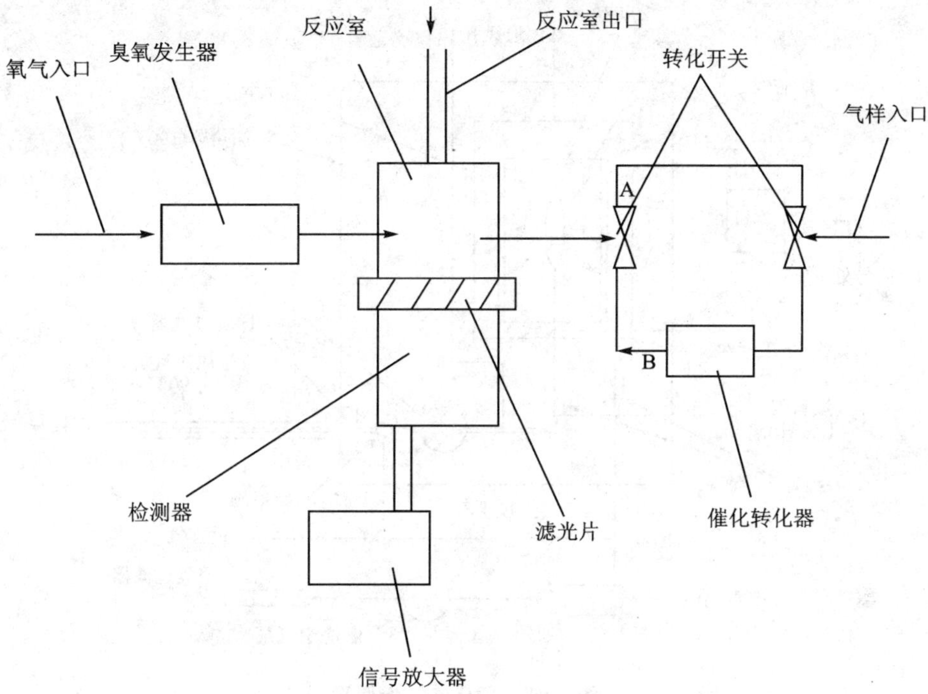

图 7-7　CLD 的测量原理

3. 氢火焰离子分析仪

氢火焰离子化分析仪 FID(或 HFID)是目前测定内燃机排气中碳氢化合物的最有效方法,有很高的灵敏度,其检测下限可达 10^{-9} 数量级,对环境温度和压力也不敏感。

FID 的工作原理是利用碳氢化合物在氢火焰的高温(2 000℃左右)中热致电离形成自由离子,而离子数与碳原子数基本成正比。

如图 7-8 所示,被测气体与含有 40% H_2(其余为 He)的燃料气体混合后进入燃烧器,在氢火焰的高温下,碳氢化合物裂解产生元素态碳,然后形成碳离子 C^+,在 100～300 V 外加电压作用下形成离子流,微弱的离子电流(约 10^{-12} A)经放大后输出。

FID 的测量结果不受水蒸气、H_2,CO 以及 CO_2 等无机气体的影响,但会受到碳氢化合物分子结构的影响。FID 测得的 C 原子数与实际 C 原子数之比,对烷烃不低于 0.95,对环烷烃和烯烃一般不低于 0.9,对芳香烃特别是含氧有机物(如醇、醛、醚、酮、酸等)会产生较大偏差。

为防止高沸点的 HC 在采样过程中发生凝结,应对采样管路加热。测量汽油机排气时应加热到 130℃左右,而柴油机则须在 190℃,并要求用加热式氢火焰离子化分析仪(HFID)。

FID 可测量体积分数为 10^{-7}～10^{-2} 浓度的 HC,而且线性和频响特性好。

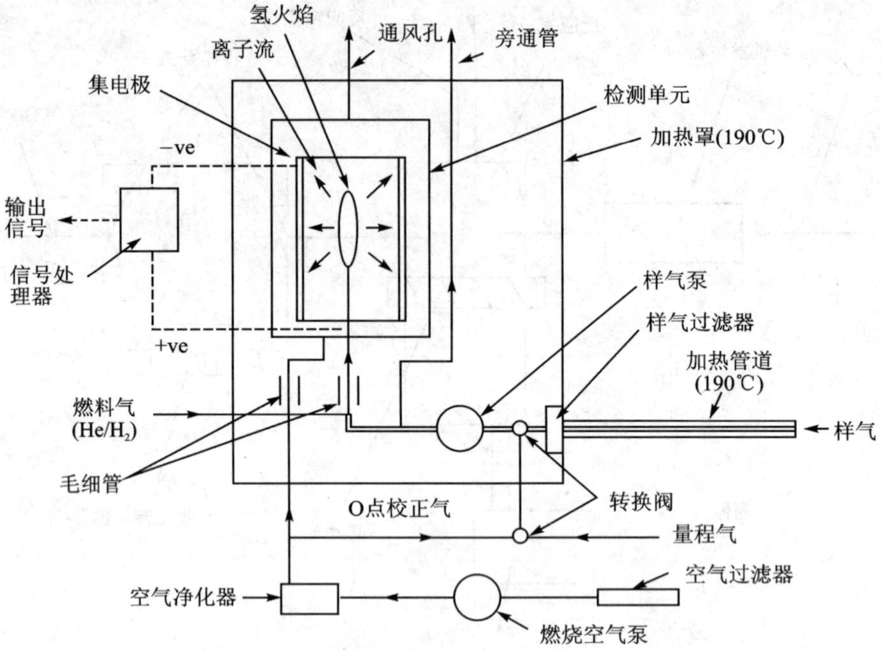

图 7-8 FID 的工作原理

4. 顺磁分析仪

在内燃机排放的研究中,有时需要测量排气中氧的浓度。氧浓度的测量可采用顺磁分析仪,其原理是基于氧的顺磁性。气体受不均匀磁场的作用时会受到力的作用,如果该气体是顺磁性的,此力指向磁场增强的方向;如果它是反磁性的,则指向磁场减弱的方向。大多数气体是反磁性的,只有少数气体是高度顺磁性的。氧是一种强顺磁性气体,氮氧化物有较弱的顺磁性,NO 和 NO_2的顺磁性分别为氧的 44%和 29%。因为内燃机排气中,氧的浓度要比 NO_x 高得多,所以可用顺磁分析仪测量排气中的氧浓度。图 7-9 表示一种顺磁分析仪(PMD)的原理。一对填充氮气的测试体用铂丝吊在永磁材料之间,测试体的位置通过测试体之间的镜子对光的反射来表示。当含氧气体通过测试体时,受磁场的作用,测试体的位置发生变化,镜子对光的反射发生变化,这个变化和氧的浓度成正比,由此可以测量被测气体中氧的浓度。

7.4.2 颗粒及烟度测量

柴油机排放的颗粒和黑烟虽然是两个不同的测量指标,但两者有着密切的关系。颗粒是由碳烟、可溶性有机物 SOF 和硫酸盐构成的,特别是在排放严重的中高负荷时碳烟所占比例

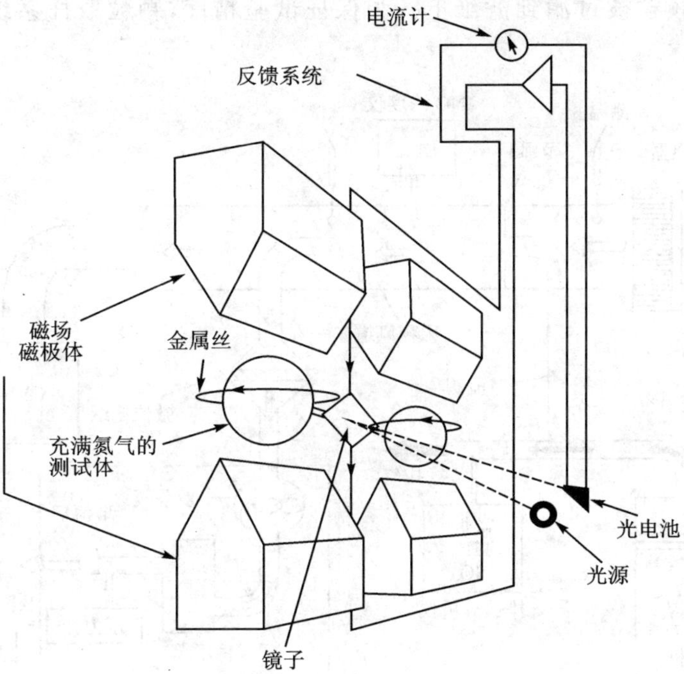

图 7-9　顺磁分析仪工作原理

很大,所以表征碳烟多少的排气烟度长期以来得到了广泛应用。尽管排放法规中规定了颗粒排放限值,颗粒测量是标准的测量方法,但比起烟度测量来,其设备复杂,价格昂贵,测量繁琐,因而难以普及,目前主要用于排放法规检测试验。

1. 柴油机排气颗粒的采集

颗粒的采集系统可分为两种,即全流式稀释风道采样系统和分流式稀释风道采样系统。前者将全部排气引入稀释风道里,测量精度高,但体积庞大,价格昂贵;后者仅将部分排气引入稀释风道里,因而体积较小。美国轻型车和重型车用柴油机排放法规以及欧洲轻型车排放法规中,规定要用全流式稀释风道测量柴油机颗粒排放;欧洲重型车用柴油机排放法规及我国 2000 年以后的新排放法规中,全流式和分流式系统都允许使用。

全流式稀释风道颗粒取样系统已于图 7-3 中所示。图 7-10 是一个分流式颗粒采集系统的示意图,带有排放法规所规定的定容采样装置 CVS。试验中,整车或发动机按规定的工况运转。在 CVS 抽气泵的作用下,环境空气经空滤器以恒定的容积流量进入稀释风道。发动机排出的废气进入稀释风道,并与空气混合,形成稀释样气,稀释比一般为 7～10,这种稀释方法模拟了由汽车排气管排出的废气在实际环境空气中的稀释状况,可以防止 HC 的凝结。在距排气入口处 10 倍稀释风道直径的地方,稀释样气在颗粒取样泵的抽吸下以确定的流速流过颗粒收集滤纸，使颗粒被过滤到滤纸上。为保证试验精度，颗粒取样系统往往并联地设置两套。

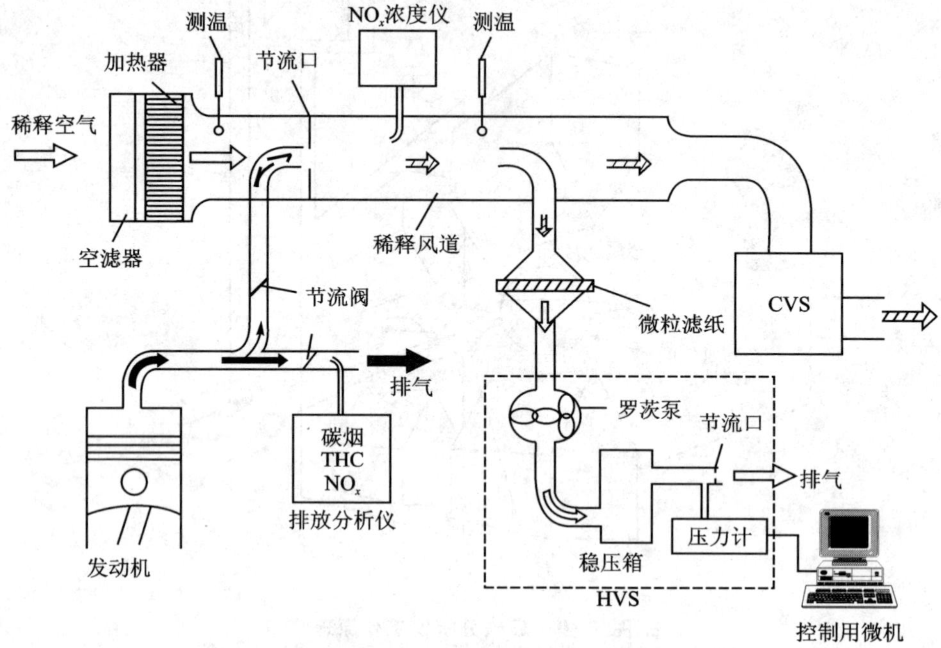

图 7-10 分流式颗粒采集系统示意图

用微克级精密天平称得滤纸在收集前后的质量差，就可得到颗粒的质量，并根据需要计算出单位行驶里程的比排放量(g/km，对于整车试验)或单位功的比排放量[g/(kW·h)对柴油机试验]。

全流稀释风道测量系统体积庞大，成本极高，难以普及使用。分流稀释风道测量系统由于仅取部分排气进行稀释和测量，体积和造价则要小得多，当然其测量精度不如前者。分流系统除在部分国家的排放法规中允许使用外，最主要的是用于研究开发和出厂产品检测。

2. 颗粒成分的测量方法

如前所述，颗粒主要是由碳烟、SOF 和硫酸盐组成的，根据各部分所占比例和具体组成成分，可以推测其产生的原因，为发动机和排气后处理系统的设计改进提供指导。因此，尽管法规中仅要求测量颗粒的总排放量，但在研究工作中经常要对颗粒的成分进行分析。

(1) 热解质量分析法(TGA)

这种测量要使用热质分析仪(图 7-11)进行，在惰性气体(如 N_2)环境中，将颗粒按规定的加热速率加热到 650℃，保温 5 min，使其中可挥发部分(VOC)挥发掉。根据加热过程前后颗粒样品的质量变化，就可求出 VOC 在颗粒总质量中所占比例。用热质法测得的 VOC 部分主要是高沸点 HC 和硫酸盐。然后，用合成空气（21%O_2+79%N_2）置换 N_2，在 650℃条件下，颗粒中的碳烟部分被空气中的 O_2 氧化，因而进一步减小的质量对应着碳烟部分。剩余的则是微量的灰分。

TGA 法的优点是准确快捷，能测出试样的质量损失率连续变化曲线，可据此定量分析 VOC 中的不同馏分，可以测定碳烟在各种条件下的氧化速率。如对 VOC 进行冷凝，可以继续对 VOC 进行定性分析。TGA 法的缺点是价格昂贵，且一次只能处理一个试样，需 1 小时左右，而且 VOC 不等同于 SOF，例如柴油机排气颗粒中的硫酸盐有些为 VOC，却不属于 SOF。TGA 测量中必须将颗粒试样与滤纸一起加热，而法规规定的涂聚四氟乙烯的滤纸不能满足耐热性要求（无涂层的玻璃纤维滤纸能基本满足要求）。在 TGA 分析中，必须考虑采样滤纸的质量损失（例如用白样试验）。

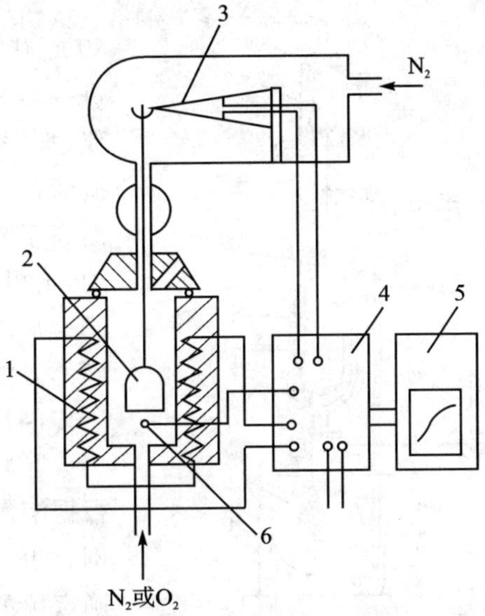

1—加热炉；2—试样皿；3—电子秤；4—控制器；5—记录显示器；6—温度传感器

图 7-11　热解质量分析仪原理图

(2) 真空挥发法(VV)

将颗粒样品置于真空干燥箱内，在一定的温度（一般为 200℃左右）和真空度（一般为 95 kPa以上）下加热 3 小时，使颗粒中的 VOC 很快挥发出来。一般只需处理 3 小时就可使样品质量稳定。这种方法所用设备简单，真空干燥箱具有较大的容积，一次可以同时处理几十个样品，具有很高的效率。虽然柴油机排气颗粒中的 VOC 并不完全等同于 SOF，但本方法与下面所述的索氏萃取法相比，测量结果差别不超过 10%，实用上没有问题。这种方法的主要缺点是不能记录被测试样的质量变化过程，收集 VOC 较困难。

(3) SOF 萃取及测量方法(SE)

溶剂萃取法是从复杂的混合物中萃取 SOF 的通用方法，被普遍用于从柴油机颗粒中分离 SOF。用有机溶剂（二氯甲烷）浸泡颗粒样品，根据相似相溶的原理，颗粒中的 SOF 便转移到溶剂中去了。为了提高溶解度，常采用能反复浸泡样品的索氏萃取法，具体作法是：将颗粒样品置于索式萃取器里的萃取溶剂中数小时，使颗粒中的 HC 充分溶解在溶剂中，将不可溶解部分滤掉，然后将溶剂蒸发掉，所剩即为可溶性有机成分 SOF。也可以将收集有颗粒的整张滤纸在萃取溶剂中放置数小时，根据萃取前后滤纸的质量差求得 SOF 的质量。索氏萃取法所用的装置如图 7-12 所示。

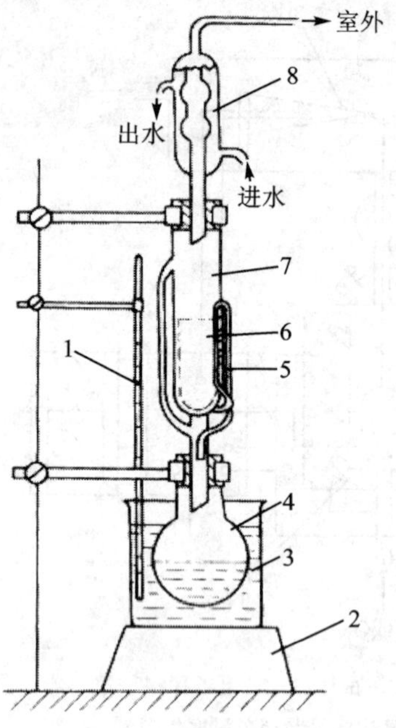

1—温度计；2—电炉；3—浴缸；4—烧瓶；5—虹吸管；6—样品；7—样品室；8—冷凝管

图 7-12　索氏萃取装置简图

SOF 与 VOC 的区别在于，SOF 中只有高沸点的 HC，而 VOC 中实际上还包括硫酸盐。可通过液相色谱仪对 SOF 作进一步分析。将含有 SOF 的二氯甲烷浓缩后送入液相色谱仪，根据色谱图获得 SOF 所含 HC 成分的种类及其浓度，以搞清各种 HC 的来源。一般认为，低于 C_{19} 的 HC 来自燃油，而高于 C_{28} 的 HC 则来自润滑油。如果将色谱仪与质谱仪连用，则可对复杂有机物进行更仔细的分析。

从原理上说，SE 法是测定柴油机排气颗粒中 SOF 最准确的方法，缺点是耗时多，操作较复杂。

(4) 硫酸盐的测量方法

颗粒中所含的硫酸盐可溶解于二甲基丙酮溶液或水中，根据溶解前后滤纸质量的变化，可求出硫酸盐在颗粒中的比例。也可用测量含有硫酸盐的二甲基丙酮溶液导电性的方法确定硫酸盐质量。

3. 烟度的测量方法

由于柴油机排气颗粒的生成以碳烟粒子为核心，虽然表面凝聚着 SOF，但在中等以上负荷下碳烟占的比例大，SOF 比例小，所以，主要表征碳烟浓度的排气烟度测量长期以来一直得到广泛应用。虽然由于烟度测量结果重复性和可比性较差，不能成为符合排放法规的标准测量方法，但由于烟度测量设备(烟度计)简单、便宜，操作方便，在柴油机研究、开发工作中作为排放对比手段，以及在柴油机制造、生产过程中作为品质监控手段还是很有用的。

烟度的测量方法主要有两类，一类是先用滤纸收集排气黑烟，再比较滤纸表面对光的反射率来测量烟度，这种方法称为滤纸法或称反射法；另一类是根据光从排气中透射的程度来确定烟度，称为透光法或消光法。

(1) 波许烟度计

滤纸法中最早问世和目前使用最广泛的是波许(Bosch)烟度计，其他各种各样测量柴油机排气烟度的滤纸式烟度计都是它的变型和改进型。它主要由定容采样泵和检测仪两部分组成。定容采样泵由排气中抽取一定容积的样气(一般为 330 mL)，当样气通过滤纸时，其中的碳烟被收集在滤纸上。然后利用如图 7-13 所示的检测仪测量滤纸黑度。当光源的光线射向滤纸时，一部分光线被滤纸上的碳烟所吸收，另一部分光线被反射到环形的光电管上而产生光电流。光电流的大小反映了滤纸反射率的大小，而滤纸反射率则取决于滤纸黑度。滤纸黑度越高，则滤纸反射率越低。检测结果以波许烟度单位(BSU)表示，0 为无污染滤纸的黑度，10

为全黑滤纸的黑度。

波许烟度计结构简单，使用方便，能用于碳烟的质量测量，但不能用于变工况下的瞬态测量，也不能测量由油雾造成的蓝烟和白烟。由于柴油机排气颗粒中各种成分对光线的吸收能力不同，不同柴油机在不同工况下测得的烟度与颗粒质量之间没有完全的一一对应关系。

(2) 冯布兰德烟度计

冯布兰德(Von Brand)烟度计也是一种滤纸式烟度计。与波许烟度计的不同之处在于，它采用带状滤纸，送纸、抽气、过滤碳烟、检测滤纸黑度以及清洗均可自动进行，因而可以实现烟度的连续和自动测量。

(3) 哈特里奇烟度计

哈特里奇(Hartridge)烟度计是一种典型的透光式烟度计，其测量原理如图 7-14 所示。测量前，将转换手柄 5 扳至校正位置，使光源 1 和光电池 4 位于空气校正管 6 的两端(图上虚线所示)，鼓风机 7 将干净的空气引入校正管，对烟度计作零点校正，这样防止光通道上可能的污染对读数的影响。校正完后将转换手柄转至测量位置(光源和光电池位于图中实线所示位置)，使光源和光电检测单元分别位于测量管的两端，接通被测排放气体导入管，让被测气体连续不断地流经测量管，光电检测单元即可连续测出排放气体对光源发射光的透光度(或衰减率)，通过记录显示仪表，可以观察到烟度随时间的变化。

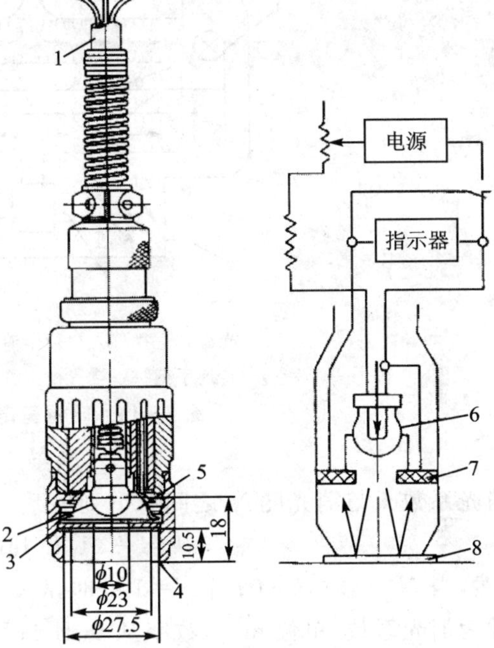

(a) 构造图　　(b) 工作原理图

1—电线；2—灯泡；3、7—光电元件；4—滤纸接合面；5—灯室；6—光源；8—滤纸

图 7-13　波许烟度计的检测仪

光电检测单元接收到的透射光强度称为透光度 $T(\%)$。

$$T = e^{-kL} \times 100\% \tag{7-4}$$

式中：k——消光系数，m^{-1}，表示光束被烟气消减的系数，它是烟气中颗粒浓度、颗粒平均投影面积和颗粒消光率的函数；

L——光通道的有效长度，m，即对密度梯度和边缘效应进行修正后的光束穿过被测烟气的长度。

消光度 N 为光源的光线不能到达光电检测单元的百分率，即

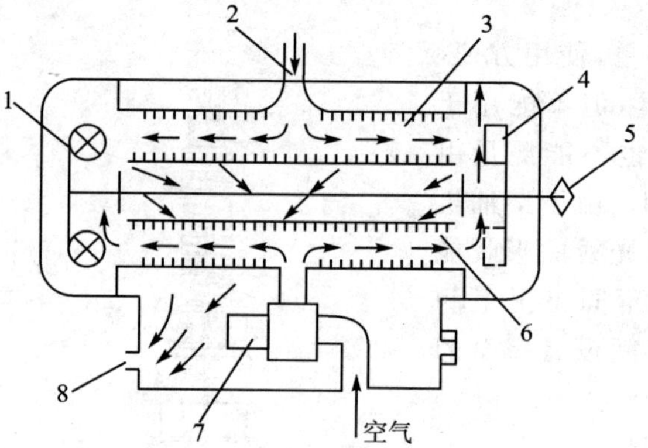

1—光源；2—排气入口；3—消光度测试管；4—光电池；
5—转换手柄；6—空气校正管；7—鼓风机；8—排气出口

图 7-14　哈特里奇烟度计基本结构

$$N = 1 - T$$

所以，消光系数 k 与消光度 N 之间有下列关系

$$k = -(1/L)\ln(1 - N/100) \tag{7-5}$$

显然，当 $N=0$ 时，$k=0$；当 $N=100$ 时，$k=\infty$。实际在仪器上，显示仪表上有两种计量单位：一种为消光系数，单位 m^{-1}，数字从 0 到 4；另一种为线性分度值 N，无单位，数字从 0 到 100。一般用消光系数 k 作为消光式烟度计的读数，N 只为了表达的方便，$N=0$ 表示被测烟气不吸光(完全无烟)，$N=100$ 表示光线完全被吸收。两种计量单位的量程，均以光全通过时为 0，光全遮挡时为满量程。

哈特里奇烟度计不仅能测量黑烟的烟度，而且也能测量排气中水汽和油雾等成分的烟气，如白烟或蓝烟。哈特里奇烟度计已被国际标准化组织(ISO)所推荐，因为它可以进行连续测量，在低烟度时有较高的分辨率，可用来研究柴油机的瞬态碳烟排放特性，以及按排放法规要求测量的自由加速烟度和有负荷加速烟度。

(4) PHS 烟度计

另一种透光式烟度计是美国国家环保局 EPA 推荐的 PHS 烟度计，其基本结构如图 7-15 所示。PHS 烟度计与哈特里奇烟度计的测量原理其本相同，主要区别是前者将全部排气导入测量系统，而后者仅将部分排气导入测量系统。

7.4.3　燃油蒸发污染物的测量方法

目前世界各国对汽油车燃油蒸发污染物的测量方法有两种，即收集法和密闭室法。其测量单位均为 g/测量循环。

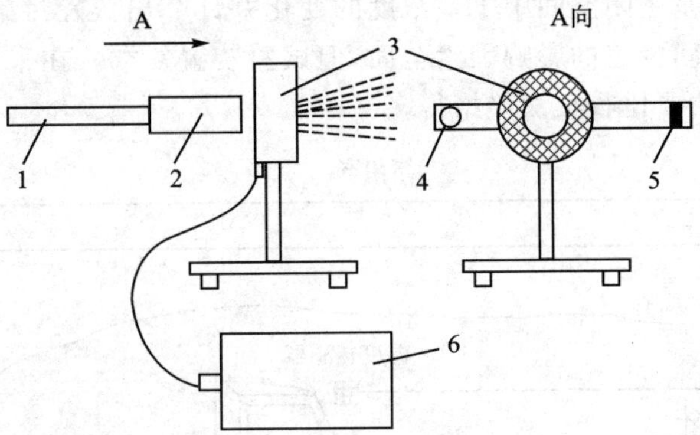

1—排气管；2—排气导入管；3—检测通道；
4—光源；5—光电检测单元；6—烟度显示记录仪

图 7－15　PHS 烟度计基本结构

收集法是指试验时将汽车燃油系统中有可能排放燃油蒸气的出口连接到收集器，以收集到的全部燃油蒸气的质量来评价排放量的方法。如图 7－16 所示，将装满活性炭的收集器分别连接到油箱加油口、空滤器和化油器通气口（图中未标出）上，在试验循环中收集燃油蒸气。每一试验循环由昼间换气损失、运转损失和热浸损失 3 部分组成。在测量昼间换气损失时，要求在 60 min 内，用包覆在油箱外的电热褥均匀升温，将燃油从 15℃加热到 30℃。收集在此期间所产生的油蒸气。在测量运转损失时，要求用整车（或发动机）在底盘测功机（或发动机台架）上按规定的不变工况运转 40 min，然后怠速运转 3 min，收集全过程所产生的油蒸气。关闭发动机后，迅速更换新的收集器，开始进行热浸损失测量，历时 60 min。将 3 部分试验中所用的全部收集器进行称量，每一收集器质量与收集前的质量差之和，即为蒸发污染物排放量。

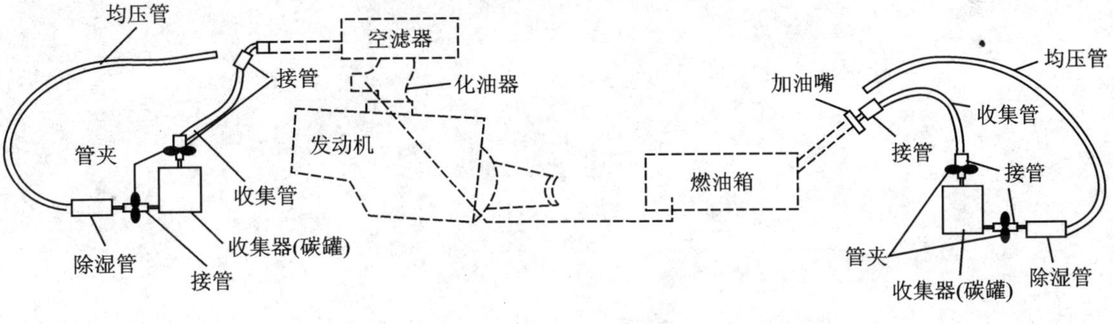

图 7－16　用收集法测定燃油蒸发污染的示意图

但随着发动机结构的改进以及蒸发排放控制系统的应用，汽油车的蒸发排放总量已大为减少，收集法已被更加精确的密闭室法（SHED）所代替。密闭室法的测试系统如图 7－17 所示，用密闭室法测量汽油车的蒸发排放量时，把被测试的车辆放在一个密封的小室内并对它实施规定的测试程序，测量密闭空间中 HC 浓度的变化并计算出蒸发污染物排放量。密闭室法较收集法的测量精度高，覆盖的影响因素全面，但试验装置复杂。在采用相同的排放限值(g/测量循环)时，密闭室法要比收集法严格得多。

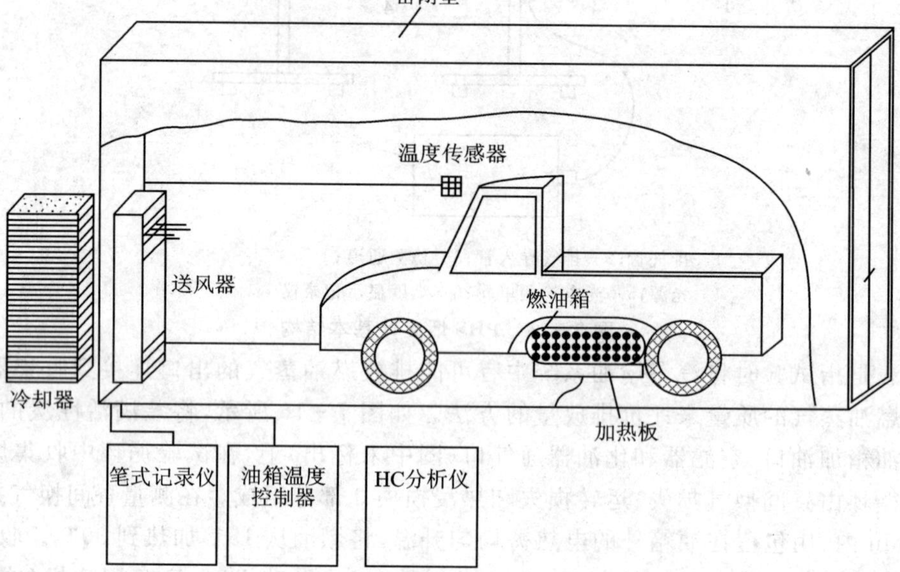

图 7-17　密闭室法测定燃油蒸发污染的示例

第8章　船舶发动机排放及其法规

目前，全球有85 000艘船的总吨数超过100吨，而其中99%以上采用内燃机作动力。以石油产品为燃料的船舶废气排放对环境的污染越来越严重。

本章主要讨论船舶内燃机的排放污染物及船舶内燃机排放法规。虽然不同发动机的排放在数量级上基本相同，但它们的实际排放量是不同的，本章中的排放物浓度和排放率数值只能作为说明使用。

国际海事组织(IMO)的统计表明，全球以柴油机为动力的船舶每年向大气排放的NO_x约为1 000万吨，SO_x约为850万吨，由于70%以上的海上船舶是在离海岸线约400公里范围内行驶，船舶大气污染已经到了不容忽视的地步，特别是在港口、海峡和一些航线密集、船舶流量大的海区，船舶排放的废气甚至成为该地区的主要污染源。另外，被污染的海洋大气可通过气候作用飘散到1 000 km以外的地区，对全球环境造成影响。船舶柴油机排放废气中的SO_x和NO_x等对大气环境造成的污染已引起国际社会广泛的关注。

8.1　船舶发动机排放

在内燃机众多的排放物中，相对而言，CO_2和SO_2的排放和燃烧过程的关系不像其他污染物那么密切，因此，在阐述柴油机主要排气成分之前，先简述CO_2和SO_2的排放。

8.1.1　二氧化碳

表8-1是一个低速柴油机在燃用渣油和运行在80%MCR工况下时，其排气的组成情况。

表8-1　低速柴油机排气的组成

CO_2	5.6%	CO	45 ppm
O_2	13.6%	NO_x	1 220 ppm
SO_2	660 ppm	PT	120 mg/m^3
HC	122 ppmC		

从表中可以看到，CO_2浓度的数量级明显大于其他污染物。与CO_2的含碳量相比，HC和CO总含碳量是很小的，因此，在考虑排气中C的情况时，可以用CO_2的量来代替。在实际发

动机中，由于空燃比的增加，CO_2的浓度将会随着负荷的降低而降低(而 O_2的浓度将会升高)，但是，即使在较小负荷的情况下，CO_2的浓度也远高于其他污染物的浓度。

发动机中，完全燃烧时，CO_2的形成过程可以用下式表示(以 kg 表示相对分子量)，

$$C\ (12\ kg) + O_2(32\ kg) = CO_2(44kg)$$

若以单位燃油产生的污染物表示，完全燃烧 1 kg 燃油(假设燃料中碳的质量比为 86%)将产生 0.86×(44/12)＝3.15 kg 的 CO_2。如果燃油含碳量的范围为 85.0%～87.2%(质量比)，则单位燃油的特性排放率范围为 3.12～3.20 kg CO_2/kg 燃油。同样，燃烧所产生的水蒸气为 0.94～1.22 kg 水/kg 燃油，其中不包含增压空气中的水蒸气。因此

CO_2的比燃料排放率——36.7×C kg CO_2/吨燃油，

H_2O 的比燃料排放率——90×H kg H_2O/吨燃油，

其中，C 是燃油中的碳含量(%，质量比)，H 是燃油中氢含量(%，质量比)。

对给定的燃料，所有柴油机，在负荷变化范围内，燃料的 CO_2比燃料排放率是固定不变的。但是，由于不同柴油机的热效率不同，以及在不同负荷时效率也不同，CO_2的比制动功率排放数值会有所不同。

8.1.2 二氧化硫

像 CO_2一样，硫燃烧生成的 SO_2也可以用如下化学方程式表示(以 kg 表示相对分子量)，

$$S\ (32\ kg) + O_2(32\ kg) = SO_2(64\ kg)$$

因此，完全燃烧 1 kg 燃油，假设含硫量为 2.5% (质量比)，将会生成 0.025×(64/32) ＝ 0.05 kg 的 SO_2。考虑到燃油含硫量的范围，燃料的比排放率可以认为是燃料硫含量的函数。

SO_2的比燃料排放率——20×S kg SO_2/吨燃油，

其中，S 是燃油的含硫量(%，质量比)。

上面 SO_2的计算式，是建立在假设燃油中所有的硫都以 SO_2的形式排出柴油机系统的基础上，以此来预测二氧化硫的排放率。其中，忽略了排气中少量的 SO_2变为 SO_3，通常用 SO_2的排放量来描述硫氧化物的排放量(SO_x)。

SO_2比排放率的数值和变化情况与 CO_2一样，都依赖于柴油机的热效率。

8.2 船舶柴油机主要排放物

8.2.1 碳氢化合物

船用柴油机的燃烧效率越高，HC 的排放越低，无论是以比制动功率排放量表示还是以比

燃料排放表示，当柴油机负荷高于 30%～40% MCR 时，实际的 HC 排放量通常低于 100～200 ppmC。图 8-1 所示是 HC 的比燃料排放率的趋势图。在低负荷区，负荷越低，排放率越大，虽然在低负荷区，空燃比很高，但 HC 排放还是会超过 300～500 ppmC。而与此相反，在高负荷区，排放率的变化相对平缓。

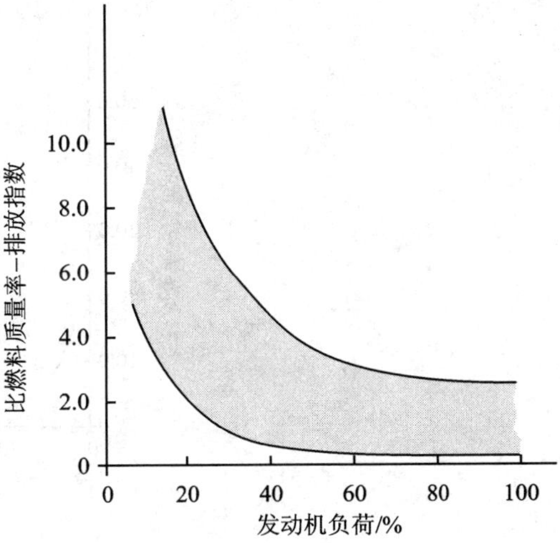

图 8-1　船用柴油机 HC 排放率

通常，在 50%～85%的负荷范围内，HC 排放用下式计算：

HC 比燃料排放率——2.4 kg HC/吨燃油

HC 比制动功率排放率——0.5g HC/(kW·h)

在 ISO 8178 内，E2 与 E3 测试循环中 25%负荷相对应的加权因子虽然比较低(0.15)，但是，由于低负荷时，HC 排放较多，与其他 3 个负荷的加权因子相比，此工况的排放明显地影响了总的加权排放值。在 D2 测试循环的情况下，这种趋势更加明显。D2 测试循环内，除了 25%负荷下的加权因子增加至 0.3 外，还包含了 10%负荷下的加权因子(0.1)。

虽然在柴油机和它的燃油喷射系统的设计中，考虑了 HC 的排放，但是实际使用中不当的维护保养(油泵、喷嘴和针阀导杆磨损、空滤器阻塞、涡轮增压器污染和气阀泄漏)或柴油机的不正确运行(例如正时和增压空气过冷)能明显地增大 HC 排放。

如前所述，HC 或颗粒(或两者)中包含一定量的有机微粒，如多环芳香烃和它们的硝酸基衍生物(PAH 和 n-PAH)。船用发动机实测的 HC 或颗粒(或两者)中的有机微粒的整体水平低于 0.3 mg/m^3。

8.2.2　一氧化碳

与汽油机相比，柴油机中较好的燃烧导致了较低的 CO 排放。在整个运行负荷范围内，CO 排放量通常低于 200～300 ppm。像 HC 的比燃料排放率一样，CO 的比排放量变化比较平缓(见图 8-2)，尤其在较高负荷范围内；而当负荷低于 20%～30%MCR 时，CO 排放值有明显的升高。通常，50%～85%负荷范围内的 CO 排放用下式进行计算：

CO 的比燃料排放率——7.4 kg CO/吨燃油

CO 的比制动功率排放率——1.6 g CO/(kW·h)

和 HC 排放一样，较低负荷时，CO 排放率大量增长的趋势表明，低负荷时的排放值明显影响了加权的排放值，特别是在包含 10%负荷点的 D2 测试循环的情况。

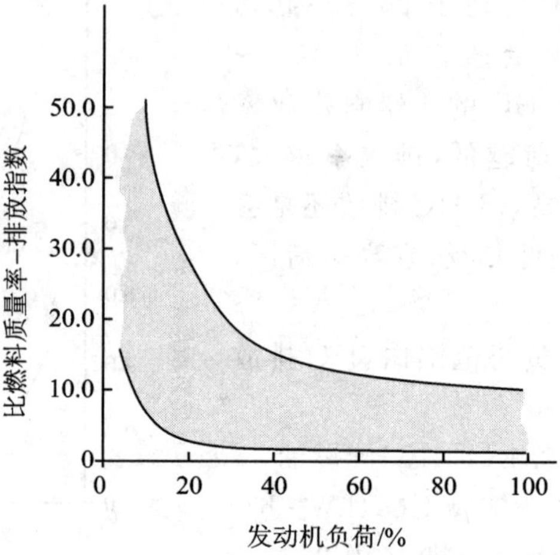

图 8-2 船用柴油机 CO 排放率

8.2.3 氮氧化物

与 HC 和 CO 排放相反，在整个负荷范围内，NO_x 的排放率的变化都比较大。发动机中 NO_x 排放是前述各因素综合作用的结果，这些因素控制了燃烧期 NO_x 的形成，发动机 NO_x 排放定义为排气管内 NO 和 NO_2 的总和，其中，NO 通常占 NO_x 总量的 90%～95%，当废气排入大气后，由于 NO 被氧化成 NO_2，此时 NO_2 占 NO_x 的大部分。发动机中的 NO_x 排放可以用浓度和发动机转速、扭矩的关系表示。同样，根据额定转速，以及柴油机是否以恒定转速运转，或是否符合螺旋桨特性，可以给出柴油机的运行特性。由此可见，可确定在任何负荷下的比燃料或比制动功率排放特性。对具体的柴油机，不同的用途会影响到 NO_x 的排放率。图 8-3 所示是功率为 8 000 kW 燃用渣油的低速柴油机 NO_x 的排放率。从图中可以得出，在 E2 测试循环下，NO_x 的排放率为 16.0 g/(kW·h)，而在 E3 测试循环下，NO_x 的排放率为 17.7 g/(kW·h)。在 E2 循环下，有限的 NO_x 生成时间限制了 NO_x 的排放。

NO_x 的比燃料和比油耗排放率取决于柴油机的结构、用途和设定等。例如，如图 8-4 和图 8-5 所示，发动机燃用柴油在中速(4 800 kW)和低速(8 100 kW)情况下，折算到 15%O_2浓度下 NO_x 的实测排放浓度在整个负荷范围内的变化情况。实际上，柴油机的 NO_x 的最大测量浓度通常在 800～2 000 ppm 范围内，高的排放值通常出现在较高的负荷范围内。

如图 8-5 所示，虽然在较低负荷下，NO_x 的浓度相对较低，但是，考虑到此工况下过量空气比较大和比油耗较高，用比制动功率排放表示的加权排放较高。图 8-4 和图 8-5 表示了其变化规律。

柴油机 NO_x 浓度和比制动功率排放率随负荷的变化没有通用的规律。图 8-6 所示的柴

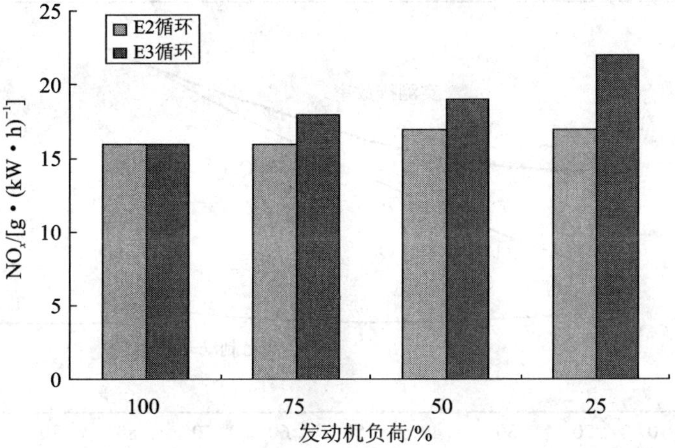

图 8-3　不同测试循环下的 NO_x 排放量

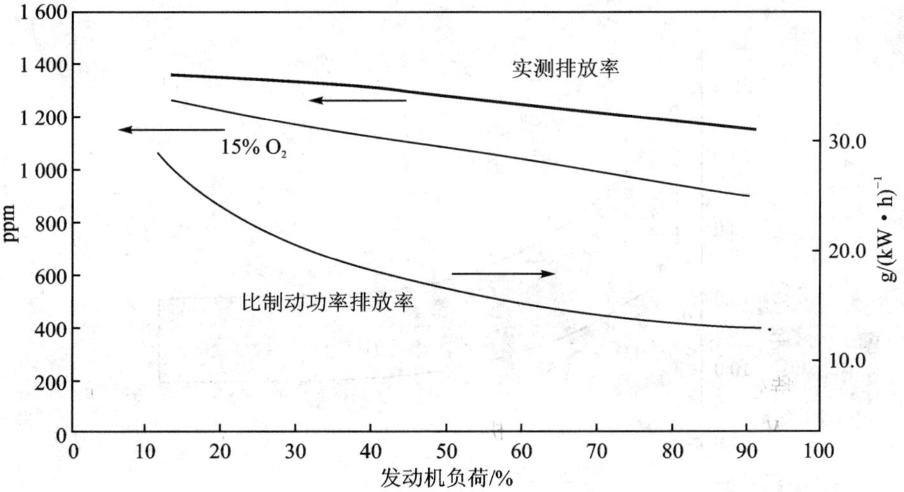

图 8-4　中速柴油机的 NO_x 排放量

油机 NO_x 排放率表明，柴油机的 NO_x 排放通常有很大的差异。图 8-6 表示了中低速柴油机的 NO_x 比排放率的一个变化情况(1992 年)，从中可以看出，转速较高的柴油机，排放率较低，同时，该图也表明，对任何特别的额定转速，NO_x 排放率变化较大(例如，对平均转速600 rpm 的发动机而言，大约有±25%的变化率)。

在正常工作条件下，当负荷为 50%～85% MCR 时，中速机的 NO_x 比排放率约为 8.3～21.8 g・(kW・h)$^{-1}$，而低速机为 11.5～23.6 g・(kW・h)$^{-1}$，这进一步表明了 NO_x 的变化情况。基于上述原因，在缺乏柴油机精确排放数据的情况下，可以利用下面的 NO_x 排放数据，

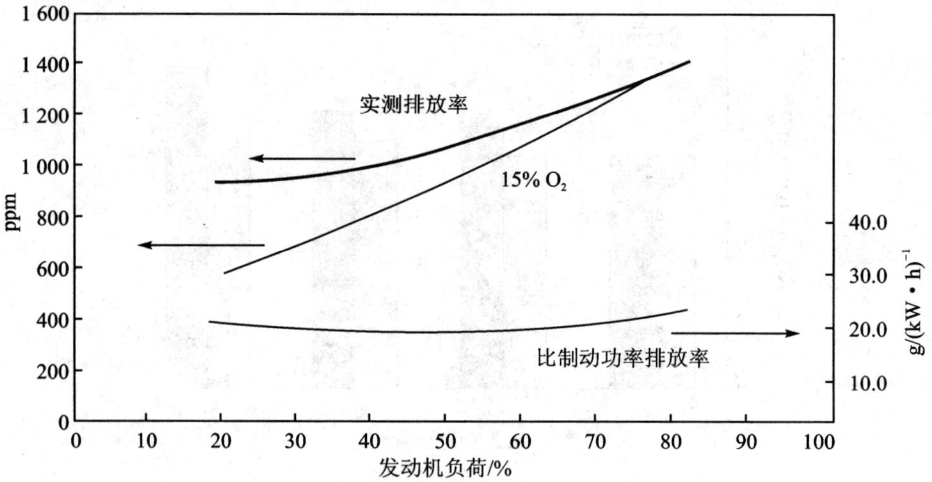

图 8-5 低速柴油机的 NO_x 排放量

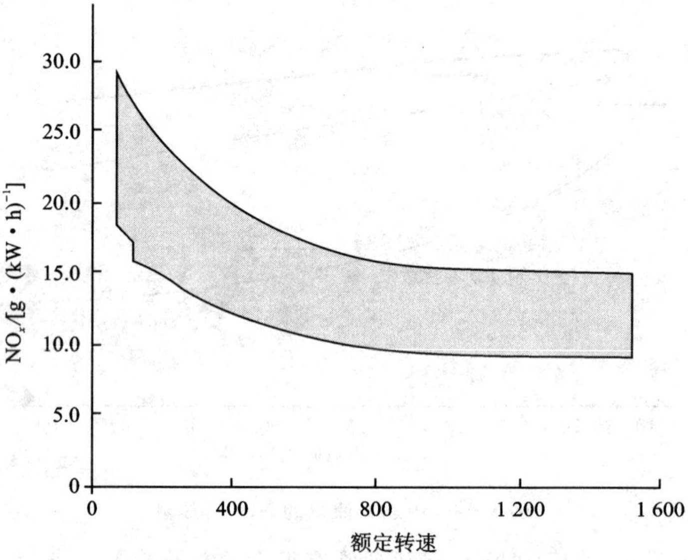

图 8-6 柴油机的 NO_x 的加权排放率

来估算船用柴油机排放量(船用柴油机功率范围在 50%～85% MCR 内)。

中速柴油机:

NO_x 的比燃料排放率——57 kg NO_x/吨燃油。

NO_x 的比制动功率排放率——12 g NO_x/(kW・h)。

低速柴油机:

NO_x 的比燃料排放率——87 kg NO_x/吨燃油。

NO_x 的比制动功率排放率——17 g NO_x/(kW·h)。

特别需要注意的是，在评估柴油机的性能时，应使用 NO_x 比排放率，因为减少燃料消耗，提高发动机效率，会导致 NO_x 排放率的增加。但是，对于比排放率，减少油耗，NO_x 排放增加。

虽然不同柴油机，NO_x 排放率变化较大，但对于特定发动机，如果配置和设置相同，基于同样的排放标准，其 NO_x 排放量基本相同。实践中，许多相同型号柴油机的 NO_x 排放值的差异，受实验差异的影响比发动机本身的差异影响更大。图 8－7 所示为针对船上燃用 4 种不同渣油的中速柴油机，9 个月内测量的排放值变化情况。如图所示，这种差异的范围大约为 2 g·(kW·h)$^{-1}$，相当于高负荷下 NO_x 排放率总量的 15%。

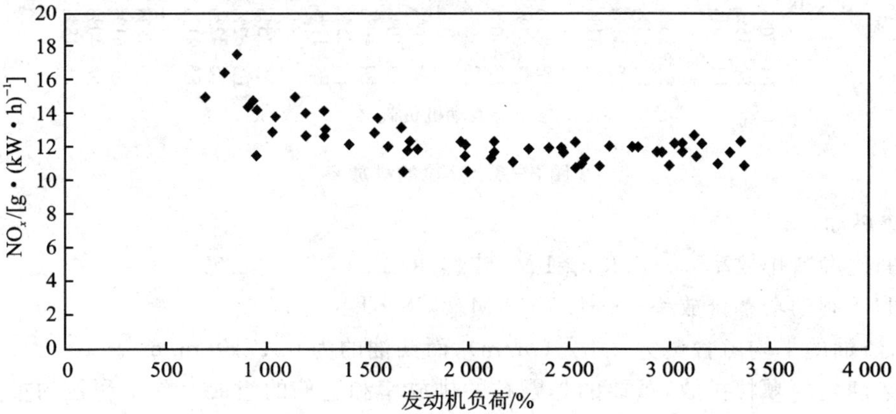

图 8－7　不同额定功率的发动机 NO_x 排放率的差异

8.2.4　颗　粒

为更好地说明不同的柴油机负荷范围内，颗粒的实际排放率的变化情况，图 8－8 给出了不同机型和燃用不同燃油的颗粒排放情况。其中，E3 和 E6 测试循环是在低速下进行的，而其他的是在中速下进行的，E4 和 E5 测试循环燃用柴油，而其他循环燃用渣油。从图 8－8 中可以看出，燃用渣油的柴油机一般会有较高的排放率，且燃用渣油的中低速柴油机和低速柴油机颗粒排放没有明显的差异。基于图 8－8，柴油机在 50%～85%MCR 负荷下运行时，根据不同燃油，有下列结论。

(1) 柴油

颗粒的比燃料排放率——1.2 kg PM/吨燃油

颗粒的比制动功率排放率——0.2 g PM/(kW·h)

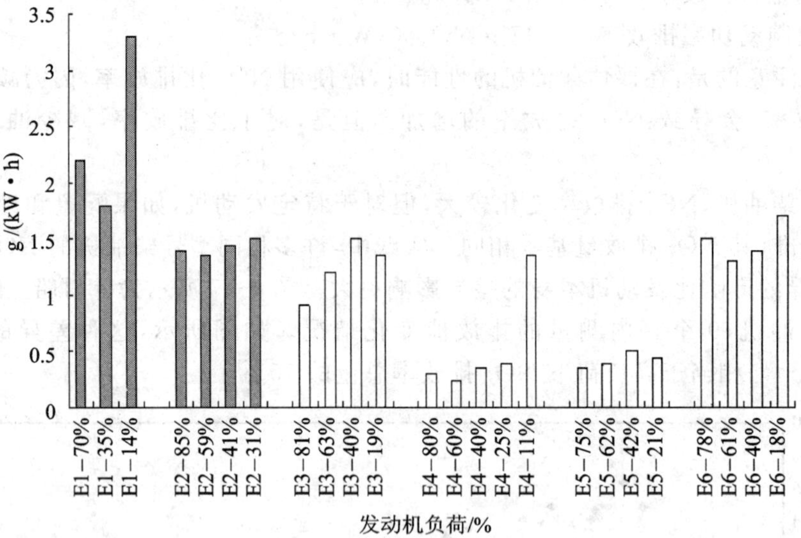

图 8-8 颗粒的排放率

(2) 渣燃油

颗粒的比燃料排放率——7.6 kg PM/吨燃油

颗粒的比制动功率排放率——1.5 g PM/(kW·h)

其中,渣油的平均硫含量为 2.8%(m/m),而柴油的为 0.17%(m/m)。

对于柴油机的颗粒排放,重要的是颗粒的排放率和它们的组成。除了颗粒的重量评估外,对颗粒的成分(化学的)的分析也特别重要。由第 2 章已知,颗粒主要包含未燃燃料、未燃润滑油、碳和可溶硫酸盐,以及含杂在它们之间的水分。

图 8-9 表示了在整个负荷范围内柴油机的颗粒成分的变化情况。其中,低速柴油机(E3)燃用渣油,中速柴油机(E4)燃用柴油,硫含量分别为 2.26%(质量比)和 0.18%(质量比)。

在柴油机 E3 测试循环内,可溶性硫酸盐和其所含杂的水分在整个负荷范围占了颗粒排放的大部分。随着负荷的减小,未燃燃料、未燃润滑油和碳排放含量增加。相反,在柴油机 E4 测试循环内,除了较低负荷时,未燃燃油占绝大部分外,在其他工况,与其他成分相比,溶性硫酸盐和其所含的水分更多。这是因为在较低的负荷下,未燃燃料占有绝对优势。这两个例子清晰地显示了化学分析在研究颗粒样本时的作用。

因此,在燃用渣油的柴油机中,颗粒排放的增加是由燃油中可溶性硫酸盐和其所含水分的增加引起的。因此,在柴油机燃用含硫量较高的燃油时,应采用稀释管道技术。

在燃用含硫量已知的燃油情况下,可以把基于稀释管道的颗粒排放率作为柴油机燃烧性能度量。但是,在需要准确颗粒排放数值的地方,必须采用含硫低的燃油,或使用热过滤采样

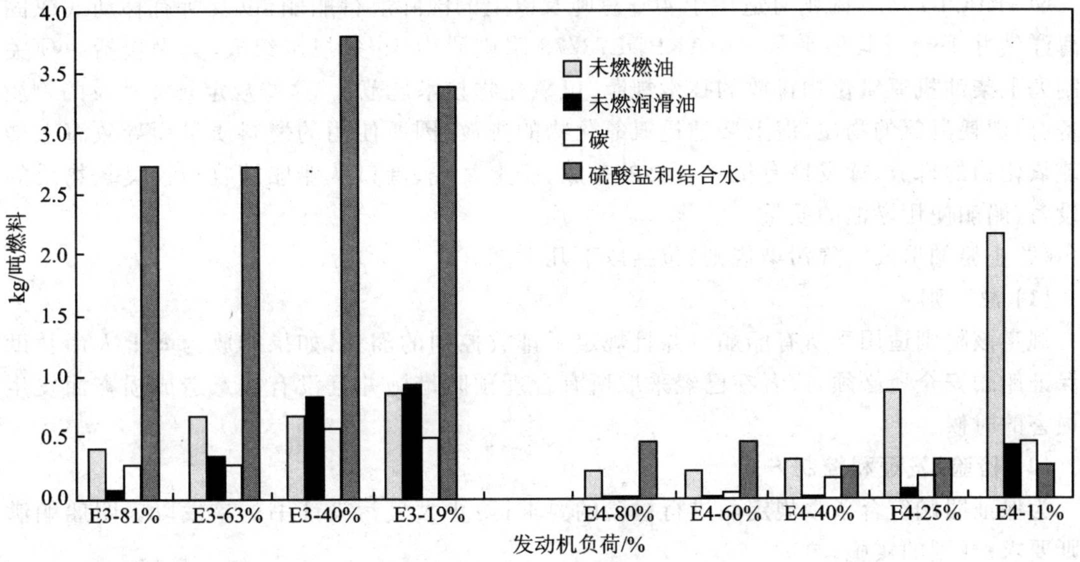

图 8－9　颗粒的组成

技术，避免由可溶性硫酸盐和其所含水分引起测量误差。

8.3　国际海协船舶发动机排放法规(MARPOL 公约附则Ⅵ)

船舶发动机需要遵循的排放物控制法规主要来自两个方面：一是国际海事组织(IMO)制定的船用柴油机排放规定；二是船用柴油机必须满足停泊港口或航行于沿海地区时地方性法规中有关规定，这类地方法规一般会严于 IMO 的规定。

现行的船舶排放物控制制度(如英国的清洁空气法案)是陆上工业排放控制制度的扩展和延伸。鉴于环境保护意识的日益增强和工业燃烧过程与路用车辆排放物的限制标准的日益严格，为了防止来自于船舶的空气污染，IMO 制定并通过了 MAPROL 公约附则Ⅵ《防止船舶造成空气污染规则》，用以限制船舶的排放污染，并于 2005 年 5 月 19 日起生效。

国际海事组织的前身为政府间海事协商组织(IMCO)。IMO 是根据 1948 年 3 月 6 日在日内瓦举行的联合国海运会议上通过的“政府间海事协商组织公约”(1958 年 3 月 17 日生效)，于 1959 年 1 月 6 日至 19 日在伦敦召开的第一届公约国全体会议上正式成立的，是联合国在海事方面的一个专门机构，负责海事技术咨询和立法。1975 年 11 月第 9 届大会通过了修改的组织公约决定，并于 1982 年 5 月 22 日起改为现名 IMO，以加强该组织在国际海事方面的法律地位，使其在海事和海运技术领域起到更大的作用。

MARPOL73/78 附则Ⅵ适用于 400 总吨及以上的国际航行船舶，以及所有移动式或固定式海洋钻井平台及其他平台。MARPOL73/78 附则Ⅵ由 19 条规定组成，其中包括一项关于控制海上柴油机氮氧化物排放的技术规范《氮氧化物技术规范》。这些规定具体涉及的物质和设备有：消耗臭氧的物质、海上柴油机氮氧化物的排放、因所使用的燃料质量而导致海上柴油机硫氧化物的排放、挥发性有机化合物的排放、船上焚烧、港口从船舶接收消耗臭氧物质的接收设备、船舶使用燃油的质量。

《防止船舶造成空气污染规则》包括以下几个部分。

(1) 总　则

规定该附则适用于所有船舶。并且规定了排放控制的豁免：如果排放为海上人命救助或者保证船舶安全所必须，或者在已经采取所有合理预防措施并且没有故意造成损害而发生船舶损害的时候。

(2) 检验、发证和控制方式

为保证船舶符合条款规定而进行检验的要求；防止大气污染证书的签发以表明船舶满足规则要求；规则的实施。

(3) 船舶排放控制的要求

关于防止船舶污染大气的具体规定，包括消耗臭氧物质、氮氧化物、硫氧化物和挥发性有机化合物的排放控制。同时还包括船上焚烧的要求、在港口提供接收船舶废弃物的接收设备的规定、燃油质量、对海上钻井设备和其他海上平台的要求。

(4) 附　录

国际防止大气污染证书(IAPP)的格式、指定硫氧化物排放特殊区域的标准和程序、燃油付货单中包含的信息、船上焚烧炉的批准和操纵限制、为确认船舶柴油机符合氮氧化物排放限制的测验周期和附加因素以及进行检验和检查的细节。

MARPOL73/78 附则Ⅵ第 3 章包括了控制船舶气体排放的主要排放法规：

条例 12	破坏臭氧层物质(Ozone Depleting Substances)
条例 13	氮氧化物(Nitrogen Oxides)
条例 14	硫氧化物(Sulphur Oxides)
条例 15	挥发性有机物(VOC，Volatile Organic Compounds)
条例 16	船上焚烧(Shipboard incineration)
条例 17	接收设施(Reception Facilities)
条例 18	燃料油质量(Fuel Oil Quality)
条例 19	固定式及移动式外海平台及勘探用钻油平台的规定(Requirements for Platforms and Drilling Rigs)

8.4　船舶柴油机氮氧化物排放限制

MARPOL73/78 附则Ⅵ第 3 章条例 13 规定了船舶柴油机氮氧化物的排放限制值。该条例适用于 2000 年 1 月 1 日后建造的(定义为安装龙骨或者类似结构的日期),安装在船舶上,功率超过 130 kW 柴油机;以及 2000 年 1 月 1 日后经过重大改装,功率超过 130 kW 的柴油机。包含在条款内的柴油机需要具有有效的 EIAPP 证书(柴油机国际防止空气污染证书),该证书是在柴油机制造或改装时,由管理机构或代理组织颁发的。此外,在某些情况下,可以以初次发证检验来代替。

条例 13 不适用于应急柴油机、安装在救生艇上或只在应急情况下使用的任何设备或装置上的发动机;以及安装在只航行于其船旗国主权或管辖范围水域内船上的发动机,但这些船旗国必须提供替代的正在执行的 NO_x 控制法规。锅炉和燃气轮机也不在本条款的控制范围之内。此外,1990 年 1 月 1 日以前安装的船舶主机也得到了豁免,这主要是由于对数以千计的柴油机,难以评估其 NO_x 排放率,且对较老发动机 NO_x 排放率的调整牵扯到很多问题(可靠性、耐久性以及启动性能等)。

条例 13 分别对新主机和 1990 年 1 月 1 日后 2000 年 1 月 1 日前安装的柴油机的氮氧化物排放进行了限制,柴油机的 NO_x 加权比制动功率排放须在规定的限制值以内。

(1) 新主机

新主机氮氧化物排放按时间分为 3 个等级。

1) 等级Ⅰ(Tier Ⅰ)

2000 年 1 月 1 日后至 2011 年 1 月 1 日前安装于船上的柴油主机,根据已生效的 MARPOL 附则Ⅵ,适用 17 g/(kW · h)的标准;

2) 等级Ⅱ(Tier Ⅱ)

2011 年 1 月 1 日后建造或装船的柴油主机 NO_x 排放标准减少到 14.4 g/(kW · h);

3) 等级Ⅲ(Tier Ⅲ)

当船舶航行于指定的硫排放控制区内时(见 8.5 节),2016 年 1 月 1 日以后安装的柴油主机的 NO_x 排放标准为 3.4 g/(kW · h),在硫排放控制区外仍适用等级 II 的要求。

(2) 现有主机

对 1990 年 1 月 1 日后 2000 年 1 月 1 日前安装的输出功率为 5 000 kW,单缸排量为 90 L 及以上的柴油发动机,仍使用 17.0 g/(kW · h)的氮氧化物排放标准。

等级Ⅰ、等级Ⅱ和等级Ⅲ具体的 NO_x 排放限制值分别如表 8-2、表 8-3 和表 8-4 所列。

表 8-2 柴油机 NO_x 排放限制值(等级Ⅰ)

转速/(n,rpm)	NO_x 限制值/[g·(kW·h)$^{-1}$]
≤130	17.0
130～1 999	$45\times n^{-0.2}$
≥2 000	9.8

表 8-3 柴油机 NO_x 排放限制值(等级Ⅱ)

转速/(n,rpm)	NO_x 限制值/[g·(kW·h)$^{-1}$]
≤130	14.36
130～1 999	$44\times n^{-0.23}$
≥2 000	7.66

图 8-10 所示是在等级Ⅰ的情况下柴油机的转速与 NO_x 排放量的关系。需要注意的是，在某些工况下，柴油机的实际排放会明显超过某些负荷下的限定值，尤其是在 25%和 10%负荷下。但是，由于法规规定的排放限值是加权排放，需要综合多个工况的排放情况，柴油机的总排放量仍然可能在规定值以内。

表 8-4 柴油机 NO_x 排放限定值(等级Ⅲ)

转速/(n,rpm)	NO_x 限定值/[g·(kW·h)$^{-1}$]
≤130	3.4
130～1 999	$9\times n^{-0.2}$
≥2 000	1.96

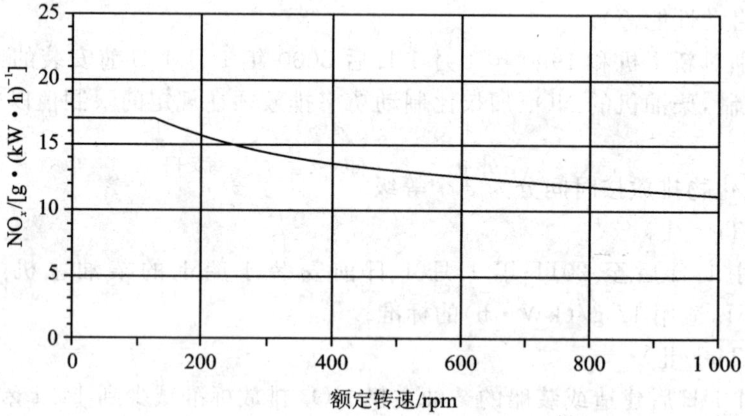

图 8-10 IMO 附则Ⅵ中 NO_x 限定值(等级Ⅰ)

NO_x 排放值的测量与计算，以及柴油机的认证和后续的服役核查，必须按照强制性的 NO_x 技术规范(本章稍后讨论)执行，该技术规范形成了附则Ⅵ的一个重要附件。对于必须借助机内和机外控制措施(见第 9 章)，才能满足排放限定的发动机，控制装置必须作为发动机的一部分来考虑。

条例 13 中的"重大改装"主要包括以下情况(不管船舶是何时建造的)：

① 发动机由 2000 年 1 月 1 日或之后建造的新发动机代替；

② 对发动机进行了 NO_x 技术规则中定义的任何实质性改变；

③ 发动机的最大持续额定功率增加超过 10%。

对于安装在 2000 年 1 月 1 日前建造的船舶上柴油机的实质性改变是指对柴油机部件和设置进行重大调整，使得柴油机 NO_x 增长超过某一特定值(0～15%，取决于实验环境)。因此，在进行这些方面的调整(如额定转速或功率、燃烧室的形状、燃油喷射系统或空气系统)前，必须对柴油机的 NO_x 排放进行测量，并且在调整工作完成后，再次测量 NO_x 排放，以确定调整后的柴油机是否满足这项规定的要求。

8.5　船舶柴油机硫氧化物排放限制

MARPOL73/78 附则Ⅵ第 3 章条例 14 规定了船舶柴油机硫氧化物的排放限制值。该条例主要通过控制柴油机的运行来实现，而条例 13 则是通过控制柴油机的性能来实现的。这些 SO_x 的控制措施可以应用到船上使用的所有热力机械(柴油机、锅炉、燃气轮机、惰性气体发生器等)，而不管它们的最终用途。

对 SO_x 的排放控制，不同区域有两种不同要求，每个要求根据时间分为 3 个等级。在全球范围内，除"硫排放控制区"(SECA，见下面)，附则Ⅵ将所有燃油的含硫量规定为 4.5%(质量比)，从 2012 年 1 月 1 日开始，燃油的含硫量规定减小为 3.5%(质量比)，到 2020 年 1 月 1 日进一步减小到 0.50%(质量比)。当船舶航行在某些环境敏感区时，将对其含硫量进行进一步的限制，这些区域通常称为"硫排放控制区"。在 SECA 内，所使用的燃油硫含量必须低于 1.5%(质量比)，或者通过使用废气处理系统，使 SO_x 的排放量降低到 6.0 g/(kW・h)以下[即在油耗为 200 g/(kW・h)时，排放的含硫量相当于使用含硫量为 1.5%质量比的燃油]，从 2010 年 1 月 1 日起燃油含硫量的标准将减小到 1.00%，到 2015 年 1 月 1 日，含硫量将进一步减小到 0.10 %。目前的附则Ⅵ，指定了两个硫排放控制区，即波罗地海(Baltic Sea)和北海(the North Sea)，包括英吉利海峡(English Channel)，其中，波罗的海是第一个批准的 SO_x 控制区。

遵循该条例要求船舶使用两个不同等级的燃料，船舶在进入硫排放控制区前进行燃油转换。该条例规定，在进入指定区域前，所有使用含硫量高于 1.5%(m/m)的燃料的供油系统必须充分冲刷，转换使用低硫燃油，直到离开该区域。在燃料转换作业完成时应将每一燃油舱中的低硫燃油(硫含量小于或等于 1.5%)的容积以及日期、时间及船舶位置记录在主管机关规定的航海日志中。

在现有条件下，使用全球的 4.5%的硫限制值，只有不超过 1%的船用渣油会超过此值。实际上，当燃油购买方去订货时，强制性燃油含硫量的限制将要求所有的燃油购买方去执行其相关要求。燃油供应商必须采取有效措施，以保证遵守这些规定，并提供真实的加油记录单。事实上，为配合硫的最大限制值，ISO 8217—2005 船舶燃油技术中残油的最高含硫量，已经变更为与《73/78 国际防止船舶污染大气公约》附则Ⅵ的规定一致。

8.6 国际海协其他气体污染物排放限制

MARPOL73/78 附则Ⅵ第 3 章除了对船舶柴油机氮氧化物和硫氧化物的排放进行了限制以外，还对其他气体污染和燃油品质进行了规定。

MARPOL73/78 附则Ⅵ第 3 章条例 12 对船舶排放破坏臭氧物质(ODS)进行了规定。

破坏臭氧层物质包括(但不限于)的物质，如表 8－5 所列。

根据这项规定，禁止在维护、维修或修理期间故意释放破坏臭氧层物质。破坏臭氧层的物质指在应用或解释本附则时有效的《1987 年消耗臭氧层物质蒙特利尔议定书》第 1 条第 4 款中定义的并在该协定书附件 A，B，C 或 E 中所列的受控制物质。船上含有消耗臭氧物质的系统和设备主要有：灭火系统、灭火器、中央空调、冰箱、冰柜和冷冻机等。附则Ⅵ生效后(2005 年 5 月 19 日)禁止消耗臭氧物质的任何故意排放，2020 年 1 月 1 日前，除了含有氢化氯氟烃(HCFCs)的新装置以外，禁止含有消耗臭氧物质的新装置再安装到船上，以前安装的含有 ODS 的系统可以继续使用，此外，可以对以前安装的装置进行修理或填加，或对便携式灭火装置进行填加。

表 8－5 破坏臭氧层物质

用途	缩写	化学式
灭火	溴氯二氟甲烷(Halon1211)	CF_2BrCl
	溴三氟甲烷(Halon1301)	CF_3Br
	1,2－二溴化物－1,1,2,2－四氟乙烷(Halon2402/114B2)	$C_2F_4Br_2$
制冷剂	三氯氟甲烷(CFC－11)	$CFCl_3$
	二氯二氟甲烷(CFC－12)	CF_2Cl_2
	1,1,2－三氯－1,2,2－三氟乙烷(CFC－113)	$C_2F_3Cl_3$
	1,2－二氯－1,1,2,2－四氟乙烷(CFC－114)	$C_2F_4Cl_2$
	氯五氟乙烷(CFC－115)	C_2F_5Cl

MARPOL73/78 附则Ⅵ第 3 章条例 15 包含了安装在油轮上的蒸汽排放控制系统(VECS)的标准化，以控制排向大气中的挥发性有机物(VOCs)。这主要发生在船舶装载较低蒸汽压力的货物期间(原油和低沸点石油，如挥发油和汽油)。对指定使用 VECS 的那些港口，应当重新设计，并认证 VECS，使其按照国际海事组织海安会通函 585 的要求运行。条例 15 要求缔约国向 IMO 递交一个通报，该通报应包括所控制的液货舱尺寸、液货所需蒸汽控制系统及所采取的控制措施生效的日期等信息。此外，要求所有载运原油的船舶(包括原油油船和载运原油的兼装船)应备有一份 VOC 管理计划。

MARPOL73/78 附则Ⅵ第 3 章条例 16 要求，2000 年 1 月 1 日或之后安装在船上的每一台焚烧炉均应符合本附则附录Ⅵ的要求。每一台焚烧炉应经主管机关根据本机构制定的船上焚烧炉标准技术条件（IMO MEPC 决议 76(40)）予以认可。主管机关可以允许任何在 1997 年议定书生效前安装上船的焚烧炉免除上述适用要求，条件是该船仅航行于其船旗国的主权或管辖下的水域内。

在船舶正常操作过程中产生的污泥和油渣的船上焚烧，可以在主、副发电机或锅炉内进行，但在这种情况下，焚烧不能在码头、港口和河口内进行，除此以外，船上焚烧应只允许在船上焚烧炉中进行。其中聚氯乙烯(PVCs)的焚烧只能在获取了 IMO 型式认可证书的船上焚烧炉内焚烧装置上进行。

MARPOL73/78 附则Ⅵ第 3 章条例 17 规定签约国应确保有适当的接收设施，以接收 ODS 和来自废气处理系统的废料。废料通常包括灰烬和其他固体废物，但在某些情况下，也可能包含来自海水洗涤系统的废水（见第 9 章）。

MARPOL73/78 附则Ⅵ第 3 章条例 19 针对固定式和移动式海上平台及钻井平台的排放。条例 19 规定，除了由海底矿藏资源的勘探、开发和相关近海加工直接产生的排放免除本附则的规定外，其他污染物的排放都包含在附则的条款中。免除部分包括：

① 焚烧单独和直接由海底矿藏资源的勘探、开发和相关近海加工产生的物质而造成的排放，包括但不限于在完井和试验作业期间烃类物质的明火燃烧和掘出物、泥浆和(或)井涌液体的燃烧，以及意外情况引起的明火燃烧；

② 钻井液体和掘出物夹带的气体和挥发性化合物的释放；

③ 只与海底矿藏的加工、处理或贮藏直接相关的排放；

④ 单独用于海底矿藏资源的勘探、开发和相关近海加工的柴油机的排放。

MARPOL73/78 附则 VI 第 3 章条例 18 对船用燃油质量进行了规定。

条例 18 主要由两部分组成。

条例第一部分规定了燃油应符合的要求。

对于以石油精炼方式得到的燃油，规定：

① 可以含有少量用于改善某些方面性能的添加剂。

② 燃油应不含无机酸。

③ 燃油应不包含下列任何附加的物质或化学杂质：

(a) 使船舶安全遭受危险或对机械性能有不利影响；

(b) 对人员造成伤害；

(c) 从总体上增加空气污染。

对于以石油精炼之外的方法得到的用于燃烧的燃油，除了满足前面②③之外，还应：

① 不含有超过本附则第 14 条中规定的硫含量；

② 不会导致发动机超过本附则第 13 条规定的 NO_x 排放限制量。

条例第二部分规定：要确保燃油供应簿和提供给接收船的控制样品是准确的，并能真实描述交付的燃油。这些要求与本条例规定的一般的成分要求和条例 14 给出的含硫量的限制有关。

本条例涵盖了政府对在其地区经营的燃油供应商的控制。除了要求燃油商登记和履行附则Ⅵ要求的义务外，它还要求对违反附则Ⅵ规定的供应商采取行动。虽然条例 18 取名为“燃油质量”，但是它只适用于它所涵盖的范围。

8.7 IMO NO_x 技术规范

NO_x 技术规范是支撑附则Ⅵ中 NO_x 控制措施的必要部分。该规范在 1997 年的 MARPOL 会议中作为 2 号决议通过，并于 2008 年在 MEPC57 会议上进行修改，全称为《氮氧化物技术规范》。

8.7.1 柴油机族、柴油机组以及母型机

NO_x 技术规范只是为性能的测试、认证以及后续使用的核查提供了一个框架，以证明其满足条例 13 的要求。在测试模式下（D2，E2，E3 和 C1 见后面台架试验及计算），排气的采样及测试程序与规范中给定的计算方法都是直接基于 ISO 8178 的相关内容制定的。

图 8－11 和图 8－12 所示是 NO_x 技术规范规定的预认证、安装以及后续实行的监测制度。其中，图 8－11 所示是单个柴油机的 EIAPP 证书的认证过程，而图 8－12 所示是船舶 IAPP 证书的签发所涉及的 NO_x 控制的情况。图 8－12 只描述了一种柴油机的监测情况，而包含在条例 13 范围中的其他柴油机则还需要进行必需的监测。

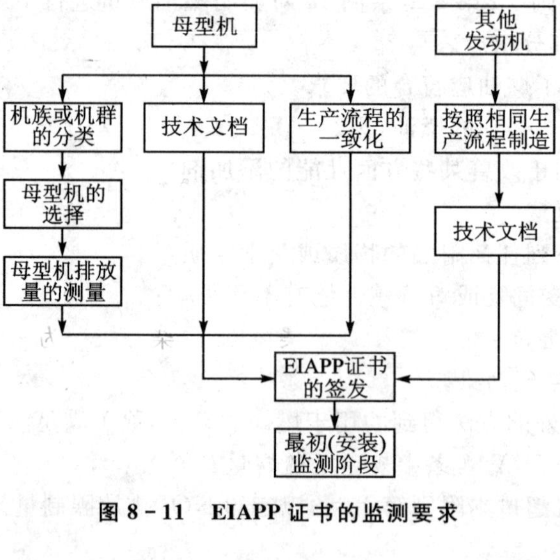

图 8－11 EIAPP 证书的监测要求

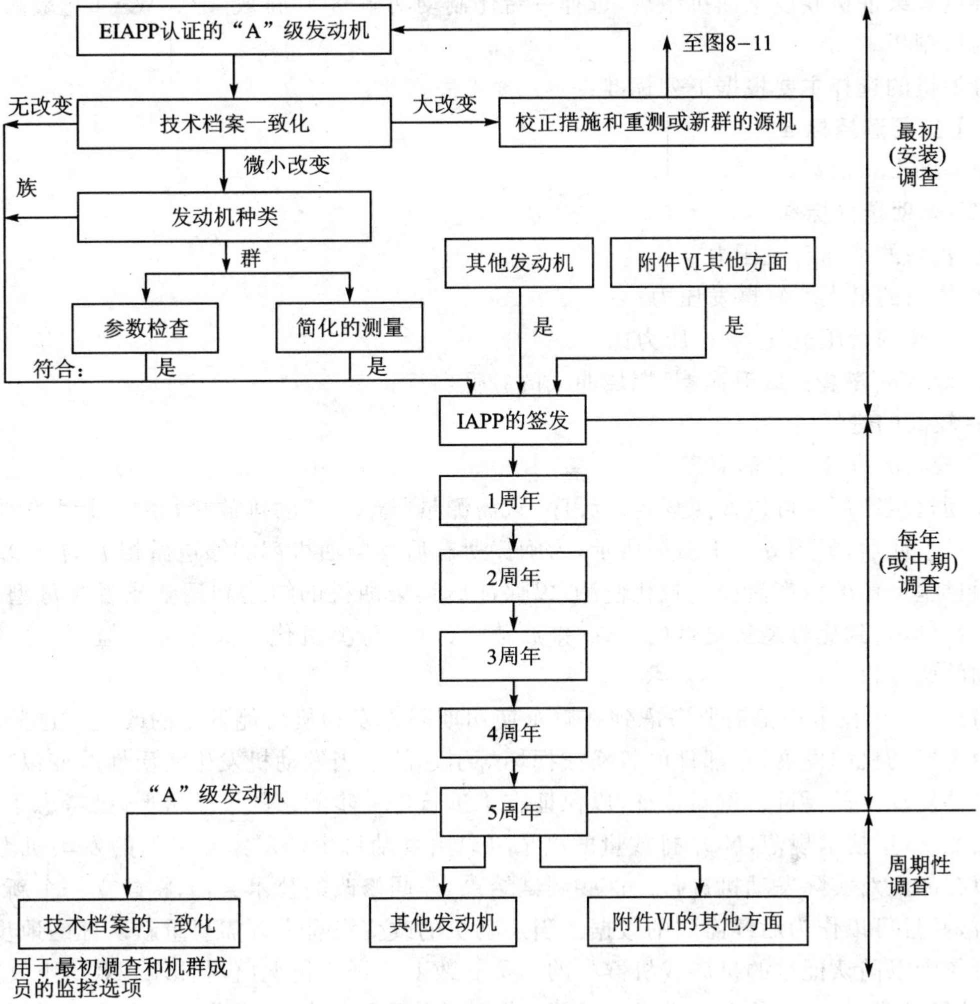

图 8-12　IAPP 证书的监测要求

柴油机一般是序列化生产，同一厂家的一些不同型号的发动机其实具有相同的设计，只是参数设定不同。为了避免对每台柴油机进行发证测试以证明其符合 NO_x 的排放要求，提出柴油机族、柴油机组和母型机的概念。

柴油机族概念适用于任何系列化生产的柴油机，该柴油机作为产品使用，其设计证明具有相似的 NO_x 排放性能，并且在装船过程中无须进行对 NO_x 排放造成不利影响的任何调整或改造。

柴油机组概念适用于具有相似用途的小批量生产的柴油机，该柴油机在船上安装或使用过程中需要作轻微调整和改造，这些柴油机通常是用于主推进的大功率柴油机。

确定好柴油机族或柴油机组后，选择一台比制动功率 NO_x 排放[g/(kW·h)]最高的柴油机作为母型机。

母型机的选择主要根据下列标准：

(1) 主要选择标准

更高的燃料消耗。

(2) 辅助选择标准

① 较高的平均有效压力；

② 较高的最大气缸爆发压力；

③ 较高的增压空气/点火压力比；

④ $dp/d\alpha$（燃烧曲线升高率）燃烧曲线的较低斜度；

⑤ 较高的进气(扫气)压力；

⑥ 较高的进气(扫气)温度。

发动机生产厂家可以按照规定的程序，只需测量“母型机”的排放量，相应过程如图 8-11 左侧所示。此后，如图 8-11 右侧所示，为确保所有后续柴油机都能够遵循相关的 NO_x 限制，需要通过生产商的生产流程一致化监测，以保证后续柴油机的结构和调整或者与母型机的相同，或者可以得到比母型机更低的 NO_x 排放值。因此，母型机代表大量类似但不一定需要完全相同的柴油机。

另外，NO_x 技术规范需要考虑到在整个使用期限内发动机可能发生的改变。这些改变可能是由于发动机的发展、零部件的替换或损坏等引起的。当发动机发生实质性改变以后，作为母型机的发动机需要进行重新认证，以保证在未进行进一步测试的发动机上，已考虑了这些改变。按照 NO_x 技术规范，NO_x 排放量的测量可以由发动机生产厂家在类似的发动机上进行，也可以在船上对实际发动机进行。这些测试结果，连同修改的技术文档，将建立一个新的机族或机群，并且可以作为后续监测的数据。当发动机的改变没有大到需要重新认证的地步时，它们仍可作为以前认证过的机族或机群中的一员。改变的详细情况(包括影响 NO_x 排放量的调整、部件更换或修改)必须在发动机记录簿(技术规范所要求的)中记载。发动机记录簿以及技术档案必须可供检查时查阅。

8.7.2 柴油机 NO_x 排放的测试与计算

在《氮氧化物技术规范》中，柴油机气体排放的测量和计算都以稳态为基础。

1. 柴油机试验模式及加权系数

柴油机的 NO 排放是与其负荷密切相关的。柴油机在船上的用途不同，其工作模式也不同，测量排放时需采用不同的试验模式。在船上柴油机的主要试验模式(工作模式)如表 8-6

所列。

表 8-6　船用柴油机试验模式

工作模式	柴油机用途
C1	变速、变负荷运行的辅机(不包括 D2 和 E3 工作模式下的各类辅机)
D2	恒速运行的辅机
E2	恒速船用主机(包括柴油机电力驱动和调距桨装置)
E3	按推进特性运行的船用主机和辅机

为了简化排放试验和比较不同柴油机的排放,《氮氧化物技术规范》对柴油机每一工作模式按负荷和转速规定了若干试验点,并根据试验点上柴油机工作的时间,规定了每个试验点的加权系数,测量 NO_x 排放试验时,对各个试验点测量值进行加权处理。船用柴油机各工作模式下的试验点的转速、负荷和加权系数如表 8-7～表 8-10 所列。

表 8-7　船用柴油机 C1 试验模式的转速、负荷和加权系数

试验模式 C1	转　速	标定转速				中间转速			怠　速
	扭矩%	100%	75%	50%	10%	100%	75%	50%	0%
	加权系数	0.15	0.15	0.15	0.1	0.1	0.1	0.1	0.15

表 8-8　船用柴油机 D2 试验模式的转速、负荷和加权系数

试验模式 D2	转　速	100%	100%	100%	100%	100%
	功　率	100%	75%	50%	25%	10%
	加权系数	0.05	0.25	0.3	0.3	0.1

表 8-9　船用柴油机 E2 试验模式的转速、负荷和加权系数

试验模式 E2	转　速	100%	100%	100%	100%
	功　率	100%	75%	50%	25%
	加权系数	0.2	0.5	0.15	0.15

表 8-10　船用柴油机 E3 试验模式的转速、负荷和加权系数

试验模式 E3	转　速	100%	91%	80%	63%
	功　率	100%	75%	50%	25%
	加权系数	0.2	0.5	0.15	0.15

2. 从干基到湿基浓度的修正系数 k_w

在计算湿排气的质量流量或体积流量时，测得的浓度如果是干浓度 conc(干)，则应根据下列公式将其转换为湿浓度 conc(湿)：

$$\text{conc(湿)} = k_w \cdot \text{conc(干)} \tag{8-1}$$

式中：k_W——干/湿浓度修正系数。

对于排气而言，可按下述公式确定 k_W 值：

$$k_{W,r} = \left(1 - F_{FH} \cdot \frac{G_{FUEL}}{G_{AIRD}}\right) - k_{W2} \tag{8-2}$$

$$k_{W2} = \frac{1.608 \cdot H_a}{1\,000 + (1.608 \cdot H_a)} \tag{8-3}$$

$$H_a = \frac{6.220 \cdot R_a \cdot P_a}{P_B - P_a \cdot R_a \cdot 10^{-2}} \tag{8-4}$$

式中：H_a——每千克干进气中所含水的质量(g)，即绝对湿度；

R_a——进气的相对湿度，%；

P_a——进气的饱和蒸汽压力，kPa；

P_B——进气总压力，kPa；

$k_{W,r}$——原始排气的干/湿修正系数；

k_{W2}——湿进气中水蒸气所占的体积份额。

对于排气，$k_{W,r}$ 也可用下式确定：

$$k_{W,r} = \frac{1}{1 + \text{HTCRAT} \cdot 0.005 \cdot [\%\text{CO(干)} + \%\text{CO}_2\text{(干)}]} - k_{W2} \tag{8-5}$$

对于进气，可按下式确定 $k_{W,a}$ 值：

$$k_{W,a} = 1 - k_{W2} \tag{8-6}$$

式中：$k_{W,a}$——吸入空气的干/湿修正系数。

3. 排气质量流量

根据《氮氧化物技术规范》，有 3 种方法可以求得柴油机的排气质量流量，即直接测量方法、空气和燃料流量测量法以及燃油流量和氧平衡法。

(1) 直接测量方法

该方法采用流量嘴或等效的测量系统直接测量排气流量。由于直接测量废气流量对流量计的安装及测量条件要求十分严格，所以应尽可能避免大的测量误差。这种测量方法是一项困难且复杂的工作，一般不推荐使用。

(2) 空气和燃料流量测量法

该方法应采用符合《氮氧化物技术规范》要求的空气流量表和燃料流量表。采用该方法是先测量空气进气流量(GAIRW 或 VAIRD 或 VAIRW)及燃料消耗量(GFUEL)，再根据下列公式计算出排气流量(GEXHW 或 VEXHD 或 VEXHW)：

用于湿排气流量　　GEXHW＝GAIRW＋GFUEL

用于干排气容量　　VEXHD＝VAIRD＋FFD・GFUEL

用于湿排气容量　　VEXHW＝VAIRW＋FFW・GFUEL

对于大型柴油机及部分中型柴油机来说，由于其结构原因，采用这种方法测量空气进气流量是很困难的。

(3) 碳/氧平衡法

采用这种方法，是根据测得的燃油流量和 NO_x，HC，CO，CO_2，O_2 的浓度值，通过计算得出排气质量流量。这种方法需要上述 5 种气体的测量设备，应满足《氮氧化物技术规范》中的规定。

其计算方法如下

排气中主要气体成分的质量流量可用下式计算：

$$M_{HC} = GEXHW \times HC \times 4.79 \times 10^{-4} \quad (g/h) \tag{8-7}$$

$$M_{CO} = GEXHW \times CO \times k_W \times 9.66 \times 10^{-4} \quad (g/h) \tag{8-8}$$

$$M_{NO_x} = GEXHW \times NO_x \times k_{HDIES} \times 1.587 \times 10^{-3} \quad (g/h) \tag{8-9}$$

式中：HC，NO_x——以 ppm 浓度表示的测量的湿基浓度，如果 NO_x 浓度是以干基表示的，则公式(8-9)中需添加 k_w 项；

CO——以 ppm 浓度表示的测量的干基浓度；

k_{HDIES}——NO_x 的修正系数(见下面)。

需要注意到，在 HC 的计算过程中，C/H 比例取为 1∶1.85。另外，NO_x 公式中的系数是计算 N_2O 得到的，N_2O 是氮氧化物在大气中的最终形式。

根据得到的排放污染物的质量流量，可以定义不同的比排放量：

・比制动功率排放[g/(kW・h)]　污染物质量流量/制动功率，例如，$\frac{g_{NO}}{h} \times \frac{1}{kW}$。

・比油耗排放(g/kg)　污染物质量流量/燃油质量流量，例如，$\frac{g_{NO}}{h} \times \frac{h}{kg}$。

・比能量排放(g/MJ)　污染物质量流量/(燃油质量流量×燃料热值)，例如，$\frac{g_{NOx}}{h} \times \frac{h}{kg} \times \frac{kg}{MJ}$。

4. NO_x 浓度值的温度与湿度的修正

进气温度和湿度对 NO_x 的排放有明显的影响。增加进气温度会增加 NO_x 的排放，相反，增加湿度会降低 NO_x 的排放。为了尽可能减少温度和湿度等大气条件对 NO_x 排放的影响，取温度为 25 ℃、湿度为 10.71 g/kg 作为环境大气标准。

如果测试的环境大气条件是非标准条件，则得到的 NO_x 湿浓度应通过乘以一个修正系数 k_{HDIES} 进行修正，即

$$k_{HDIES}=\frac{1}{1-0.012\cdot(H_a-10.71)-0.00275\cdot(T_a-298)+0.00285\cdot(T_{SC}-T_{SCRef})} \tag{8-10}$$

式中：H_a——进气湿度，每千克干空气含水量(单位为 g)，$H_a=\dfrac{6.220\cdot R_a\cdot P_a}{P_B-P_a\cdot R_a\cdot 10^{-2}}$；

T_a——进气温度，K；

T_{SC}——空冷器冷却后增压空气的温度，K；

T_{SCRef}——相对于 25 ℃的海水，空冷器冷却后增压空气的参考温度，一般由制造厂确定。

P_B——进气总压力，kPa；

P_a——进气的饱和蒸汽压力，kPa；

P_{SC}——空冷器冷却后增压空气的压力，kPa；

R_a——进气的相对湿度，%。

需要注意到，空气增压器喷水或喷水蒸气(空气增湿)被认为是控制排放的一项措施，因此在进行湿度修正时，对此操作不予以考虑。增压空气冷却器中水的冷凝可改变增压空气的湿度，因此在进行湿度修正时应予以考虑。

5. 发动机比制动功率污染物排放

根据上面的定义和推导，排气中污染物比制动功率的排放值可由下式计算：

$$e=\frac{\sum_{i=1}^{i=n}m_i\cdot W_{F(i)}}{\sum_{i=1}^{i=n}P_i\cdot W_{F(i)}}\quad[\mathrm{g/(kW\cdot h)}] \tag{8-11}$$

式中：m——污染物的质量流量，g/h。

$W_{F(i)}$——加权系数，由柴油机的试验模式确定。

n——柴油机试验模式的所有点数。

P_i——未修正的制动功率 $P_i=P_{m,j}+P_{AUX,i}$。对于柴油机安装的非必需附属设备，应当从试验台上拆除；对于不能拆除的非必需附属设备，应确定它们在试验转速下所吸收的功率，以计算未修正的制动功率。其中：

P_m——在试验条件下，以试验转速运转的最大测得功率；

P_{AUX}——仅用于试验台的附属设备(船上不需要的设备如水泵、油泵等)所吸收的总功率。

利用公式(8-11)即可计算出被测试柴油机的 NO_x 比制动功率排放量[g/(kW·h)]，将

计算结果与 NO_x 排放限值进行比较，即可得出该柴油机是否满足 MARPOL 公约附则Ⅵ的要求。

6. 试验条件

柴油机 NO_x 排放的试验结果与大气环境条件关系很大，为了避免大气环境条件对试验结果影响过大，《氮氧化物技术规范》规定了试验条件参数 f_a，只有 f_a 在 $0.98 \leqslant f_a \leqslant 1.02$ 的范围内，试验结果才被认可。

对柴油机认可的试验条件参数 f_a 及试验有效性可由下面公式确定：

对自然抽吸和机械增压柴油机

$$f_a = \left(\frac{99}{p_s}\right) \cdot \left(\frac{T_a}{298}\right)^{0.7}$$

对有或无吸入空气冷却的涡轮增压柴油机

$$f_a = \left(\frac{99}{p_s}\right)^{0.7} \cdot \left(\frac{T_a}{298}\right)^{1.5}$$

式中：T_a——吸入空气的绝对温度，K；

p_s——干大气压力，kPa；p_s 按下式计算：

$$p_s = p_B - p_a \cdot R_a$$

其中：p_B——总压力，kPa；

p_a——吸入空气的饱和蒸汽压力，kPa；

R_a——吸入空气的相对湿度，%。

8.8　国际海协有关 CO_2 排放的限定

温室气体排放，尤其是二氧化碳气体排放，被认为是导致全球变暖的罪魁祸首，而在过去的几十年里，全球变暖问题日益严峻。鉴于全球变暖问题属于全球化问题，1997 年联合国气候变化框架公约组织牵头制定了《京都议定书》，该议定书于 2005 年生效，并将于 2011 年年底到期。《京都协议书》从法律角度规定了温室气体减排的目标和时间表。

鉴于世界海运业的发展，船舶二氧化碳的排放量迅速增加，欧盟的一项调查表明，2005 年仅欧洲沿海、近海航行货船排放 CO_2，就接近欧洲大陆工业部门 CO_2 排放总量的 50%。预计到 2020 年将超过陆地工业部门的排放量。另据国际海事组织科学调查报告，全球水运船舶年排放二氧化碳量 2007 年是 11.2 亿吨，占全球年二氧化碳排放总量的 3.5%。若不采取措施加以改善，至 2020 年，水运船舶排放二氧化碳量将占全球排量的 30%。

鉴于船舶 CO_2 排放的严峻形势，国际海事组织十分重视船舶的 CO_2 排放问题。2003 年 11 月，IMO 大会在伦敦召开，会上通过了关于船舶温室气体减排的政策和实施的 A.963(23)号大会决议。2004 年 10 月，海洋环境保护委员会(MEPC)第 52 次会议上在建立 CO_2 排放指标体系草案方面取得了进展，并且督促各成员采取行动实施该体系，在下一次会议上报告实施结果。2005 年 7 月召开的 MEPC 第 53 次会议上，MEPC 通过了自愿临时试用的船舶二氧化碳排放指标。同时，MEPC 认为 IMO 关于温室气体排放应该包括京都议定书中所有的温室效应气体。MEPC 对船舶 CO_2 排放的控制根据船舶情况分为两种：新造船舶实行新船能效设计指数(EEDI)，对已有船舶实行能效运行指标(EEOI)。经过多轮讨论，MEPC 在 2009 年 7 月召开的 MEPC 第 59 次会议上，就船舶二氧化碳排放，即能效设计指数、能效运行指标、基线(Baseline)以及减少 CO_2 排放的控制方法达成协议。

8.8.1 新船能效设计指数

能效设计指数是新船设计时考虑的表示货物运输和二氧化碳排放关系的可考核参数，目的是提供给船东一种比较不同于船厂的同一类型和大小船舶的设计效率的方法，主要涉及船速、载货量、主辅机油耗、新能源利用及余热回收、海况、燃料 CO_2 转换系数等。EEDI 的关键是船舶能量利用和转化，船舶动力设备相关能量关系如图 8-13 所示。比较新船的 EEDI 指数与 IMO 给定的基准，可以得到该新船是否满足 CO_2 排放的要求。

新船能效设计指数可由下式计算：

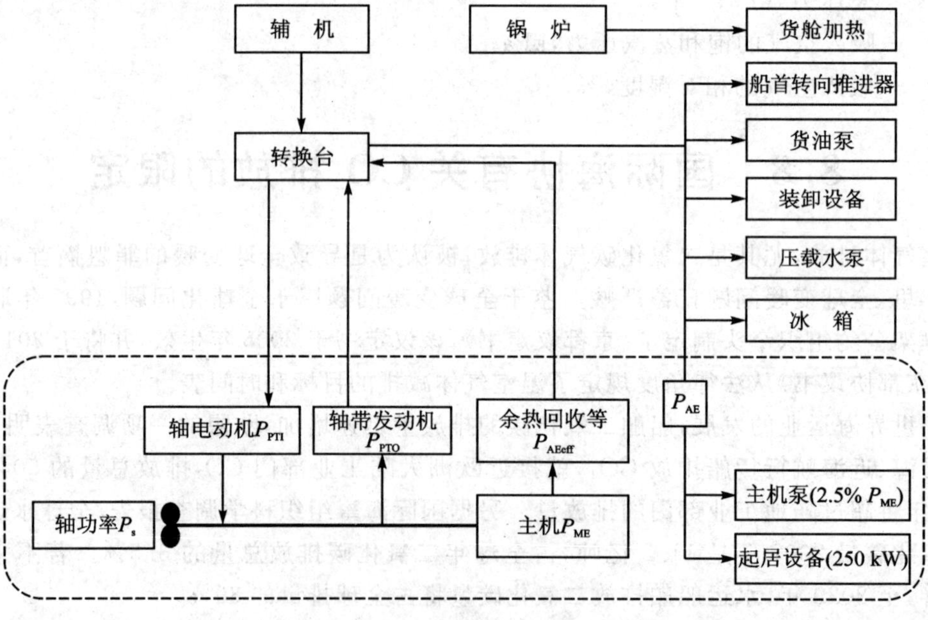

图 8-13 船舶动力设备示意图

$$\mathrm{EEDI}=\frac{\left(\prod_{j=1}^{M}f_j\right)\left(\sum_{i=1}^{n_{\mathrm{ME}}}C_{\mathrm{FME}(i)}\mathrm{SFC}_{\mathrm{ME}(i)}P_{\mathrm{ME}(i)}\right)+P_{\mathrm{AE}}C_{\mathrm{FAE}}\mathrm{SRC}_{\mathrm{AE}}^{*}+\left[\left(\prod_{j=1}^{M}f_j\cdot\sum_{i=1}^{n_{\mathrm{PTI}}}P_{\mathrm{PTI}(i)}-\sum_{i=1}^{n_{\mathrm{eff}}}f_{\mathrm{eff}(i)}P_{\mathrm{AEeff}(i)}\right)C_{\mathrm{FAE}}\mathrm{SFC}_{\mathrm{AE}}\right]-\left(\sum_{i=1}^{n_{\mathrm{eff}}}f_{\mathrm{eff}}p_{\mathrm{eff}}C_{\mathrm{Feff}}\mathrm{SFC}_{\mathrm{ME}(i)}\right)}{f_i\cdot\mathrm{Capacity}\cdot V_{\mathrm{ref}}\cdot f_{\mathrm{w}}}\tag{8-12}$$

式中：下标 ME 和 AE 分别代表主机和辅机；

C_F——无量纲燃料 CO_2 转换系数，基于燃料含碳量将单位燃油转化为 CO_2 排放的系数，由船舶使用的燃料决定，各燃油的具体转换系数如表 8-11 所列；

表 8-11　不同燃料 CO_2 转换系数

燃油种类	碳含量	转换系数 C_F(吨 CO_2/吨燃料)
柴油	0.875	3.206
轻燃料油(LFO)	0.86	3.151
重油(HFO)	0.85	3.114
液化石油气(LPG)	0.819(丙烷) 0.827(丁烷)	3.000 3.030
液化天然气	0.75	2.750

V_{ref}——在理想无风、无浪的气象条件下，在船舶最大设计装载(Capacity)条件下，主辅机发出规定的功率时，船舶的航行速度，单位为节。

Capacity——最大吃水和相应的纵倾下，船舶可以航行的装载量，对于不同的船采用不同的定义：

干货船、油船、气体船、集装箱运货船、滚装货船、杂货船—载重吨(Deadweight)，其中，集装箱货运船取 65%的载重吨；

客船、客滚船——总吨(1969 国际吨位丈量公约附则 I 第 3 条)；

Deadweight——在水密度为 1.025kg/m^3 情况下在最深营运吃水下的船舶排水量和船舶空船重量间的不同吨位；

P——主辅机的功率，单位为 kW；

n_{ME}——主机的台数；

$P_{ME(i)}$——每台主机额定装机功率(MCR)扣除轴带发电机后剩余功率的 75%，即

$$P_{ME(i)}=0.75\times(\mathrm{MCR}_{ME(i)}-P_{PTO(i)})$$

图 8-14 给出了计算 $P_{ME(i)}$ 的示意图。

$P_{PTO(i)}$——主机输给轴带发电机功率的 75%；

$P_{PTI(i)}$——轴电机发出额定功率时，输入功率的 75%；

P_{eff}——由于能效技术创新使得主机减少功率的 75%；

$P_{AEeff(i)}$——由于能效技术创新使得辅机减少的功率；

P_{AE}——正常最大海况下所需要的辅机功率，这些所需的辅机功率包括在船舶航行 v_{ref} 速度和设计装载工况 Capacity 下的机械设备、系统、装置和船上生活用的功率，

对于货船，主机功率大于等于 10 000 kW 时，

$$P_{AE(MCR_{ME}\geqslant 10\,000\ kW)}=\left(0.025\times\sum_{i=1}^{n_{ME}}MCR_{ME(i)}\right)+250$$

对于货船，主机功率小于 10 000 kW 时，

$$P_{AE(MCR_{ME}<10\,000\ kW)}=0.05\times\sum_{i=1}^{n_{ME}}MCR_{ME(i)}$$

对于客船，P_{AE} 为船舶以参考速度 v_{ref} 航行时，扣除推进消耗的电功率后，消耗的电功率除以电机的平均效率；

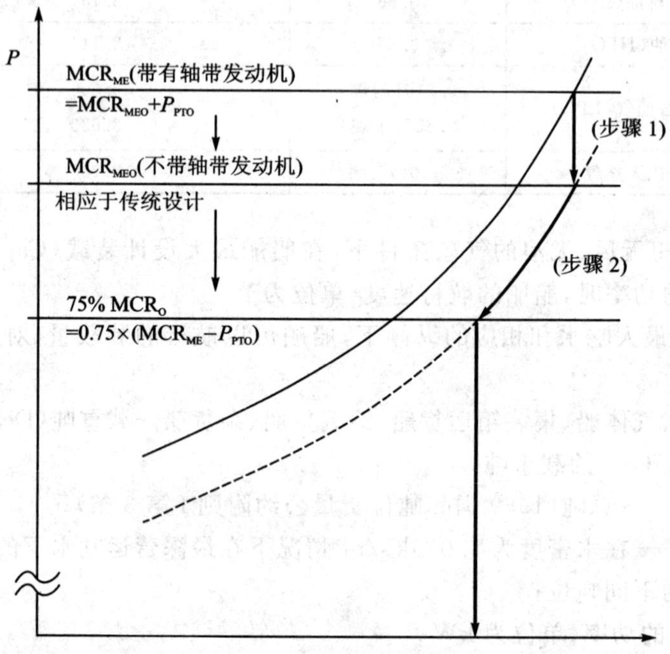

图 8-14 计算 $P_{ME(i)}$ 的示意图

SFC——获取 EIAPP 证书时发动机的比油耗，单位为 g/(kW·h)；

对于以 E2，E3 循环工作的发动机，主机比油耗（$SFC_{ME(i)}$）取认证时运行于 75% MCR 主机功率或额定扭矩时的油耗；

对于以 D2，C1 循环工作的发动机，辅机比油耗（$SFC_{AE(i)}$）取认证时运行于 50% MCR 辅机功率或额定扭矩时的油耗；

对于客船，辅机比油耗（SFC_{AE}）取认证时运行于 75%MCR 辅机功率或额定扭矩时的油耗；

SFC_{AE}——$SFC_{AE(i)}$ 的加权平均值；

对于功率小于 130 kW 的发动机，没有 EIAPP 证书，SFC 由生产厂家或主管机关确定。

f_j——考虑船舶特殊设计的修正系数，对用于冰区加强的船舶，f_j 可由表 8－12 确定，对其他类型的船，f_j 取 1.0。

表 8－12　冰区加强的船舶功率修正因子 f_j

船舶类型	f_j	冰级			
		IC	IB	IA	IA Super
油　轮	$\frac{0.516L_{PP}^{1.87}}{\sum_{i=1}^{n_{ME}} P_{ME(i)}}$	$\begin{cases}\max 1.0\\ \min 0.72L_{PP}^{0.06}\end{cases}$	$\begin{cases}\max 1.0\\ \min 0.61L_{PP}^{0.08}\end{cases}$	$\begin{cases}\max 1.0\\ \min 0.50L_{PP}^{0.10}\end{cases}$	$\begin{cases}\max 1.0\\ \min 0.40L_{PP}^{0.12}\end{cases}$
干货船	$\frac{2.150L_{PP}^{1.58}}{\sum_{i=1}^{n_{ME}} P_{ME(i)}}$	$\begin{cases}\max 1.0\\ \min 0.89L_{PP}^{0.02}\end{cases}$	$\begin{cases}\max 1.0\\ \min 0.78L_{PP}^{0.04}\end{cases}$	$\begin{cases}\max 1.0\\ \min 0.68L_{PP}^{0.06}\end{cases}$	$\begin{cases}\max 1.0\\ \min 0.58L_{PP}^{0.08}\end{cases}$
杂货船	$\frac{0.0450L_{PP}^{2.37}}{\sum_{i=1}^{n_{ME}} P_{ME(i)}}$	$\begin{cases}\max 1.0\\ \min 0.85L_{PP}^{0.03}\end{cases}$	$\begin{cases}\max 1.0\\ \min 0.70L_{PP}^{0.06}\end{cases}$	$\begin{cases}\max 1.0\\ \min 0.54L_{PP}^{0.10}\end{cases}$	$\begin{cases}\max 1.0\\ \min 0.39L_{PP}^{0.15}\end{cases}$

f_w——非量纲系数，包含了因浪高、浪频和风速导致船舶减速的因素，该系数可以由如下方式确定：

① 通过模拟试验获得，模拟试验的方法应符合由 IMO 制定的指导性文件的规定，每艘船试验方法和试验结果应由主管机关或主管机关认可的组织进行认可；

② 若无法进行模拟试验，该系数可以通过标准 f_w 曲线查得，在指导性文件中的标准曲线，以船型为基本，反映了不同的 Capacity 不同的 f_w 值，标准曲线是一个保守的方法，也就是基于典型海况下通过对尽可能多的现有船实际减速统计后得出的曲线；

③ 在模拟试验和标准曲线指导性文件没有完成以前，f_w 应该取 1.0。

f_i——能力系数，主要考虑任何技术或规定限制了船舶的能力，若无需考虑该因素，可以假定该系数为 1.0。对用于冰区加强的船舶，f_i 可由表 8－13 确定；对其他类型的船，f_i 取 1.0。

L_{PP}——船舶两柱间长度，m。

表 8-13 冰区加强的船舶功率修正因子 f_i

船舶类型	f_i	冰级			
		IC	IB	IA	IA Super
油轮	$\frac{0.00115L_{PP}^{3.36}}{capacity}$	$\begin{cases}\max 1.31L_{PP}^{-0.05}\\ \min 1.0\end{cases}$	$\begin{cases}\max 1.541L_{PP}^{-0.07}\\ \min 1.0\end{cases}$	$\begin{cases}\max 1.80L_{PP}^{-0.09}\\ \min 1.0\end{cases}$	$\begin{cases}\max 2.10L_{PP}^{-0.11}\\ \min 1.0\end{cases}$
干货船	$\frac{0.000665L_{PP}^{3.44}}{capacity}$	$\begin{cases}\max 1.31L_{PP}^{-0.05}\\ \min 1.0\end{cases}$	$\begin{cases}\max 1.541L_{PP}^{-0.07}\\ \min 1.0\end{cases}$	$\begin{cases}\max 1.80L_{PP}^{-0.09}\\ \min 1.0\end{cases}$	$\begin{cases}\max 2.10L_{PP}^{-0.11}\\ \min 1.0\end{cases}$
杂货船	$\frac{0.000676L_{PP}^{3.44}}{capacity}$	1.0	$\begin{cases}\max 1.08\\ \min 1.0\end{cases}$	$\begin{cases}\max 1.12\\ \min 1.0\end{cases}$	$\begin{cases}\max 1.25\\ \min 1.0\end{cases}$
集装箱运货船	$\frac{0.1749L_{PP}^{2.29}}{capacity}$	1.0	$\begin{cases}\max 1.25L_{PP}^{-0.04}\\ \min 1.0\end{cases}$	$\begin{cases}\max 1.60L_{PP}^{-0.08}\\ \min 1.0\end{cases}$	$\begin{cases}\max 2.10L_{PP}^{-0.12}\\ \min 1.0\end{cases}$
气体船	$\frac{0.1749L_{PP}^{2.33}}{capacity}$	$\begin{cases}\max 1.25L_{PP}^{-0.05}\\ \min 1.0\end{cases}$	$\begin{cases}\max 1.60L_{PP}^{-0.08}\\ \min 1.0\end{cases}$	$\begin{cases}\max 2.10L_{PP}^{-0.12}\\ \min 1.0\end{cases}$	1.0

$f_{eff(i)}$——反映任何创新能效技术的可能因素，对于余热回收系统 $f_{eff(i)}$ 取 1.0。

使用公式(8-12)计算新船能效指数时，需要注意的是，① 如果用轴带发电机提供部分正常最大海况下所需要的辅机功率，则对这部分功率，用 SFC_{ME} 代替 SFC_{AE}；② 公式(8-12)不适合柴油机电力推进系统、燃气轮机推进系统和混合动力推进系统；③ 公式中 V_{ref}；Capacity 和 P 相互之间应协调一致。

IMO 的 EEDI 基线规定了干货船、油轮、气体船、集装箱运货船、滚装船和杂货船等各种船舶 CO_2 排放的基准值。由于 MEPC 关于 EEDI 基线的具体形式还存在一定争议，这里不介绍它们的具体公式了。

MEPC 还计划就控制减少 CO_2 排放的措施进行讨论并计划尽快达成协议，其中减少船舶 CO_2 的长期措施主要包括：

① 船舶设计的技术措施；

② 使用替代燃料；

③ 新船的 CO_2 设计指数；

④ CO_2 运行指数的外部查验；

⑤ 统一的 CO_2 运行指数限制以及对不符合的惩罚；

⑥ 排放交易机制(Emissions Trading Scheme - ETS)和/或清洁发展机制(CDM)；

⑦ 港口基建费征收中的 CO_2 排放因素。

8.8.2　能效运行指标

能效运行指标(EEOI)供船东用于测量现有船舶的能源效能,判断目前采用的减少能源消耗措施的有效性。从 2005 年开始,能效运行指标开始被一些成员国和航运业试用到数百艘船舶上。

按照 IMO MEPC 第 59 次会议的决议,EEOI 适用于各种船型,包括干货船、油船、气体船、集装箱运货船、滚装货船、杂货船、客船、客滚船等。EEOI 由下述公式确定:

一次航行时

$$\mathrm{EEOI}=\frac{\sum_{j} FC_j \times C_{\mathrm{F}(j)}}{m_{\mathrm{cargo}} \times D} \tag{8-13}$$

多次航行时

$$\mathrm{EEOI}=\frac{\sum_{i}\sum_{j}(FC_{ij} \times C_{\mathrm{F}(j)})}{\sum_{i}(m_{\mathrm{cargo},i} \times D_i)} \tag{8-14}$$

式中:j——燃油类型;

i——航行次数;

$C_{\mathrm{F}(j)}$——与燃油 j 相应的 CO_2 转换系数;

m_{cargo}——货物量(吨,货船)或标准集装箱数量(集装箱船)或旅客数量(客船);

D——船舶航行的海里数。

由公式(8-13)和公式(8-14)可见,对不同的船舶,EEOI 可以有不同的单位,吨 CO_2/(吨·海里)、吨 CO_2/(标准集装箱·海里)或吨 CO_2/(人·海里)。

第 9 章　降低船舶柴油机氮氧化物和硫氧化物的措施

9.1　降低船舶柴油机氮氧化物和硫氧化物的机内措施

机内措施是指那些控制燃烧过程中排放物生成的措施，而机外措施是指那些污染物生成后，在排气系统中对已生成的污染物进行处理以减少其排放的技术。机内和机外净化措施可以用来控制发动机所有排放污染物，本章主要针对船舶发动机的 NO_x 和 SO_x 排放。由第 8 章可知，船舶发动机的 NO_x 和 SO_x 排放由 IMO MARPOL 附则Ⅵ限制。根据 NO_x 和 SO_x 污染物形成的机理，当采取减排措施时，除了需要考虑其对 NO_x 和 SO_x 的作用外，还需考虑其对发动机性能和其他污染物的作用，避免引起发动机性能的过分降低或其他污染物排放的过多增长。

就氮氧化物排放而言，采用机内净化措施，可以使排放满足目前 IMO 附则Ⅵ中 Tier I 的要求，目前最新的发动机已采用了这些技术。虽然，目前对 NO_x 的控制主要针对船舶柴油机，但随着排放限制的日益严格，未来也要对燃气轮机的 NO_x 排放进行控制。

除了陆地上使用的流化床锅炉外（这类设备可向炉中添加石灰等碱性物质），所有的燃烧装置均需考虑 SO_x 排放。由于发动机排放的 SO_x 来源于燃料中的硫，所以机内 SO_x 控制措施，只是限制燃油的硫含量。这可以通过使用符合要求的低硫燃油，或在船上将低硫燃油与常用燃油混合，使混合燃油硫含量达到法规要求。

9.1.1　氮氧化物

燃烧过程中 NO_x 的形成主要取决于燃烧温度、氧原子浓度和混合气在高温环境中滞留的时间。因此，NO_x 的控制措施应能：

① 避免燃烧室内局部温度过高；

② 实现较低的燃烧温度；

③ 减少可燃混合气在高温环境中的滞留时间。

减少发动机 NO_x 排放的措施有很多，各种措施从各个方面影响 NO_x 的生成，但归根到底都是针对影响 NO_x 生成的最主要因素，即燃烧温度、氧原子浓度和在高温环境中滞留的时间发生作用。一般而言，减少 NO_x 生成的机内措施可以分为 3 大类：基于燃料的控制技术、基于进气的控制技术和基于燃烧的控制技术。

图 9-1 给出了柴油机减少 NO_x 排放的主要机内控制措施，其中某些措施可应用于中低速柴油机，但那些通过减少着火滞燃期内柴油燃烧量的方法，只适用于中高速柴油机。机内措施相对应的 NO_x 排放单位为比制动功率排放[g/(kW·h)]。需要特别注意的是，在实际过程中，在某些特殊工况下，采用机内措施后，有可能出现以废气浓度(ppm)表示的 NO_x 排放增加的情况。但是，实际上，在这种情况下，功率或燃油效率的增加足以补偿 NO_x 排放(ppm)增加的影响，总的来说，以比制动功率表示的 NO_x 排放减少了。

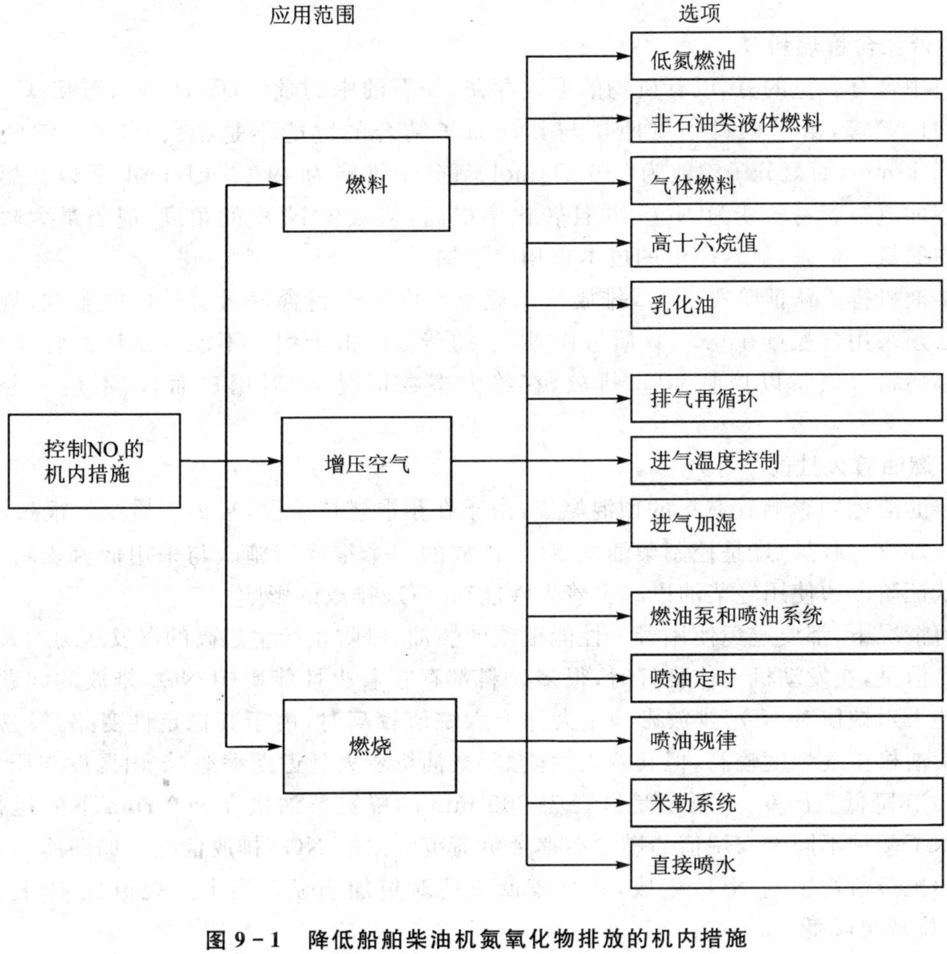

图 9-1　降低船舶柴油机氮氧化物排放的机内措施

在第 8 章中已经知道，排放法规中 NO_x 排放标准采用加权平均值，对作为推进动力使用的发动机，最大加权因子(0.5)在 75%负荷处，因此，减少 75%负荷附近的排放可以显著降低发动机最终的 NO_x 排放。

如图 9-1 所示，机内措施主要对燃油、进气和燃烧过程起作用。为避免引起其他污染物

（主要是颗粒和烟雾）排放增加过多、发动机性能降低或油耗增加太多，在实际应用中，可能需对这些控制措施进行一定的限制。所选择的减少 NO_x 排放方案必须对柴油机本身和各种零部件的性能、稳定性和寿命无不利影响。实际上，没有一种方案可适用于所有发动机，每种方案对柴油机都有或多或少的副作用。

下面对主要的柴油机机内控制 NO_x 方法进行简单介绍。

1. 基于燃料的控制技术

(1) 低氮含量燃料

燃料中含有少量的氮，以有机物的形式存在，如石油中的吡啶（C_5H_5N）、哌啶（$C_5H_{11}N$）、喹啉（C_9H_7N）等，由于燃料中氮原子与其他原子结合的键能不是很大，C－N 键能一般为 250～630 J/mol，而氮分子键能为 946 kJ/mol、氧分子键能为 497.3 kJ/mol，所以在燃烧过程中燃料中的氮很容易转变为 NO_x，并且转化率很高，从减少 NO_x 的角度，应当最大限度地减少燃料中的氮。但是，显然燃油的成本也相应增加了。

在柴油机排放认证阶段，NO_x 排放技术规范考虑了燃料含氮量对排放的影响，规定母型机实验必须采用含氮量在 0.1%（质量比）以下的柴油。由于用户不能控制燃油含氮量，所以通过减小燃料含氮量以控制 NO_x 排放，在绝大多数情况下，对用户而言，不是一个可行的方法。

(2) 燃油着火性能

燃料的滞燃期影响着燃料的预混燃烧，由于在预混燃烧阶段，缸内工质温度很高，NO_x 生成量很大，减少预混燃烧是控制柴油机 NO_x 排放的一个重要措施。与采用低氮燃料一样，在母型机认证阶段须使用轻柴油以减少着火性能对 NO_x 排放的影响。

任何情况下，都要避免使用着火性能很差的燃油，以防止产生过高的爆发压力对发动机造成损坏。但是，在发动机工作良好时，很多燃料都存在着火性能影响 NO_x 排放的问题。柴油机燃料的十六烷值对 NO_x 排放影响很大。十六烷值较高时，由于其稳定性变差，极易裂解为碳烟。柴油机排气烟度较高，但其着火性能好，柴油机着火延迟期缩短，缸内温度与压力降低，NO_x 排放亦降低。图 9－2 所示是缸径为 200 mm 的单缸柴油机在 900 rpm 下的运行情况。图中显示了两种不同十六烷值的燃油在整个负荷范围内的 NO_x 排放情况。如图所示，十六烷值与柴油机负荷均影响 NO_x 生成，并且较低负荷时更加明显。当十六烷值从 40 提高到 50 时，NO_x 排放可降低 10%左右。

(3) 燃油掺水乳化作用(fuel water emulsion)

乳化油是将水加入燃油中，使水以细小颗粒形式均匀存在于燃油中而形成的液体。这种技术最初是作为改进发动机燃烧性能的措施应用在船舶柴油机上，现在乳化油技术已被作为一种高效降低 NO_x 排放的技术。

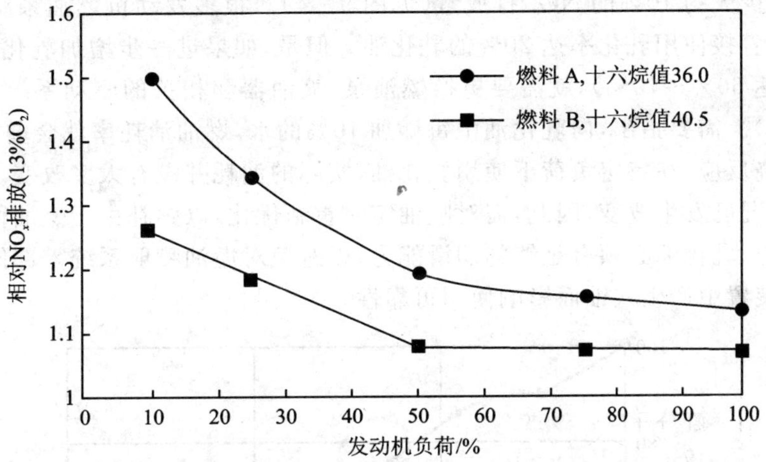

图 9-2　十六烷值对 NO_x 排放的影响

乳化装置由一个计量喷水器和一个均匀混合器组成，通常安装在储油箱和燃油供给系统之间(见图 9-3)。渣油乳化非常稳定，但柴油乳化时需要添加乳化剂，以避免油水分离。同时，为避免汽阻，需要对整个供油系统加压。由于乳化技术增大了燃料的表面黏度，所以在使用乳化油时需要对它进行预热处理。为了保证发动机在瞬态工况下运行良好，需要对发动机油路进行一定的改造。

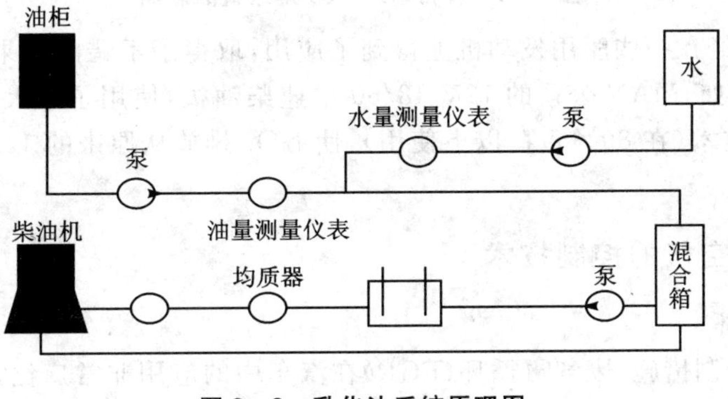

图 9-3　乳化油系统原理图

乳化油中含水量的多少通常用乳化率来表示。乳化率定义为加入水的质量与燃油质量的百分比，例如，乳化率为 40%时，实际含水 29%，含油 71%。

在乳化燃油燃烧期间，添加的水吸收了一部分燃烧热量，同时，由于水的比热比空气的大，从而降低了可燃气的整体温度，进而限制了 NO_x 的形成。另外，由于水蒸气对可燃混合气的稀释作用，也降低了燃烧速率。

燃油掺水技术对发动机 NO_x 降低的效果，与发动机有关，一般而言，燃料中每增加 10%

的水量，可以减少大约10%的 NO_x 排放量(见图9-4)。很多发动机燃油系统不需要进行任何改变，就可以直接使用乳化率达20%的乳化油。但是，如果进一步增加乳化率(目前有的试验乳化率已高达60%～70%)，就需要更换燃油泵、喷油器和相关的驱动系统，以适应增加的供油量(乳化油)。需要指出，向乳化油中每增加10%的水，燃油消耗率就会增加1%左右。由于水不参加燃烧反应，在特定负荷下使用乳化油，实际的油耗并没有太多改变。由于使用乳化油时，发动机工况已发生改变，因此，需对喷油定时重新优化，以弥补由于燃油稀释而延长的着火延迟期。另外，乳化油必须有足够的润滑能力，以避免对燃油喷射系统零部件的损害，同时，须避免在喷射装置中产生穴蚀而影响使用可靠性。

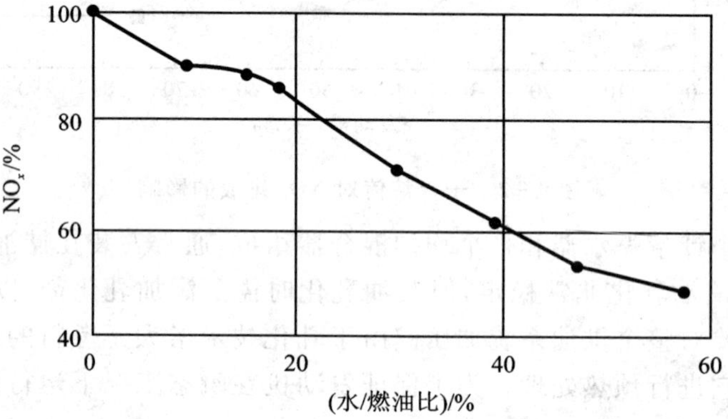

图9-4 乳化率对 NO_x 排放量的影响

乳化油技术已经在一些船用发动机上得到了应用，取得了不错的效果，可以降低 NO_x 排放20%～30%。例如，MAN公司的12V 48/60中速柴油机，使用了最大含水量20%的乳化油，结合延迟喷油技术(在80%负荷以下使用)，使 NO_x 排放从原来的14.5 g/(kW·h)降到6.7 g/(kW·h)。

2. 基于增压空气的控制技术

(1) 废气再循环

作为 NO_x 的控制措施，废气再循环(EGR)在汽车中的应用非常广泛，因为汽车使用的燃料品质较好，颗粒排放较低。5%～10%的EGR率可以减少高达50%的 NO_x 排放量。EGR减少了缸内总的含氧量(增加 CO_2 含量)，提高了进气中水蒸气的含量，同时与空气相比，增加混合气的比热，这些对于燃烧过程都有抑制作用。由于船用燃油硫含量和灰分要比汽车燃料大很多，如果在船舶柴油机上应用废气再循环，会引起汽缸套的磨损和腐蚀，并增加废气中颗粒和烟雾的排放，这又进一步加剧了缸套的磨损和腐蚀。目前普遍认为船舶柴油机中运用EGR是不可行的。只有当对再循环的废气可以很容易地进行清洗和冷却时，EGR才有可能在船上使用，但也仅局限在使用高质量蒸馏燃油的高速发动机上。

(2) 进气温度

降低进气温度,可以降低循环温度,进而可以减少 NO_x 的排放。图 9－5 所示为进气温度和 NO_x 减少之间的关系。由图可知,在适当的条件下,控制进气温度,可以减少 5%～15%的 NO_x 排放。但通过进气温度来控制 NO_x 排放有一定的局限,因为进气冷却的程度,受到海水温度、增压空气和中冷器效率的限制。另外,对于船舶柴油机,必须保证足够高的进气温度,以避免在空气冷却器管壁上形成水滴。如果水滴漏出,并随进气进入气缸,将会损坏缸套的油膜。

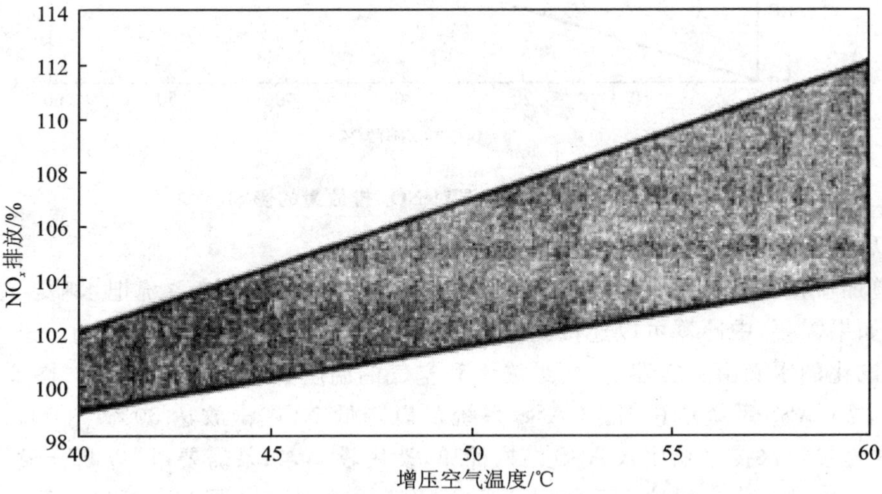

图 9－5　增压空气温度对 NO_x 排放量的影响

由于降低进气温度可以减少 NO_x 排放,在 IMO 的船舶柴油机 NO_x 技术规范中,在进行发动机认证时,规定海水最低温度为 25 ℃,以避免在试验条件下通过这种方法来过多地降低 NO_x 排放值。

(3) 进气道加湿

进气道加湿(humidification)向进气中喷水或喷蒸汽,以提高其湿度。这可以通过安装的喷水阀向进气道内喷水实现,系统中喷水器可由共轨系统供水,同时改进供油系统,以缩短由于加湿而延长的着火滞燃期。图 9－6 所示为一个配备了进气道内喷水系统的小功率柴油机(96kW)的试验结果。结果显示,喷水量为进气质量流量的 3%时,NO_x 排放大约减少 50%。采用进气道加湿时喷嘴必须保证喷入的水进入燃烧室时全部雾化良好,以避免损坏缸套油膜。

进气道加湿降低 NO_x 排放的原因是因为加入进气中的水蒸气的比热比空气的大,降低了缸内工质的温度,从而减少了发动机 NO_x 的生成。

进气道加湿有两种形式,一种是 M. A. Turbo /Engine Design 的连续喷水系统(CWI),该系统把非常小的水滴喷到增压器后的进气道内。在发动机高负荷时喷水系统自动打开。使用

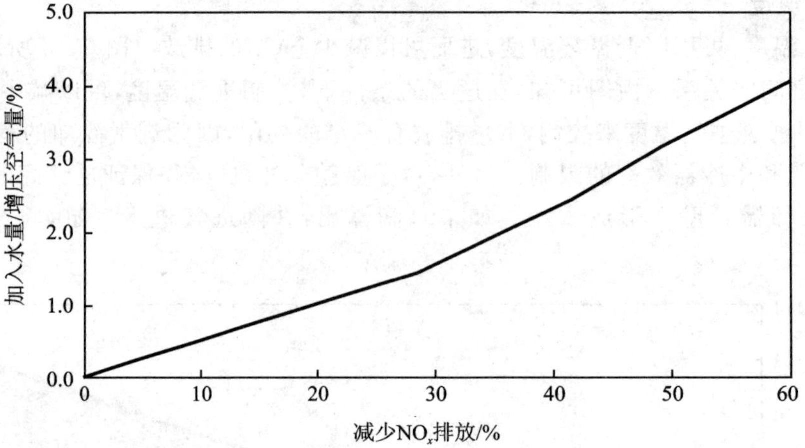

图 9-6 进气加湿对 NO_x 排放量的影响

该系统可以减少 NO_x 排放 30%以上。

进气道加湿的另一种形式是 Wartsila 公司的 CASS 系统。该系统把水喷在增压器后的进气道内，如果需要，中冷器可以连接到高温冷却水循环作为加热器汽化水滴。进气经过中冷器后，没有汽化的水滴由除雾器清除，最终饱和空气的温度大约是 40～70℃。图 9-7 所示为 Wartsila 公司 CASS 系统示意图。CASS 系统可以降低 NO_x 排放达 50%～60%。与后面将要讲的缸内直接喷水技术相比，CASS 结构简单，费用较小，如果需要，可以断开喷水系统而不影响发动机的正常工作。但这个系统对干净水的消耗较大。根据上述 CASS 系统的特点，这个系统可以作为船用四冲程柴油机减少 NO_x 排放的措施。

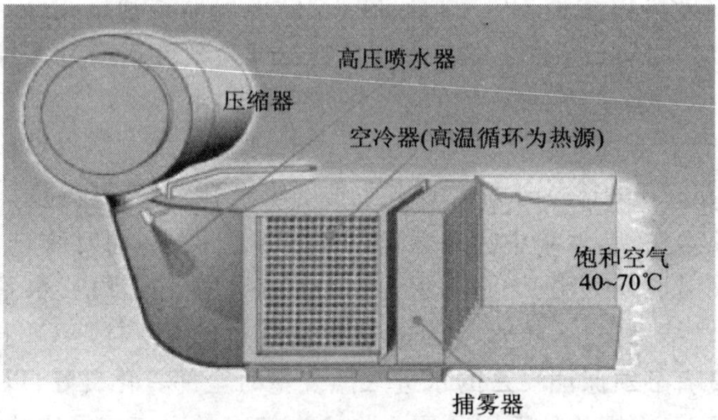

图 9-7 CASS 系统示意图

3. 基于燃烧的控制技术

(1) 燃油泵和喷嘴系统

对很多现有发动机而言，只要对燃油喷射系统进行少量修改，就可使它们达到 MARPOL 73/78 附件Ⅵ的 Tier Ⅰ排放要求。这种改动不涉及发动机的重新设计，避免了采用额外的系统而引起的问题。但一般而言，这种改动会引起油耗的提高或增加烟雾和颗粒的排放。如果要避免这些副作用，需要对整个发动机进行整体重新优化设计。

(2) 燃油喷嘴的设计

对于相同的喷油量，增加喷油器头部的喷孔数目或增加喷油器的数目，都会增加燃烧室内喷雾的数目。喷雾增加导致喷雾重叠度增加，降低了燃油处于局部高温区的比例，改善了燃油的雾化和分布，因而能降低 NO_x 的排放。但在整个发动机负荷范围内，喷雾重叠度不能太大，以避免局部区域燃油过剩，引起烟雾和颗粒排放的增加。

喷油器喷孔直径对柴油机排放也有明显的影响。当循环供油量与启喷压力一定时，减少孔径会减少初期喷油量，抑制预混合燃烧和最高燃烧温度，减少 NO_x 的生成。

MAN B&W 系列低速柴油机通过使用重新优化设计的喷嘴，降低了的基于 E3 循环的 NO_x 实际排放水平，其中大部分符合附则Ⅵ的要求，如图 9-8 所示。实际上，喷嘴的位置需要经过折中，避免油束直接射到燃烧室表面，并保持燃烧室内合理的热分布。

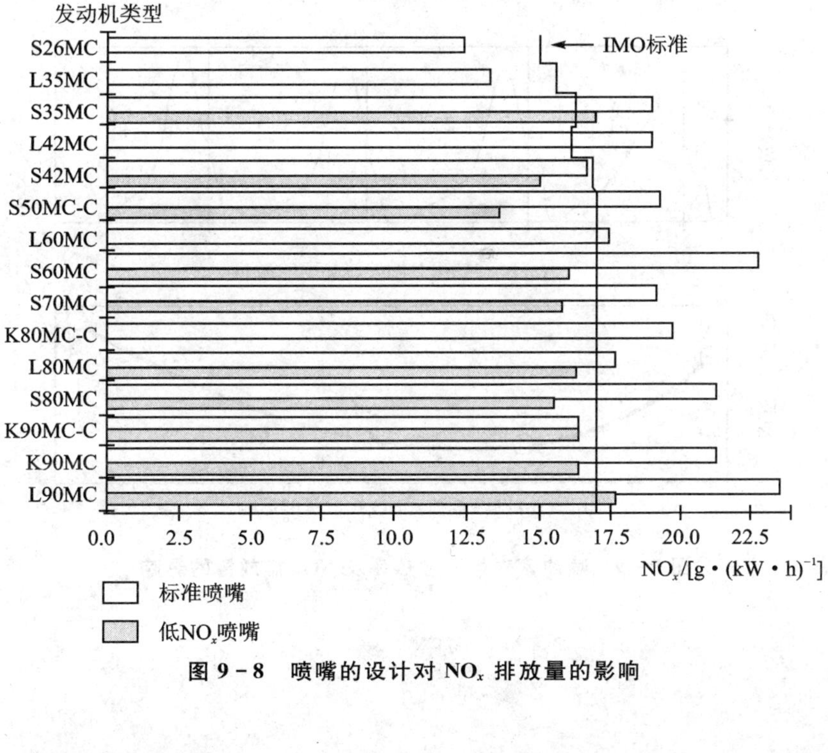

图 9-8　喷嘴的设计对 NO_x 排放量的影响

(3) 喷油规律

喷油规律与喷油阀开启时燃油喷入气缸的速率有关，对机械喷油系统而言，它是供油凸轮外形的函数。如果采用电控喷油系统，特别是共轨燃油系统，如果喷射系统可以承受加热渣油所需的高温，则喷油规律可以非常灵活。喷油规律直接决定燃烧室内燃油的燃烧情况，对发动机放热、做功和污染物的生成都有直接影响。图 9-9 所示是改进喷油规律对四冲程柴油机放热率的影响。图中所示的喷油规律范围从 20 世纪 70 年代 1 一直到 90 年代中期 4[见图 9-9(a)]，这些喷油规律的优化都是以降低油耗为目的进行的，没有考虑排放问题。从降低排放的角度来看[见图 9-9(b)]，喷油规律 1 限制了滞燃期内的喷油量；而喷油规律 4，燃油喷射持续期过短，容易形成局部高温区并由此引起 NO_x 大量形成，这种情况可能发生在当增加喷油器喷孔数目时，因为更多的燃油可以在接近理论比的条件下燃烧。因此，对喷油规律研究的目标应是在保证合适的热效率，并避免颗粒及烟雾排放增加的情况下，找到一种能降低 NO_x 生成量的喷射规律。

事实上，为减少排放，无论是喷油期还是喷油速率都需要更加精确地控制，比如采用两级机械喷油器和部分共轨电子喷油器。例如，在 Wartsila 46 型柴油机中，采用了两级喷油器系统，一个偏置的分段喷油器控制燃烧的开始过程，而位于中央的主喷油器向已形成的燃烧区提供大量的燃料。与此相应，在 Wartsila 64 型柴油机中，使用部分共轨电子喷油系统，每缸使用两个柱塞，将公用供油管与单个喷嘴连接起来，其中一个柱塞控制供油定时，另一个控制总的喷油量。

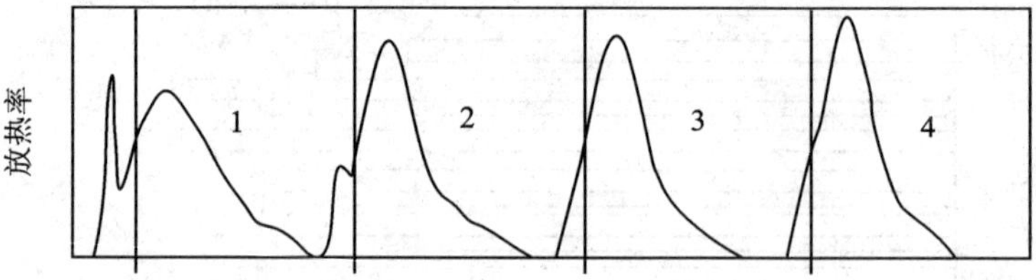

(a) 喷油规律对燃油放热率的影响

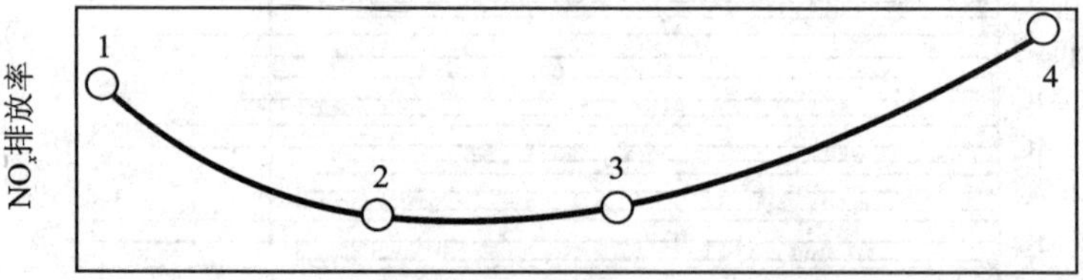

(b) 喷油规律对NO_x排放量的影响

图 9-9 喷油率对燃油放热率及 NO_x 排放量的影响

(4) 预喷射

在正常喷油前预喷少量的燃油，促进后面燃油的燃烧，同时减少了预混部分的燃油量。预混燃油的减少，降低燃烧开始时的温度和压力，进而降低最高爆发压力，减少 NO_x 的生成。Wartsila 公司在中速柴油机 VASA46 上应用预喷射技术，NO_x 排放减少达 15%。另外，利用预喷射技术，可以实现在一种发动机上使用两种燃料(即双燃料)。预喷射着火性能较好的燃料，而另一种是十六烷值较低的着火性能较差的燃料并将其作主燃料(例如在柴油机上使用天然气时，柴油用做预喷射燃料，天然气作主燃料)。由于存在费用和可靠性的问题，预喷射技术很少用在大型船用发动机上。

(5) 喷油定时

延迟喷油是减少 NO_x 排放的一种最方便的方法。喷油越晚，最高温度就越低，N_2 和 O_2 在高温滞留的时间也减短，从而降低了 NO_x 的排放量。图 9-10 为延迟喷油对某 1.3 MW 柴油机 NO_x 排放量的影响，发动机工作基于 D2 循环，喷油提前角从上死点(BTDC)前 23°CA 延迟到 BTDC 前 20.5°CA，NO_x 排放从 13.2 g/(kW·h)减少到 10.6 g/(kW·h)。

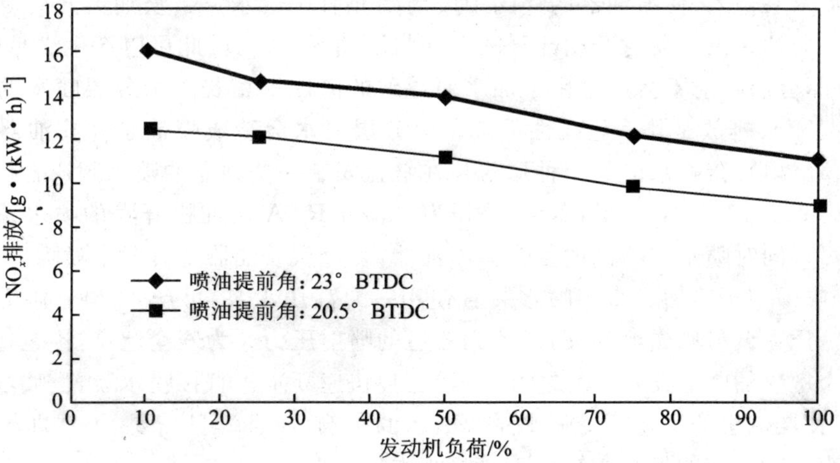

图 9-10　喷油延迟对 NO_x 排放量的影响

一般而言，采用延迟喷油，NO_x 排放降低 10%～15%，油耗将增加约 1.5%～5%。油耗的增加主要集中在高负荷区，作为一种相当简便且有效地减少 NO_x 排放的措施，延迟喷油增加的油耗也最高。因为对于燃油利用效率而言，延迟喷油相当于把发动机从它的设计优化点变为非优化点。因此，延迟喷油通常与提高压缩比等措施一起使用，以保证增加的油耗处于可以接受的范围。改变喷油定时控制 NO_x 排放的代表是 Wartsila-NSD Sulzer RTA 系列柴油机使用的 Sulzer 可变喷油定时系统(VIT)。这种燃油喷射系统的优点在于，喷油起始和喷油结束都由独立的调节阀控制，与滚动式泵相比，有更大的灵活性。

如果延迟喷油过多，会减少喷射后期喷射燃油的燃烧时间，将会导致颗粒和烟雾排放增加。另外，需要注意，由于后燃导致排气温度增加，因此会引起发动机零部件热负荷的增大。

(6) 米勒增压系统

在米勒增压系统中，可以调整进气定时，使进气阀在下死点前关闭，随活塞的运动，缸内新鲜空气的膨胀可以降低压缩行程开始时的压力和温度，并降低最终压力和温度。燃烧过程较低的温度限制了 NO_x 的生成，最多可达 20%以上。

由于最初的“超冷”效应非常明显，米勒增压系统的运作依赖于涡轮增压器提供足够高的进气压力。和通常进气冷却措施一样，必须注意压缩行程结束时缸内工质的温度，避免由于低温而导致着火滞燃期过度延长。

(7) 直接喷水(或蒸汽)技术

缸内直接喷水技术有两种形式。一种是分层喷水技术，分层喷水是将水充填到喷油器两个燃料层之间，然后分层喷入燃烧室，在 NO 开始生成之前将水喷入燃烧室，通过降低最高燃烧温度即可较理想地降低 NO 的生成量。图 9-11 所示为低速和中速发动机上使用的油/水分层喷射系统结构图。分层喷水用的喷油器配有一个附加水的接口，水在排气上死点时通过一个独立的喷水泵输入，使喷油器的针阀中段周围充有一层水。当喷油器开启时就喷出大量的柴油—水—柴油。由于喷射开始部分的燃油与原循环一样，因此可以产生满足要求的火焰。与乳化油不同，分层喷射不会产生由于加水而导致的滞燃期增长。当分层喷水的喷水量增加至 40%时，其 NO_x 排放量几乎呈线性下降。但分层喷水会造成喷油泵和喷油器针阀偶件的磨损和腐蚀。缸内直接喷水的另一种形式是在缸盖安装一个独立的喷水阀或者把它和喷油器结合在一起，图 9-12 为 Wartsila NSD 公司为 Sulzer RTA 柴油机开发的喷水系统。该系统设计了一个可以同时喷水和喷油的复合型喷油器，复合型喷油器中有两个喷嘴，一个喷嘴用于喷水，另一个喷嘴用于喷油。直接喷水装置使用一个高压水泵，可产生 20～40 MPa 的水压，泵出的水由一压力调节阀送至喷嘴，以达到合适的喷射压力。为安全起见，接至每个气缸的水管均安装一个敏感的断流器，水量过大时可以实现快速断水。直接喷水装置-喷水系统与喷油系统独立，可使柴油机的运行不受喷水系统断水的影响，而且一旦需要，可立即转换到“无水”运行。缸内直接喷蒸汽的形式与缸内直接喷水类似。

直接喷水装置由于水的可用量大，NO_x 排放量能减少 60%。在这些系统中，喷入的水在缸内当前条件下立即蒸发，通过冷却和稀释燃料、空气混合物，从而降低 NO_x 的生成，其作用原理和乳化油类似。直接喷水技术的优点在于，在燃烧早期，当大量 NO_x 生成时，通过优化喷水定时，可以最大限度地减少由于喷水产生的燃料消耗。与进气道加湿相比，直接喷水所需水量较少。直接喷水的缺点在于，当燃油含硫量较高时($S>1\%$，m/m)，为了防止腐蚀，需要特别注意喷油嘴和燃烧室的材料。

缸内直接喷水技术可以应用到二冲程柴油机上。如果在四冲程机上使用，当燃用高含硫

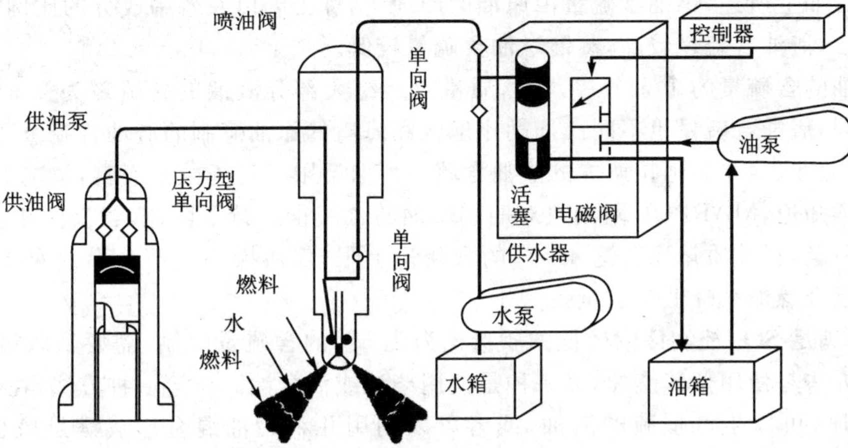

图 9－11　油/水分层喷射系统

图 9－12　应用于低速柴油机的燃油和水缸内直喷的喷嘴

量的燃油时，要注意材料的选择。

9.1.2　硫氧化物

基于比制动功率的 SO_x 排放量与燃油含硫量直接相关。控制 SO_x 排放的最有效的机内方法是限制燃油中的硫含量，MARPOL 附则Ⅵ采用其作为控制全球 SO_x 排放的措施以及作为在 SO_x 排放控制区域控制硫排放的措施之一。这种机内控制方法可应用于所有运输装置。

所有原油都或多或少地含有一定量的硫，为 0.1%～5.0%不等。这些硫可能以一种或多种不同的形式存在，例如以 H_2S 形式，或跟碳、氢甚至氧一起构成直链、分枝或环状结构的饱和的或不饱和的有机物。除非在精炼工序中，采用特殊的除硫技术，否则这些硫将存在于各种最终产品中。如上所述，燃油含硫量由原油的产地、精炼工艺以及各种成分的比例等因素所决定。一般而言，渣油含硫量较高，蒸馏燃油含硫量较低。

典型渣油的含硫量为1.5%～3.5%（质量比），绝大部分渣油的含硫量为2.5%～3.0%。随产地的不同，渣油含硫量也不同。加勒比地区和海湾的原油炼制的渣油含硫量可达上限，而产地为北海、北非、西非和阿拉斯加的渣油含硫量可取下限。对于柴油而言，情况更为复杂。

从第8章知道，MARPOL附则Ⅵ对船用燃油的含硫量进行了限制，含硫量不能超过规定值的上限。但是，目前质量比高达4.5%的含硫量上限，仅对极小一部分燃油有影响，甚至都不需要通过混合燃油来降低含硫量。

相反，为满足SO_x控制区内较低的质量比为1.5%的含硫量限制，需要采取措施，控制含硫量。一种方法是使用低硫渣油，另一种是使用柴油或混合油。对第一种方法，在炼油工序中加入脱硫工序，可以生产低硫的渣油，或者可以利用几种燃油混合形成满足硫含量要求的燃油。

9.2 降低船舶柴油机氮氧化物和硫氧化物的机外措施

随着国际海协对船舶发动机NO_x排放限制的日益严格，单纯采用机内措施不可能满足Tier Ⅲ严格的排放标准。结合机内排放控制措施和机外控制措施，是使船舶发动机排放满足排放标准的唯一路径。机外控制方法在发动机排气通过排气系统时利用化学反应改变排气的组成成分，将其中的有害成分转换成低（无）污染的气体成分，从而减轻排气对环境的污染。

排放机外控制措施目前广泛地应用于陆地上固定源及移动源的排放处理。机外措施与机内措施相比，不需要对发动机本身进行改动，可以保留发动机的优化运行状况，通过采用机外措施，对排出的高于排放限制的污染物进行处理，使之达到排放要求。

机外控制措施也有一些缺点，主要是费用和设备占用的体积，机外控制措施需要在排气系统上附加额外的设备，所需的投资费用相对较大，另外在船上，设备占用的体积受到船舶的限制。

总的说来，机外控制措施，可以达到比机内措施更低的污染物排放水平。

通过对船用发动机中各种控制NO_x排放的主要控制措施的比较，在目前阶段，最有效的机外控制方法为选择催化还原法（SCR）。此外，还有一些其他的机外措施，例如能将NO_x转化成N_2和O_2的低温等离子方法以及稀NO_x技术和NO_x吸收器的利用等，但这些措施或方法，或者减污效果不是很好，或者正处于实验研究阶段。相对而言，SCR技术已在陆地固定源和移动源排放处理方面应用了多年，有比较成熟的技术和经验。这些都是SCR系统在船舶方面应用的技术基础。

船舶发动机排放SO_x处理的情况和NO_x类似，海水洗涤技术作为一种较新的SO_x吸收技术应用在船舶上，该技术建立在海水是碱性的基础上。同样，类似的吸收SO_x的方法，在陆地固定源硫排放的处理上已经应用了多年，但陆地上使用的基于烟道去硫方法(湿式、干式或碱化去硫)，并不适应船舶的情况，这些方法都需要消耗相当数量的碱性物质(碱或石灰石)。

9.2.1　选择性催化还原技术

选择性催化还原技术是指利用氨、氨水、尿素或烃类为还原剂，在氧浓度高出 NO_x 浓度两个数量级以上的条件下，在催化剂的作用下，高选择性地优先把 NO_x 还原为 N_2。催化剂的作用是降低反应的活化能，使反应温度降低至合适的温度区间。

SCR 技术原理首先是由美国安格(Engelhard)公司发现并于 1957 年申请专利，后来日本在本国环保政策的驱动下，成功研制出了现今被广泛使用的 V_2O_5/TiO_2 催化剂，并于 20 世纪 70 年代末在燃油和燃煤锅炉上成功投入商业运行。目前 SCR 方法在燃煤电厂脱硝方面已成为世界上应用最多、最为成熟且最有成效的一种废气脱硝技术。近些年来，随着发动机排放法规的日益严格，应用 SCR 降低柴油机 NO_x 排放的技术成为了新的研究热点。

由于 SCR 技术涉及许多方面的技术，为叙述方便，对 SCR 技术分为几个部分分别介绍。

1. 还原剂

在柴油机利用 SCR 技术去除 NO_x 的过程中应用的还原剂主要有烃类、氨气和尿素水溶液等。

(1) 烃　类

烃类物质是 SCR 系统比较有前途的还原剂之一，它可以把 NO 还原为 N_2。

用碳氢化合物催化还原 NO_x，随着催化剂、还原剂的不同，机理也各不相同，过程较为复杂。但烃类作还原反应都涉及 2 个关键的问题：

① 碳氢化合物是如何被活化的，即 C—H 键是怎样断裂的；

② N_2是怎样形成的，即 N—N 键是如何形成的。

有研究认为，NO 与 C_xH_y复合反应可通过 3 种途径进行：

① NO 分解为 N_2和 O_2，生成的 O_2与 C_xH_y反应被除去；

② NO 直接与 C_xH_y反应，C_xH_y降解的残留物与 O_2反应；

③ NO，O_2，C_xH_y发生复合反应，其关键步骤是形成了氧化中间产物。

还原剂供给是制约烃类在柴油机 SCR 技术中用做还原剂的主要因素之一。此外，用碳氢化合物作还原剂所使用的催化剂，国内外研究较多的一般采用贵金属类催化剂，这类催化剂在应用过程中成本较高，而且对 N_2的选择性不高，尤其在较低温度时产生大量的副产品，且其活性温度范围较窄。如果柴油机的排气中碳氢化物含量较低时，利用碳氢化物作还原剂必须额外加入烃类，一方面经济上不合算，另一方面由于排气中有 O_2存在，烃类容易被氧化成碳氧化物，生成有副作用的产物，可能会造成二次污染，而且还原效率不高，因此，目前碳氢化合物用

做柴油机 NO_x 控制技术的还原剂还有许多技术难题需要解决。

(2) 氨 气

氨气用做还原剂选择性催化还原 NO_x 过程中，其高效工作温度与柴油机排气温度相当，对 N_2 的选择性好、还原效率较高，此外，排气中 O_2 的存在对还原反应起促进作用。但氨气作为还原剂尚存在如下一些缺点和不足：

① 必须严格控制 NH_3/NO 的比值，若 NH_3 过量，排入大气会造成二次污染；

② 反应适宜的温度较窄，温度太高，NH_3 被氧化；温度太低，催化剂活性降低；

③ 氨气在存储、运输及使用过程中易泄露，致使其运转费用较高；

④ 氨气对发动机排气管路有一定的腐蚀作用；

⑤ 氨气在较高的排气温度下，较容易着火，容易引起事故。

(3) 尿 素

尿素作为还原剂，不仅克服了还原剂难于储存、不便于运输的缺点，而且它本身无毒、经济性好。以尿素作为还原剂还原 NO_x 为例，尿素不仅以氨气的形式参加还原反应，而且它分解的副产品异氰酸(HNCO)也能还原 NO_x，此外，尿素分解过程中产生的水蒸气有助于抑制高温下 NH_3 被直接氧化为 NO_x 的几率。但是，由于它的冰点只有 −11 ℃，所以在温度较低的情况下，可能会产生结晶，但可以通过对其采取保温措施予以解决。

综上所述，在 SCR 技术的还原剂中，烃类及其衍生物来源广泛，价格便宜，适合在中温和高温下还原 NO_x，但其活性温度范围较小，还原效率不高，而且容易被氧化成碳氧化物而造成二次污染，另外，对烃类及其衍生物来说，其催化剂对燃油中的硫组分比较敏感，很容易造成催化剂中毒，目前用做柴油机 SCR 技术的还原剂还有许多技术困难。相比之下，NH_3 和尿素不但还原效率高、活性温度宽广，而且燃油中的硫组分对其催化剂负面影响比较小，但 NH_3 和尿素相比，由于尿素具有无毒和便于运输的优点，因此，在柴油机 SCR 技术中尿素更适合用做治理 NO_x 的还原剂。

2. 催化剂

催化剂是 SCR 去除 NO_x 技术的核心部分之一，对 SCR 的运行有直接的影响。国外 SCR 催化剂的研究始于上世纪中后期，经过多年的发展，目前催化剂主要有贵金属催化剂、金属氧化物催化剂和分子筛催化剂等。在 SCR 系统中，为了提高 NO_x 转化效率和延长催化剂寿命等，还需要添加微量用于改善催化剂性能的助催化剂以及选择合适的 SCR 催化剂载体。

(1) 贵金属催化剂

贵金属催化剂对 NH_3 氧化具有很高的催化活性，在低温下具有良好的催化活性，但是贵金属催化剂活性温度窗口较窄，选择性相对不是很好，造成 N_2O 生成量较多，使效率下降，在选择催化还原过程中会导致还原剂大量消耗而增加运行成本，同时，贵金属催化剂不仅造价昂贵，还易发生硫中毒，所以贵金属催化剂的研究目标是进一步提高低温活性，提高抗硫性能和选择性。

(2) 金属氧化物催化剂

金属氧化物型催化剂具有价格低、去除 NO_x 效率高、选择性强、反应温度适中、抗中毒能力强、运行稳定可靠等优点，但是，单一金属氧化物型催化剂高温下不稳定，催化活性不高，需要添加一些活性物质，同时排气中存在的 SO_2 等物质仍然可以降低催化剂的活性和使用寿命。目前，金属氧化物型催化剂已成为世界上应用最多、最为成熟且最有成效的 SCR 催化剂。

通过对不同金属氧化物分别进行研究，不同金属氧化物对利用氨去除 NO_x 反应的活性不同，活性顺序为 $CuO-Fe_2O_3-V_2O_5>Cr_2O_3>MoO_3-WO_3>ZnO-Co_3O_4-SnO_2-TiO_2>NiO$。

(3) 分子筛催化剂

分子筛催化剂对选择性还原 NO_x 具有高的催化活性，并且活性温度范围比较宽，在较高的温度下具有较好的催化活性，其催化活性主要表现在中高温区域。离子交换的分子筛催化剂，其分子筛的孔结构、硅铝比以及金属离子的性质和交换率对催化剂还原 NO_x 的活性有显著的影响。分子筛催化剂的缺点是抗 H_2O 和 SO_2 的能力差。

SCR 内的化学反应是多反应的竞争反应，为了保证最佳的转化效果，各种催化剂都有各自最佳的工作温度。SCR 催化剂按最佳工作温度可分为 3 类，如表 9-1 所列。

表 9-1　催化剂按温度分类

项　目	低温催化剂	中温催化剂	高温催化剂
代表物质	Pt	V_2O_5/TiO_2	沸石
温度范围	150～300℃	260～425℃	345～590℃
特　点	较窄的温度操作窗口，无抗硫中毒能力	目前被广泛使用，具有抗硫中毒能力	较高的转化率以及较少的氨泄漏量，在高于 425℃ 时有抗硫中毒能力

显然，各种催化剂都存在各自的优点和缺点。

20 世纪六、七十年代发现的 V_2O_5 是一种良好的 SCR 系统催化剂，具有活性强、选择性好、抗毒性和耐硫性强等优点，尤其是将 V_2O_5 负载于 TiO_2 上，其活性、选择性和耐硫性还会进一步增强，是目前各种 SCR 系统广泛采用的催化剂。根据欧洲催化剂厂商公开的资料表明，商业 SCR 催化剂中 V_2O_5 含量通常在 4%以内。由于目前广泛使用 V_2O_5/TiO_2 催化剂，本章以 V_2O_5/TiO_2 为例进行讨论。

(4) 助催化剂

助催化剂简称助剂，也称促进剂。它是以各种浓度加入的非活性组分，目的在于改善催化剂的催化性能，大大提高主催化剂的活性、选择性和寿命。由于助剂自身无活性，因此其加入量有一个最佳值，过少显示不出活性，过多活性反而下降。根据助剂所起的作用，又将其分为电子性助剂和结构性助剂。

电子性助剂又称调变性助剂，它改变了主催化剂的电子结构，从而也改变了催化剂的表面性质，增强了对反应物分子的吸附能力，并因降低反应活化能而提高了反应速率；结构性助剂主要是增加主催化剂的结构稳定性，以此来提高催化剂的寿命和稳定性。还有一些微量助催化剂虽然对催化剂的活性影响不大，但可以提高催化剂的热稳定性、抗毒性和机械性能，也是SCR 催化剂中必不可少的组成部分。

(5) 载体物质和载体形式

载体是承载催化助剂和催化剂的一种支撑体。NH_3 与 NO_x 就是通过与附着在这种载体表面上的活性催化剂相互作用，而加速排气中污染物的氧化还原反应，从而达到净化排气中有害成分的目的。目前载体形式主要有陶瓷载体和金属载体，如图 9－13 所示。

早期采用的载体是氧化铝（Al_2O_3）的球状载体，这种载体磨损快、阻力大。美国康宁公司于 20 世纪 70 年代初发明了陶瓷蜂窝载体，与颗粒载体相比，它具有结构紧凑、压力损失小等优点，因此很快占据了主导地位。目前，世界上催化器载体的 90％是陶瓷载体，其余为金属载体。金属载体突出的优点是壁薄、阻力小、热容小、导热快，但其生产工艺复杂、成本高、可靠性较差，目前主要用做前置催化器，以降低发动机冷启动时的有害气体排放量。

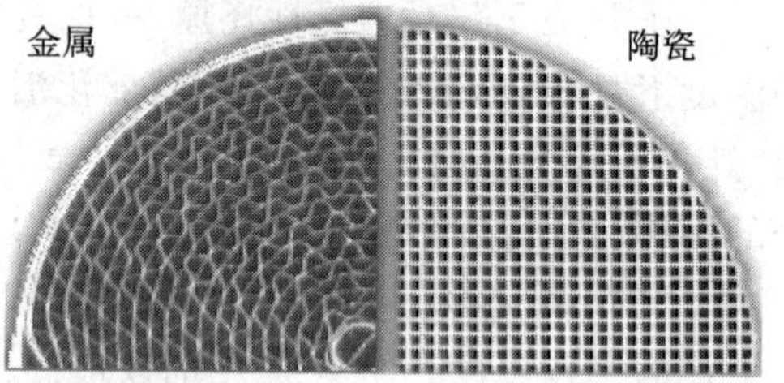

图 9－13 两种载体

催化剂载体的结构形式对催化效果有很大的影响，好的结构形式可以增加催化剂和反应物质的接触面积，提高催化剂的安全性和耐久性等。SCR 催化剂按结构可分为以下 3 类，如表 9－2 所列。

表 9－2 催化剂按结构分类

项　目	蜂窝式	板　式	波纹式
活性物质	最多	居中	最小
持久性	最好	较差	较差
抗磨损	较好	较好	较差
安全性	较好	较差	普通
废弃催化剂的处理	较好（可以循环利用）	普通	普通
占有量	＞63％	＜33％	少量

从表中可以看出，蜂窝式催化剂的性能是最好的。

3. SCR 化学反应与机理

以尿素水溶液作为还原剂的 SCR 系统，真正起还原作用的物质还是氨气。尿素水溶液喷入排气管后，发生热解和水解，生成的氨气与 NO_x 进行催化还原反应。SCR 去除柴油机排气中 NO_x 的反应是一种气、固非均相催化反应，其化学反应模型是 SCR 催化反应器设计、运行的基础。

(1) 化学反应

尿素-SCR 系统化学反应可用下面的反应式来进行描述。

1) 尿素溶液的蒸发

$$(NH_2)_2CO \cdot 7H_2O(aq) \rightarrow (NH_2)_2CO(l\text{或}g) + 7H_2O(g) \quad (9-1)$$

2) 尿素的热解

$$(NH_2)_2CO(l\text{或}g) \rightarrow NH_3(g) + HNCO(g) \quad (9-2)$$

3) 氢氰酸的水解

$$HNCO(g) + H_2O(g) \rightarrow NH_3(g) + CO_2(g) \quad (9-3)$$

4) SCR 反应

$$4NH_3 + 4NO + O_2 \rightarrow 4N_2 + 6H_2O \quad \text{“标准 SCR 反应”} \quad (9-4)$$

$$4NH_3 + 2NO + 2NO_2 \rightarrow 4N_2 + 6H_2O \quad \text{“快速 SCR 反应”} \quad (9-5)$$

$$4NH_3 + 6NO \rightarrow 5N_2 + 6H_2O \quad \text{“慢速 NO SCR”} \quad (9-6)$$

$$4NH_3 + 3NO_2 \rightarrow 3.5N_2 + 6H_2O \quad \text{“慢速 }NO_2\text{SCR”} \quad (9-7)$$

反应过程中 NH_3 的非选择性氧化反应为

$$4NH_3 + 5O_2 \rightarrow 4NO + 6H_2O \quad (9-8)$$

在反应的过程中，选择性催化还原与 NH_3 的非选择性氧化之间存在竞争反应，选择性还原的目的是要使 NH_3 尽可能参与还原 NO 的反应。同时，选择性也包括产物的生成，其目标产物是 N_2 和 H_2O，而 N_2O，NO，NO_2 不是 SCR 的目标产物。因为这些氧化物不仅对环境有害，且会对还原剂造成不必要的消耗。

还原对象为纯 NO 时，称为标准 SCR 反应；NO 和 NO_2 等量时，称为快速 SCR 反应；为 NO_2 时，称为慢速 NO_2-SCR 反应。

标准 SCR 反应在 300～400℃有较高的反应效率，但在 250 ℃以下效率较低。而在 NO_2 与 NO 等量存在时，SCR 反应的速度要快得多，所以称为快速 SCR 反应。在低温条件下，快速 SCR 反应反应速率至少是标准 SCR 反应反应速率的 10 倍。如果 NO_2 过量，即超过 50%时，会有 NO_2 反应，该反应比标准 SCR 反应还要慢。

在 NH_3 选择还原 NO_x 过程中，NH_3 先是被活化生成 NH_2 基团，NH_2 基团则直接与 NO_x 反应生成 N_2。由于 NH_2 的生成有 O 原子和 OH 基团参与，因此对于选择性催化还原 NO_x，O_2 的存在是必需的。有关研究认为，当反应环境中氧气的浓度超过 2.0%时，反应主要以反应(9-4)和(9-5)的方式进行；另外，由于柴油机排气中的 NO_x 主要以 NO 的形式存在，以反应(9-5)的方式进行的反应较少，因此，在柴油机 SCR 反应中主要以反应(9-4)的方式进行。因此，本章后面反应速率方程的推导过程中只考虑反应(9-4)。

(2) 反应过程和机理

研究表明，基于以 V_2O_5/TiO_2 为催化剂、以氨气为还原剂的选择性催化还原反应发生在催化剂表面强烈吸附的 NH_3 和气相（或微弱吸附）的 NO 之间，反应与 NO 成一级反应，与 NH_3 成零级反应；当氧含量大于 2%时，与 O_2 也认为是零级反应。

1）反应过程

在 SCR 催化反应中所采用的负载与 TiO_2 的催化剂均是多孔结构，其内部表面积极大，SCR 反应也主要在这些表面上进行。催化剂颗粒的外表面与之相比是微不足道的。因此反应组分不但要从流体本体向外表面扩散，而且也要向催化剂颗粒的内表面扩散，然后在表面上进行反应。反应产物则沿着相反的方向从内表面向流体主体扩散。NH_3 和 NO 在催化剂上的反应机理示意图如图 9－14 所示。

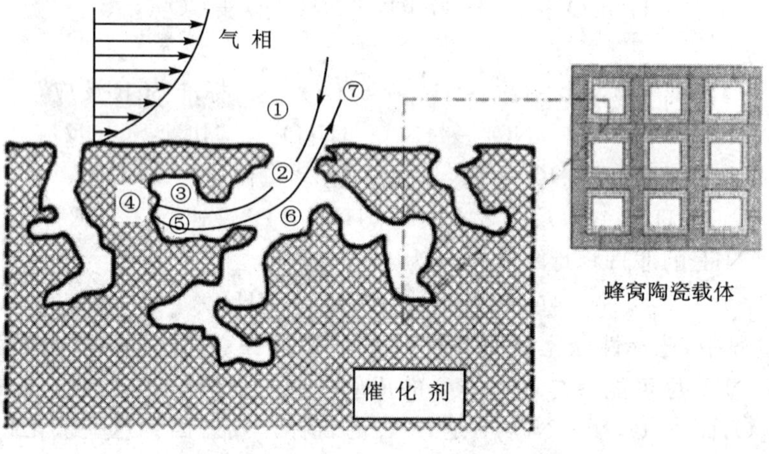

图 9－14　NH_3 和 NO 在催化剂上的反应机理示意图

NH_3 和 NO 在催化剂上的反应过程可以概括为以下 7 个步骤：

① NH_3 和 NO 从气流主体穿过催化剂颗粒外表面的气膜扩散到催化剂外表面；

② NH_3 和 NO 从催化剂颗粒外表面通过毛细孔扩散到催化剂内部表面；

③ NH_3 在催化剂表面的活性中心上进行吸附；

④ 气态 NO 与催化剂表面吸附的 NH_3 进行反应；

⑤ 反应产物 N_2 和 H_2O 在催化剂表面上脱附；

⑥ 反应产物通过催化剂的毛细孔作用扩散到催化剂颗粒的外表面；

⑦ N_2 和 H_2O 从颗粒外表面穿过气膜扩散到气流主体中。

以上⑦个步骤中，第①步和第⑦步性质相同，只是扩散的组分和方向不同，称为相间传质或外扩散过程；第②和第⑥两个步骤为内扩散过程，或称内部传质；第③④⑤步是在催化剂表面上进行的化学过程，为化学动力学过程。以上 7 个依次进行的步骤之所以发生，是由于反应组分的浓度不同所致。

2）表面催化反应机理

目前有关在以 TiO_2 为载体的 V_2O_5 基催化剂上 SCR 反应机理的研究已经有很多，比较起来普遍接受 Topsøe 提出的机理。该机理认为 NH_3 首先吸附在 Brönsted 酸性位（也称为吸附位）$V^{5+}—OH$ 上活化形成—NH_4^+，然后被邻近的氧化位 $V^{5+}═O$ 氧化为—NH_3^+，同时 $V^{5+}═O$ 被还原成 4 价态的 $V^{4+}—OH$；—NH_3^+ 与气相中的 NO 结合形成—NH_3^+NO，瞬即分解成 N_2 和 H_2O；$V^{4+}—OH$ 通过同物种之间的反应分解为 V^{3+}，$V^{5+}═O$ 和 H_2O，V^{3+} 在 O_2 的作用下重新被氧化形成 $V^{5+}═O$，从而完成整个催化循环过程。在这里 SCR 反应涉及到两个 V 位，吸附位 $V^{5+}—OH$ 和氧化位 $V^{5+}═$，吸附在 Brönsted 酸性位上的—NH_4^+ 脱氢形成—NH_3^+ 是 SCR 的关键。该机理示意图如图 9-15 所示。

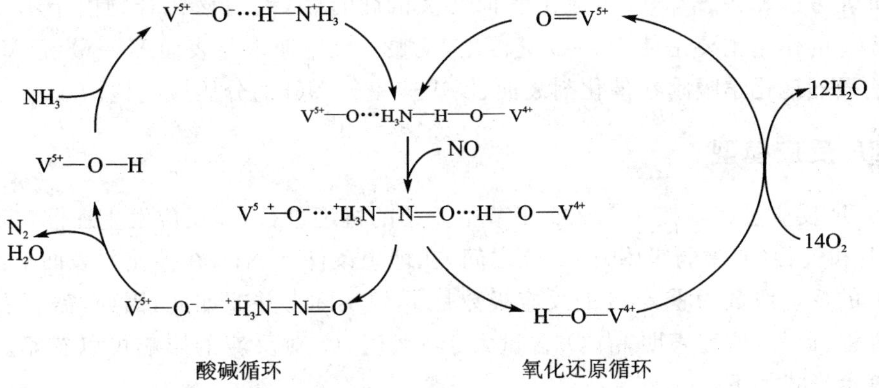

图 9-15　V_2O_5/TiO_2 基催化剂上的 SCR 反应历程

其详细的反应历程如下：

$$NH_3(g) + V^{5+}—OH(s) \rightarrow V^{5+}—O^- \cdots H—N^+H_3(s) \quad (9-9a)$$

$$V^{5+}—O^- \cdots H—N^+H_3(s) + V^{5+} = O(s) \rightarrow V^{5+}—O—{}^+H_3N\cdots H—O—V^{4+}(s) \quad (9-9b)$$

$$NO(g) + V^{5+}—O^- \cdots {}^+H_3N\cdots H—O—V^{4+}(s) \rightarrow V^{5+}—O^- \cdots {}^+H_3N\cdots H—O—V^{4+}(s) \quad (9-9c)$$

$$V^{5+}—O^- \cdots {}^+H_3N—N = O\cdots H—O—V^{4+}(s) \rightarrow V^{5+}—O^- \cdots {}^+H_3N—N = O(s) + HO—V^{4+}(s) \quad (9-9d)$$

$$V^{5+}—O—\cdots {}^+H_3N—N = O \rightarrow V^{5+}—OH(s) + N_2 + H_2O \quad (9-9e)$$

$$HO—V^{4+}(s) + HO—V^{4+}(s) \rightarrow H_2O(g) + V^{3+}(s) + V^{5+} = O(s) \quad (9-9f)$$

$$O^{2-}(\text{活化}) + V^{3+}(s) \rightarrow V^{5+} = O(s) \quad (9-9g)$$

$$H_2O(g) + V^{5+}—OH(s) \rightarrow V^{5+}—O—H_3—O(s) \quad (9-9h)$$

第一步，氨在 Brönsted 酸中心上吸附，这是 SCR 反应引发的关键；

第二步，氨通过将其中的一个 H 转移而得到活化，同时 $V^{5+}=O$ 变成 $V^{5+}-OH$，这样完成部分还原；

第三步，气相中(或者可能较弱吸附)的 NO 和活化的 NH_3 反应形成中间络合物；

第四步，中间络合物快速分解，生成 $V^{4+}-OH$ 和另一中间产物酸胺；

第五步，该中间产物随即分解为 N_2 和 H_2O，同时释放 $V^{4+}-OH$，$V^{4+}-OH$ 通过气相 O_2 氧化成 $V^{5+}=O$，从而完成催化循环。

以上 SCR 机理中最重要的一点是反应的中间成分能选择性分解为 N_2 和 H_2O。在 SCR 反应过程中，随温度的改变控制步骤也发生相应的变化，在低温时，催化剂氧化活性位的恢复是整个反应过程的速率控制步骤，随着温度的升高逐渐过渡到其他步骤上。

这个机理考虑了 NH_3，NO 生成了表面活泼的化合物，然后该化合物由于不稳定分解成 N_2 和 H_2O，O_2 的作用主要是使 $V=O$ 键再生，反映了反应速率与表面 $V=O$ 键(V^+)成正比、NH_3 被快速强烈地化学吸附在催化剂表面、反应速率与 NO 的分压成正比。

4. SCR 反应模型

假设 SCR 反应过程是按照 9.2.1 小节中介绍的机理进行，即反应发生在催化剂表面强烈吸附的 NH_3 和气相(或微弱吸附)的 NO 之间，在理想条件下 NH_3 在催化剂表面上的覆盖率为 100%，NH_3 的反应级数为零，NO 的反应级数是 1，但实际上并非如此，因此，需要引入 NH_3 的吸附速率方程；此外，研究表明，当 O_2 含量大于 2% 时，O_2 对反应的影响可以忽略。SCR 反应速率方程表示形式如下：

$$-r = k_{NO} \cdot c_{NO} \cdot \varphi_{NH_3} \tag{9-10}$$

NH_3 的吸附速率方程：

$$\varphi_{NH_3} = \frac{k_{NH_3} \cdot c_{NH_3}}{1 + k_{NH_3} \cdot c_{NH_3}} \tag{9-11}$$

式中：k_{NO}——NO 的反应速率常数；

k_{NH_3}——NH_3 的吸附平衡常数；

c_{NO}, c_{NH_3}——分别为组分 NO 和 NH_3 的浓度。

将式(9-11)代入式(9-10)中得到：

$$-r = \frac{k_{NO} \cdot k_{NH_3} \cdot c_{NO} \cdot c_{NH_3}}{1 + k_{NH_3} \cdot c_{NH_3}} \tag{9-12}$$

在温度和 NH_3 浓度一定的情况下，k_{NO}，k_{NH_3} 和 c_{NH_3} 为常数，则 $\frac{k_{NH_3} \cdot c_{NH_3}}{1+k_{NH_3} \cdot c_{NH_3}}$ 为常数，令 $k=\frac{k_{NO} \cdot k_{NH_3} \cdot c_{NH_3}}{1+k_{NH_3} \cdot c_{NH_3}}$，得

$$-r = k \cdot c_{NO}$$

即

$$-r = -\frac{dc_{NO}}{dt} = k \cdot c_{NO} \tag{9-13}$$

将式(9-13)进一步转换,得

$$-\frac{dc_{NO}}{c_{NO}} = k \cdot dt \tag{9-14}$$

$t=0$ 时,$c_{NO}=c_{NO}^0$,将式(9-14)在 $0\sim t$ 内积分,得

$$-\ln\left(\frac{c_{NO}}{c_{NO}^0}\right) = k \cdot t \tag{9-15}$$

将转化率计算公式 $\eta=\frac{c_{NO}^0-c_{NO}}{c_{NO}^0}$ 代入方程,并进一步推导得:

$$-\ln(1-\eta) = k \cdot t \tag{9-16}$$

式中:η——NO 的转化率;

t——气体经过催化剂的时间,单位为 s。

5. SCR 系统结构

为了清楚地介绍 SCR 系统的结构,将 SCR 系统划分成喷射系统、催化反应系统、控制系统、检测系统和系统再生这 5 个部分,分别对这 5 个部分进行介绍。SCR 系统的结构如图 9-16 所示。

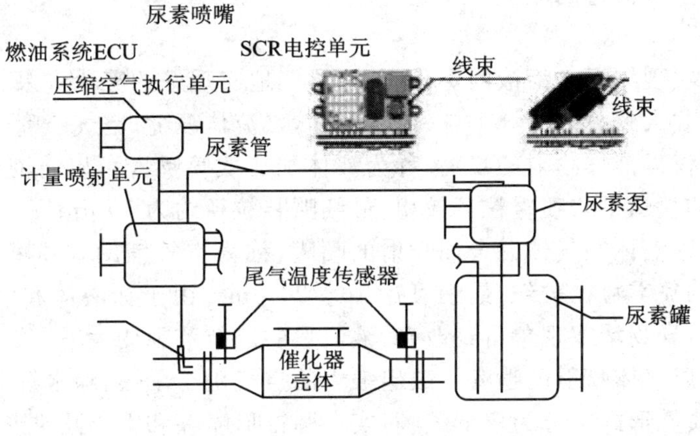

图 9-16 SCR 系统结构

(1) 喷射系统

SCR 喷射系统的作用是将适量的还原剂以适当的雾化形式喷入到排气管中,使得还原剂在进入 SCR 催化反应器之前均匀分布,以提高 NO_x 的转化率。

以尿素水溶液作为还原剂的 SCR 系统为例，其喷射系统一般由尿素罐、尿素泵、计量单元、喷嘴、储气罐、混合腔、压力调节阀等组成。不同的 SCR 系统在结构上可能会有一些差别，但总的来说，可以将喷射系统按其结构分为计量阀喷射系统和计量泵喷射系统两种形式。

1）计量阀喷射系统

计量阀喷射系统由普通的尿素泵和计量阀构成，其中尿素泵为尿素水溶液提供压力，计量阀作为喷射系统的计量单元来量取适量的尿素水溶液。

尿素水溶液的喷射与停止是通过计量阀的开启和关闭来控制的。流量的大小通过改变计量阀动作时间的长短得到调整。

计量阀的开启频率会影响尿素水溶液的喷射效果，开启频率太低会影响尿素水溶液喷射的连续性，但是，在低的开启频率下，容易实现尿素水溶液的小流量喷射。故须通过试验的方法，保证尿素水溶液无断续喷射的前提下，使计量阀的开启频率尽量小。

2）计量泵喷射系统

计量泵喷射系统是将尿素泵和计量单元用一个具有计量作用的计量泵代替。此泵不但能为尿素水溶液提供压力，而且可以起到量取尿素水溶液的作用。

计量泵根据过流部分可分为：柱塞、活塞式计量泵；机械隔膜式计量泵；液压隔膜式计量泵。

不同的计量泵流量调节方式也是不同的，一开始是通过改变柱塞行程来调节流量，但是在很多工作场合，尤其工作环境相当恶劣、危险的场合，并不允许进行手动流量调节，而且人工调节不仅费时费力，精度和可靠性都难以达到要求。故现在出现将柱塞行程固定，通过调节柱塞往复次数来调节计量泵流量的方法。

3）喷　嘴

喷嘴的作用是实现尿素水溶液的雾化，并尽可能地实现好的雾化效果。

喷嘴按流体形式大致可分为 3 类：一流体喷嘴，二流体喷嘴，空气喷嘴。

一流体喷嘴是仅以液体喷射的喷嘴，称为液体加压式喷嘴。可以将液体的压力提高到最大限度，此种类型的喷嘴平均喷雾粒径较粗，最细喷雾粒径约为 50 μm。

二流体喷嘴是以液体和气体混合而喷射的喷嘴，称为空气辅助式喷嘴。喷射出的是细微的雾，此种喷嘴平均喷雾粒径较细，最细可达 10～20 μm。由于让液体和气体混合，故颗粒比一流体喷嘴更微小，异物堵塞现象得到改善，液流量的调节范围变大。

空气喷嘴是仅以气体喷射的喷嘴。鼓出强力的空气用于干燥、除水等。

此外，喷嘴按喷雾形式可分为扇形喷嘴、实心圆锥形喷嘴和空心圆锥形喷嘴。

(2) 催化反应系统

催化反应系统是 NO_x 与 NH_3 进行反应的场所，是 SCR 装置的核心机构。喷嘴将雾化好的尿素喷入到排气管中，尿素经过水解和热解后，产生的 NH_3 在气流的带动下进入催化系统，吸附在催化剂上，与排气中的 NO_x 进行选择性催化还原反应。

1）催化反应系统结构

催化反应系统主要由壳体、垫层、涂层、载体和催化剂等构成，其结构简图见图 9－17，催化反应系统各部分功能见 5.2 节。

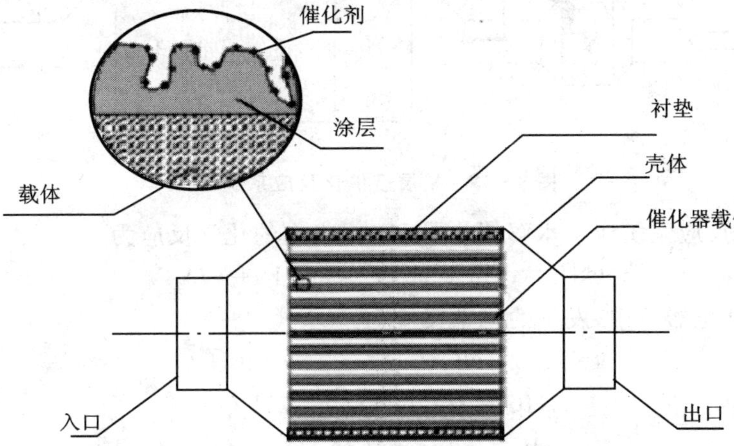

图 9－17　催化反应系统结构

2）催化反应系统的构成方式

目前的 SCR 系统所采用的催化反应系统的形式，多数由几个不同功能的催化器串联起来，在每个催化器中安装不同的催化剂，使各催化器内发生不同的化学反应，以提高 SCR 系统的转化率。按串联的催化器多少可分为基本型和扩展型两种，具体的结构，分别如图 9－18 和图 9－19 所示。

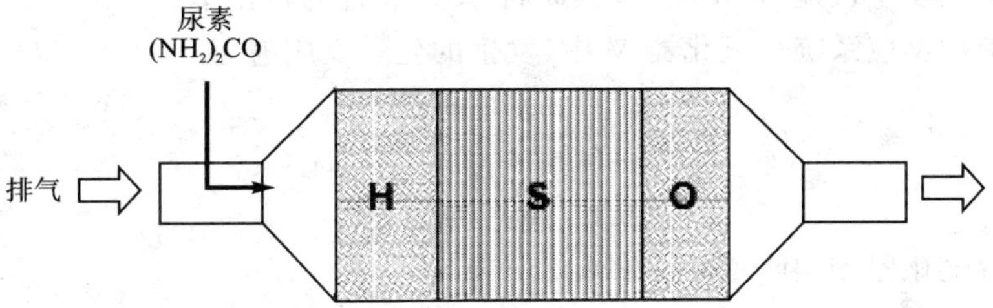

图 9－18　基本型催化反应系统

基本型催化反应系统由尿素水解催化器 H，SCR 反应催化器 S 和后氧化催化器 O 串联组成。其中，尿素水解催化器 H 的作用是加速尿素水解，以使尿素更多地转变为氨气。SCR 反应催化器 S 是 NH_3 和 NO_x 发生选择性还原反应的场所，在此处将排气中的 NO_x 去除。后氧化催化器 O 的作用主要是防止氨泄露的问题发生，在此处将多余的 NH_3 氧化，以防 NH_3 进入大气形成污染。

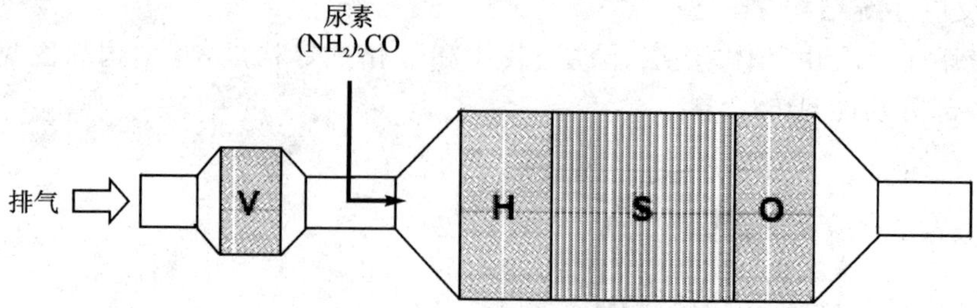

图 9-19 扩展型催化反应系统

在基本型催化反应系统尿素水解催化器 H 中，发生的化学反应为

$$(NH_2)_2CO + H_2O \rightarrow 2NH_3 + CO_2 \tag{9-17}$$

在 SCR 反应催化器 S 中，发生的化学反应为

$$4NH_3 + 4NO + O_2 \rightarrow 4N_2 + 6H_2O \tag{9-18}$$

$$4HC + 3O_2 \rightarrow 4CO + 2H_2O \tag{9-19}$$

$$4HC + 5O_2 \rightarrow 4CO_2 + 2H_2O \tag{9-20}$$

在后氧化催化器 O 中，发生的化学反应为

$$4NH_3 + 3O_2 \rightarrow 2N_2 + 6H_2O \tag{9-21}$$

$$4HC + 5O_2 \rightarrow 4CO_2 + 2H_2O \tag{9-22}$$

$$2CO + O_2 \rightarrow 2CO_2 \tag{9-23}$$

扩展型催化反应系统与基本型催化反应系统大致相同，只是在喷嘴上游的排气管处增加一个预氧化器 V，它的作用是将排气中的 NO 一部分转化成 NO_2，以便在 SCR 反应催化器 S 中可以尽可能多地发生快速 SCR 反应，以提高 SCR 装置的转化率。

在扩展型催化反应系统预氧化器 V 中，发生的化学反应为

$$2NO + O_2 \rightarrow 2NO_2 \tag{9-24}$$

$$4HC + 5O_2 \rightarrow 4CO_2 + 2H_2O \tag{9-25}$$

$$2CO + O_2 \rightarrow 2CO_2 \tag{9-26}$$

在尿素水解催化器 H 中，发生的化学反应为

$$(NH_2)_2CO + H_2O \rightarrow 2NH_3 + CO_2 \tag{9-27}$$

在 SCR 反应催化器 S 中，发生的化学反应为

$$4NH_3 + 4NO + O_2 \rightarrow 4N_2 + 6H_2O \tag{9-28}$$

$$2NH_3 + NO + NO_2 \rightarrow 2N_2 + 3H_2O \tag{9-29}$$

$$8NH_3 + 6NO_2 \rightarrow 7N_2 + 12H_2O \tag{9-30}$$

在后氧化催化器 O 中，发生的化学反应为

$$4NH_3 + 3O_2 \rightarrow 2N_2 + 6H_2O \tag{9-31}$$

(3) SCR 的控制系统

控制系统主要指还原剂喷射控制系统，SCR 系统的 NO_x 转化性能除了受催化剂本身性能影响外，还受还原剂喷射量、空气速度和排气温度等运行参数的影响。因此，在发动机实际运行过程中，随着工况的不断变化，必须对还原剂的喷射进行控制。

还原剂喷射控制系统有两种方式：开环控制方式和闭环控制方式。

1）开环控制方式

开环控制方式是指 SCR 装置后不安装 NO_x 传感器，发动机传感器将测得的发动机转速和转矩的值送给 ECU，ECU 通过读取预先制定的发动机各个脉谱图，来确定所需还原剂的量，将此值再进行修正，既可得到所需喷射的还原剂的量。此种方式不对 SCR 装置后的实际 NO_x 浓度值进行监控，故此种控制方式简单易行，成本低。

采用开环控制方式控制还原剂喷射量时，首先要通过实验和计算的方法制定发动机的各种参数脉谱图。需要制定的脉谱图有：

① 发动机工况分布图；

② 发动机原机 NO_x 排放脉谱图；

③ NO_x 降低量脉谱图；

④ 发动机排气背压脉谱图；

⑤ NO_x 最大转化率脉谱图。

其中，发动机工况分布图是一张由发动机转速与转矩构成的二维表格。而发动机原机 NO_x 排放脉谱图、NO_x 降低量脉谱图、发动机排气背压脉谱图、NO_x 最大转化率脉谱图则是三维表格，分别是原机 NO_x 排放量、NO_x 降低量、排气背压、NO_x 最大转化率与发动机转速和转矩的关系。

2）闭环控制方式

闭环控制方式与开环控制方式不同的是不需要预先在 ECU 中输入脉谱图，只需在 SCR 装置后安装 NO_x 浓度传感器，将 NO_x 浓度传感器测得的 NO 与 NO_2 浓度值输送给 ECU，ECU 由此值和最终目标排放值计算出所需降低的的 NO_x 浓度值，再由此值计算出所需的相应尿素水溶液流量值。最后再将传感器送来的尿素溶液温度、排气温度、排气背压值送给 ECU，对尿素水溶液流量进行修正。由应当喷射的尿素水溶液流量值和计量装置的流量特性可得出计量装置所需调节的目标值。

所谓闭环控制方式是指 NO_x 浓度传感器可以将测得的 NO_x 浓度值随时反馈给 ECU，ECU 将此 NO_x 浓度值与目标 NO_x 浓度值做比较，进而对尿素的供给量进行时时修正。

3）两种控制方式比较

① 开环控制方式

预先用实验的方法将柴油机的转速、转矩与 NO_x 排放值建立起一个关系。此方式中，各种脉谱图测量的准确与否直接影响 NO_x 排放值，即影响所喷尿素的值。并且在多次实验中，误差积累,很难保证这种关系建立的准确性。由于在做实验时只能测出某一点的数据,而柴油机的转速和转矩的变化又是一个连续的量,故实验测量点选取的多少直接影响所建立关系的精度。不同的发动机脉谱图是不同的,故每一台发动机安装 SCR 装置时都需要测出其各种脉谱图,这样既费时又费力。并且,当发动机出现任何故障时,ECU 单元仍按转速与转矩查表得出的尿素量喷射,因此,不能根据实际 NO_x 排放值来喷射尿素。而且,NO_x 排放值是否达到预期的效果,也无法得知。

② 闭环控制方式

可以时时测得排气中 NO_x 的含量,而且喷射完尿素后,还可以了解 NO_x 降低的效果,使得控制 NO_x 排放更加精确。在安装 SCR 装置时不需要预先做实验测发动机的各种脉谱图,故免去了做实验的麻烦。但是由于此方式引入了反馈,故使控制较开环控制方式复杂,并且由于 NO_x 传感器的引入,增加了 SCR 的成本。

由于传感器测量都是在常温下进行,不可能将传感器直接安装在排气管上,需将排气引出来测量,需要另加一套测量装置,在实际中要考虑成本问题。传感器寿命通常都在一年左右,更换传感器也使成本增加。

目前,闭环控制方式在船舶上应用较少,多数的 SCR 系统仍采用开环控制方式。

(4) SCR 的检测系统

为了检验 SCR 系统工作的情况,必须在 SCR 系统中安装检测装置,如增加温度传感器和 NO_x 传感器及液位传感器。

温度传感器用来监测尿素水溶液本身及其注入时排气的温度,尿素水溶液温度的变化会影响尿素水溶液的密度,从而影响计量装置量取的尿素的实际质量。对于 SCR 装置而言,如果温度过低,尿素罐中的尿素水溶液容易形成结晶,因此必须监测尿素罐内的温度是否达到尿素水溶液的结晶温度。而尿素水溶液必须在一定的排气温度和发动机转速下注入,在低的排温下,SCR 装置的效率较低,且排气温度过低时,尿素会凝结在管壁上生成氨盐,堵塞装置。

液位传感器是用来监测尿素罐中尿素水溶液的液位,当尿素的液位低于设定值时,便会将此信号送给 ECU,提醒填加尿素。

NO_x 传感器是用来检测 NO_x 的浓度是否达到了排放标准和是否发生了 NH_3 泄露。监控 SCR 效率最有效的方法是监控 NO_x 的含量。若控制系统采用闭环控制系统,则在 SCR 催化器的上游和下游都安装一个 NO_x 传感器,用于计算 NO_x 的转化率,监控催化剂的状态,判断 NO_x 的排放是否达标。

(5) SCR 系统再生

SCR 催化剂中毒后会导致 NO_x 转化率降低,此时需要对 SCR 催化剂进行再生,目前的方法有:水洗再生、热再生和热还原再生等。

1) 水洗再生

水洗再生过程如下:首先通过压缩空气冲刷,然后用去离子水冲洗,最后再用压缩空气干燥。水冲洗过程可以冲洗溶解性物质以及冲刷掉催化剂表面的部分颗粒物，水洗再生过程简单有效，用此方法处理的催化剂活性能从 50%恢复到 83%左右。

2）热再生

热再生过程为：在惰性保护气体氛围下，以一定速率升高催化剂温度，保持一段时间，然后降温，整个过程惰性气体可以防止氧化反应发生。热再生，再次分解积累在催化剂表面的硫铵化合物，可将催化剂表面吸附的铵盐分解形成 SO_2。

3）热还原再生

热还原再生过程与热再生过程类似，在惰性气体中混合一定比例的还原性气体，在高温环境中利用还原性气体与催化剂表面的硫酸盐发生反应，实现催化剂的脱硫再生过程。

目前使用的 SCR 催化剂主要有蜂窝式、板式和波纹板式。板式催化剂采用板式结构，催化剂布置之间空隙较大，不容易堵塞，也容易冲洗，适合通过水洗进行再生，也可采用热再生和热还原再生等方法。

蜂窝式和波纹板式催化剂单位体积的有效面积大，达到相同的去除 NO_x 效果时所需催化剂量较平板式少，但由于蜂窝式催化剂为整体的载体多孔结构，孔隙较小而容易被颗粒堵塞。因此，对于蜂窝式和波纹板式催化剂再生，可采用热还原方法，恢复其去除 NO_x 活性。

6. SCR 系统的安装要求

对于带废气涡轮增压器的船舶柴油机，将 SCR 催化器布置在增压器后，废气锅炉前。如图 9-20 所示。

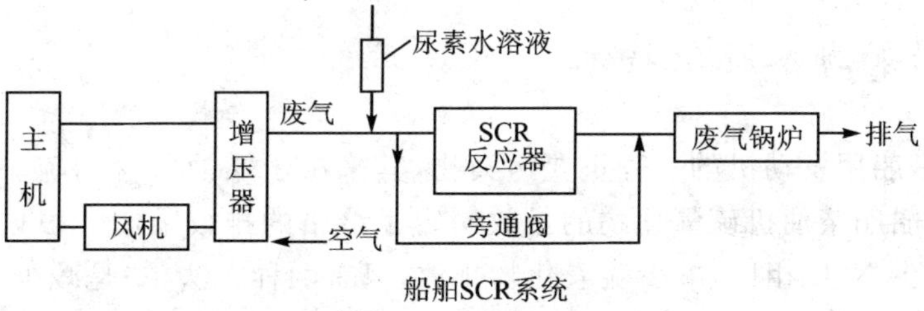

图 9-20　SCR 催化器布置位置

船舶柴油机热效率高，排气温度低，废气锅炉出口废气温度一般不超过 150℃，很显然此温度下催化器无法起燃，须再加热，而且低温下硫化物生成极多，容易造成催化剂中毒，所以 SCR 系统不能布置在废气锅炉之后。

催化器若装于增压器之前，首先由于废气温度较高（低速机一般在 350～450℃，中速机在 400～500℃），容易引起催化剂的失活；其次在高温下钒、钠等氧化物呈熔融状态，容易附着到催化剂上，引起催化剂老化；再次废气温度高于催化剂工作温度。若要将其与还原剂混合气温度控制在 300～400℃，需要多喷水来降低温度，这会使增压器得到的能量大大减少，增压度下降，严重影响柴油机经济性；若不控制此温度，则 NO_x 转化率极低，而且增压器布置接近主机，容易受排气管压力波动影响，转化率低又会影响柴油机经济性。还有，还原剂中的水珠进入增压器中会引起增压器喘振，催化器中氧化物脱落，会击伤涡轮叶片。所以催化器也不宜安装在增压器前。

催化器安装在增压器与废气锅炉之间，受排气管压力波动影响较小。涡轮出口处温度高负荷时，一般在 300～400℃左右，是催化剂的最佳工作温度，转化率很高，又不容易造成催化剂硫中毒。当柴油机低负荷运转时，虽然排气温度下降，使得转化效率下降，但是低负荷时 NO_x 生成量亦大幅度减少，NO_x 排放率仍然可以控制在很低水平。所以催化器最适合的位置是在增压器与废气锅炉之间。

由于 V_2O_5 对 SO_2 的氧化也具有催化作用，会将废气中 SO_2 氧化为 SO_3，生成的 SO_3 与反应逃逸的 NH_3、排气中的水蒸气等反应生成硫酸氨盐，在催化剂表面及 SCR 反应器下游的管道上沉积，引起堵塞、腐蚀和压降上升等问题，所以催化剂中 V_2O_5 含量的选择与待处理废气中 SO_2 含量有很大的关系。

氨泄露

以尿素做为还原剂的 SCR 系统，有可能会出现氨泄露的问题。尿素喷入排气管后，经过热解和水解生成 NH_3 和 CO_2。由于 NH_3 在流经催化剂时会吸附在催化剂上，且这种吸附的能力会随着温度的升高而下降，因而当柴油机从启动到全负荷的过程中，排气温度逐渐升高，这时，吸附在催化剂上的 NH_3 便会减少，以致这部分 NH_3 无法与 NO_x 进行反应而直接排出，导致氨泄露。

9.2.2 船舶海水脱硫技术

硫氧化物也是船用发动机的一种重要污染物，其来源于燃油所含的硫。由于硫化物的危害性，国际海协对船舶柴油机硫氧化物的排放制定了严格的排放限制。根据柴油机硫氧化物生成的特点，与减少 NO_x 相比，减少硫氧化物排放，只有两种方法，一是减少燃料中的含硫量，使用低硫燃油；另一种是采取后处理措施，减少柴油机最终排出的 SO_x。使用低硫或超低硫燃油，可以降低发动机硫氧化物的排放，但成本太高。出于经济性的原因，船舶仍将使用重质油，所以从燃油角度减少硫氧化物的排放并不可行，唯一可行的办法就是采取后处理措施。对船舶柴油机而言，海水脱硫技术是最有前途的减少船舶发动机 SO_x 排放的措施之一。

20 世纪 60 年代后期，美国加州柏克莱大学 Bromkley 教授研究了海水脱硫工艺。后由 ABB－Fakt 公司与 Norsk－Hydro 公司协作开发了实用的海水脱硫工艺。海水脱硫在国外应用较多。挪威、印度、西班牙、塞浦路斯、印度尼西亚、委内瑞拉和瑞典等国家均有装置投入运行。海水脱硫技术主要应用于发电站，但由于船舶的特点，该技术也适用于船舶发动机。

海水脱硫装置（SO_x Scrubber）也称洗涤器，该技术发展到今天已有 40 多年的历史，主要用于冶炼厂与火电厂，其系统技术成熟，脱硫效率高，设备简易、可靠、运行成本低。但海水脱硫技术在船舶上的应用与陆地上有很大不同，在船舶上使用时，可采用干式或湿式洗涤方式，目前在船舶上的脱硫装置还处于研究阶段。

1. 海水脱硫原理

国内外学者对海水脱硫原理进行了大量研究，一般认为影响 SO_2 在海水中吸收量的主要因素有：海水的碱度、反应温度和烟气中 SO_2 的浓度。此外，海水中含有的 Fe^{2+}，Mn^{2+} 等痕量金属离子和 Cl^- 离子对 SO_2 的吸收也有一定的促进作用。其中反应温度和排气中 SO_2 的浓度主要取决于发动机工况。

海水含盐量一般为 2.9%～3.5%，其中碳酸盐占海水盐量的 0.34%，硫酸盐占海水盐量的 10.8%，氯化物占海水盐量的 88.5%，其他盐分占海水盐量的 0.36%，海水通常呈碱性，pH 约为 7.8～8.3，每克海水碱度约为 2.2～2.7 毫克当量。海水靠其天然碱度（CO_3^{2-}，HCO_3^-）可以吸收废气中酸性的二氧化硫生成 SO_3^{2-}，在吸收二氧化硫后的海水中通入大量的空气，使其中有害的 SO_3^{2-} 与空气的氧气反应生成稳定无害的 SO_4^{2-}，吸收 SO_2 后产生的酸性氢离子被 CO_3^{2-}，HCO_3^- 中和，从而吸出排气中的 SO_2 并使海水的 pH 得以恢复。海水吸收 SO_2 最终生成的硫酸盐，是一种无害物质，因硫酸盐是海水中盐分的主要成分，硫酸盐对海洋生物来说是不可缺少的。

(1) 二氧化硫在海水中的溶解

常温下，1 体积水可以溶解 40 体积二氧化硫，溶于水后，形成水合物 $SO_2 \cdot xH_2O$，这种水合物通常被视为 H_2SO_3。海水是一个复杂的多相、多组分体系，含有多种电解质和非电解质，其中的 HCO_3^- 和 CO_3^{2-} 控制着海水的 pH，并使海水具有一定的缓冲性。二氧化硫溶于海水体系过程中发生以下反应：

SO_2 的溶解：

$$SO_2(g) \rightleftharpoons SO_2(aq) \tag{9-32}$$

$$SO_2(aq) + H_2O \rightleftharpoons H_2SO_3 \tag{9-33}$$

$$H_2SO_3 \rightleftharpoons HSO_3^- + H^+ \tag{9-34}$$

$$HSO_3^- \rightleftharpoons SO_3^{2-} + H^+ \tag{9-35}$$

海水的缓冲能力可以用以下方程式表示：

$$CO_2 + H_2O \rightleftharpoons H_2CO_3 \tag{9-36}$$

$$H_2CO_3 + H_2O \rightleftharpoons HCO_3^- + H_3^+O \tag{9-37}$$

$$HCO_3^- + H_2O \rightleftharpoons CO_3^{2-} + H_3^+O \tag{9-38}$$

方程式(9－36)～(9－38)对方程式(9－32)～(9－35)有正向促进作用，这就是海水脱硫的基本原理。

二氧化硫在海水中的溶解度可以用以盐度和温度为变量的方程式表示：

$$S = a_1 + a_2 T + a_3 X + a_4 T^2 + a_5 X^2 \tag{9-39}$$

式中：T——温度，℃；

X——盐度，ppm；

a_i——系数，数值如下：

$a_1 = 1.017\ 702 \times 10^{-3}$

$a_2 = -2.711\ 377 \times 10^{-5}$

$a_3 = 1.033\ 465 \times 10^{-8}$

$a_4 = 2.431\ 949\ 2 \times 10^{-7}$

$a_5 = 1.244\ 184\ 2 \times 10^{-13}$

(2) SO_x 吸收过程

海水体系吸收二氧化硫的过程中，二氧化硫靠扩散由气相穿过气液界面进入海水体系中，构成相际间的传质。这一过程既与两相流体间的流动情况有关，又与流体的物理化学性质及相际间的平衡关系有关，也就是说过程中既有二氧化硫在海水体系中的分散溶解，又有二氧化硫与海水体系中碱性物质的反应，涉及物理吸收和化学吸收两个方面。

① 物理吸收是溶质与液体溶剂之间不发生化学反应，是气体溶解于液相的物理过程，例如用水在加压下除去 CO_2，H_2S 等杂质。物理吸收应考虑在操作压力和温度条件下，溶质在溶剂中的溶解度，吸收速率主要决定于气相或液相与界面上溶质的浓度差，以及溶质从气相向液相传递的扩散速率。通常随着压力增大或温度降低，溶质的溶解度增大，反之则溶解度降低，所以加压或降温有利于吸收操作，而在减压或升温时，溶质从溶液释放出来，因此物理吸收是可逆过程，而且热效应小，能耗低。

② 化学吸收是指在吸收过程中发生明显的化学反应。而发生的化学反应有可逆和不可逆反应两种：不可逆的化学反应如直接氧化法脱硫、石灰乳法脱除 SO_2 等；可逆的化学反应如活化热碳酸钾溶液法脱除 CO_2、醋酸铜氨液脱除 CO 等。化学吸收操作主要取决于操作温度与压力下吸收反应的气液平衡和化学平衡，吸收速率则决定于溶质的扩散速率及化学反应速率，所以在选择操作压力与温度时要有利于气体组分在吸收剂中的溶解并与吸收剂中的活性组分发生化学反应，由于温度提高，吸收反应速率增加，所以化学吸收可以在较广的压力与温度范围内操作。但化学吸收的反应热较大，因此再生时需消耗较多的热量。

(3) 各种因素对 SO_x 吸收的影响

当排气通入到海水中时，一方面，排气中的 SO_2 被海水吸收生成亚硫酸根离子与 H^+，由于 H^+ 浓度增加，海水的 pH 降低；

$$SO_2 + H_2O \rightarrow H_2SO_3 \tag{9-40}$$

$$H_2SO_3 \rightarrow H^+ + HSO_3^- \tag{9-41}$$

$$HSO_3^- \rightarrow H^+ + SO_3^{2-} \tag{9-42}$$

另一方面，海水中存在的 CO_3^{2-} 离子与 H^+ 反应生成 CO_2 和水，抵消了由于吸收 SO_2 造成的酸化作用，使 pH 恢复正常。生成的 CO_2 部分溶于水中，其余的排入空气中。

$$CO_3^{2-} + H^+ \rightarrow H^+CO_3^{2-} \tag{9-43}$$

$$H^+CO_3^{2-} + H^+ \rightarrow H_2CO_3 \rightarrow H_2O + CO_2 \tag{9-44}$$

海水的平均盐度为 35，因此具有较高的离子强度。海水的高离子强度有利于离子化的稳定，这就加强了 SO_3^{2-} 和 HSO_3^- 的生成，使 SO_2 的溶解度增大，促进对 SO_2 的吸收。Cl^- 和 Fe^{2+}，Mn^{2+} 等微量金属离子对海水吸收 SO_2 率有一定的影响，主要表现在氧化过程中的催化作用。这一作用的结果是 SO_3^{2-} 和 HSO_3^- 的转化率增加，从而进一步促进对 SO_2 的吸收。海水对排气中 SO_2 的去除是在以上几种因素的协同作用下实现的，这几种因素对海水去除废气中 SO_2 影响程度的大小顺序为：海水天然碱性＞ Cl^- 和 Fe^{2+}，Mn^{2+} 等微量金属离子的催化作用＞离子强度。海水脱硫主要利用海水的天然碱度这一特点，决定了该技术不适用于高含硫废气的处理。为了增加海水对 SO_2 的去除量，可以添加少量碱性物质（如石灰）提高海水碱度。

2. SO_x Scrubber 结构

SO_x Scrubber 是利用海水的碱性，吸收废气中的 SO_2，达到清除 SO_2 的目的。图 9－21 为船舶柴油机排气 SO_2 吸收装置示意图。

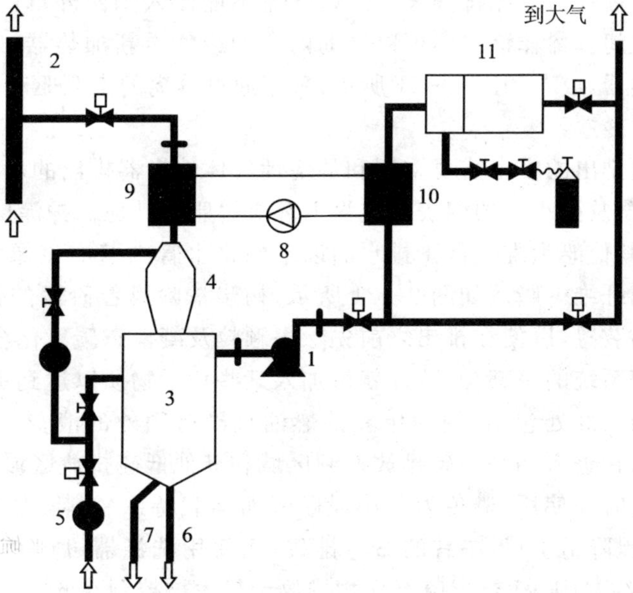

1—鼓风机；2—烟囱；3—洗涤器；4—颗粒处理器；5—海水泵；
6—主排水道；7—辅排水道；8—传热泵；9—废气冷却器；
10—废气加热器；11—选择性催化还原(脱硝)装置

图 9－21　船舶柴油机排气后 SO_2 吸收装置示意图

海水废气洗涤器是船舶柴油机排气后 SO_2 吸收装置的关键部分，废气中的 SO_2 主要是在这里面被海水吸收的，具体过程如下。

冷却船用废气至硫氧化物成分的露点以下，使其凝聚。冷却是通过与海水直接接触实现的，由于海水呈碱性，通过海水冲刷、中和并稀释硫化物。如果使用淡水或含盐的水（如河港或海湾入海口的水）效果就会受到影响，因为这时，中和作用会受到影响甚至无法进行，只能单纯依靠冷却和冲刷。

虽然海水洗涤器已应用在工业生产中的废气脱硫，但到目前，在船舶方面，还只实验性地应用，如图 9-21 所示的分流系统包含了一个后续的洗涤器选择性催化还原（脱硝）装置。该洗涤器安有一个利用主管道排出海水的颗粒处理器。洗涤器是通过主排水管排出废物的，但从颗粒处理器里排出的废物是经过净化后单独排出的。在这种情况下，废气里的二氧化硫浓度可以从 497 ppm 减少到 48 ppm，洗涤器水的 pH 也可以从 8.01 降至 2.95，即从碱性变为酸性。

在分流废气洗涤系统中，废气需要与海水射流混合，以除去 SO_2 及 SO_3。出口处安装的气雾隔离器可以阻止混有干净气流的液体通过。为了防止发动机或锅炉产生过高的背压，还需要在洗涤器后安装一个通风扇。另外，经过净化和冷却过的气流里含有 CO 和 CO_2，所以该气流必须在出口处充分稀释后才能排入大气。该气流不能流入烟囱外罩，也不能通过通风扇入口流入舱室和发动机间。稀释该气体可以借助内含的废气重新加热器，这种重新加热器功能类似于锅炉空气预热器，或者如图 9-21 所示，采用通过分离的由泵驱动的利用热流体作为介质的冷却及加热装置。

从海水冲刷器里排出的废水需要采用和从惰性气体洗涤器排出的水同样的方式处理。为了避免被腐蚀，冲刷器及排水管的内表面应涂上环氧树脂或其他保护涂层。关于冲刷水量，以不淹没拖船、驳船或其他船为准。低于排水面以下的排水管内壁应该像惰性气体洗涤器排出管内部一样涂上玻璃纤维树脂。如图 9-21 所示，初步清除颗粒阶段的排水管应该安装一个分离器或者其他清洁装置，以便在排出之前先除去颗粒及凝聚态碳氢化合物。另外，这个系统也可以作为一个封闭系统的一部分，这样就可加入某些化学物质以达到更好的效果。

采用海水洗涤器的好处包括，使用单一的燃油且没有额外的浪费，保留了简单的燃油储存、传输和处理系统，在进入和驶出硫排放控制区域和其他低硫排放区域不需要更换燃油。船上的燃油可以在任何时间使用，避免为一小段航程而运载特殊燃料。燃用含硫 1.4（m/m）的低硫燃料油，一般可以降低 40%左右的 SO_2 排放，而使用洗涤器可以达到 90%以上。然而，MARPOL 防污染公约附则 VI 要求硫氧化物排放量最大被控制在 6.0 g/(kW・h)，该系统的一个可行方案是，改变它的大小使之只处理总排放废气的一部分，具体多少取决于燃油的硫含量。这样该系统变得更小更轻，这意味着降低了诸如冲刷水供应速度要求等参数。因此，使用海水冲刷器时，遵循低硫排放要求所需的成本大部分是设备投资，而运行费用的增加只占一小部分。

把含有硫化合物的冲刷水排到海水里并不会引起生态问题，因为海水含有 2 000 ppm 的硫酸镁、1 200 ppm 的硫酸钙（占所有可溶解固体的百分之六和百分之四）及 10^{15} 吨以硫酸盐形式存在的硫。据估计，排在海中的废水在船尾 50 米处废水将被稀释到 2 000：1。

然而，该系统排放的废水还是会对环境产生一定的不利影响，因为其中含有碳氢化合物和一些颗粒，特别是有机污染成分。MARPOL 防污染公约附则Ⅵ里第 14 条规定这种废水不可排入封闭式码头、港口及河口，除非船只可以书面保证参照港口管理处制定的标准，其排放水对于该地区的生态环境无不利影响。然而，对于一些不允许排放此类污水的地区，附则Ⅵ又做了进一步的规定，要求港口为船只提供必要的污水接收措施，不能敷衍了事。

总之，目前这种海水洗涤器有很大的可利用性，但是由于它装有选择性催化还原系统（SCR）以控制氮氧化物的排放，在达到高达 90％以上的污水处理效果的同时，系统成本很高。

附录　课程中用到的主要缩略语一览

缩略语	英文全称	意义
BMEP	Brake Mean Effective Pressure	平均有效压力
BMT	Minimum Spark Advance for the Best Torque	最小点火提前角
BSU	Bosch Smoke Unit	波许烟度单位
CF/LEV	Clean Fuels/Low Emission Vehicles Program	清洁燃料和低排放汽车计划
CA	Crank Angle	曲轴转角
CARB	California Air Resources Board	加州空气资源局
CASS	Combustion Air Saturation System	燃烧空气饱和系统
CFI	Central Fuel Injection	中央喷射系统
CFV	Critical Flow Venturi	临界流量文丘里管
CLD	Chemiluminescent Detector	化学发光分析仪
CNG	Compressed Natural Gas	压缩天然气
CRT	Continuous Regeneration Trap	连续再生捕集器系统
CVS	Constant Volume Sampling	定容取样系统
CWI	Continuous Water Injection	连续喷水系统
DI	Direct Injection	直接喷射，直喷式（柴油机）
DME	Dimethyl Ether	二甲醚
DPF	Diesel Particulate Filter	柴油机颗粒捕集器
DS	Dry Soot	干碳烟
ECE	Economic Commission for Europe	欧洲经济委员会
EEC	European Economic Community	欧洲经济共同体
EEDI	Energy Efficiency Design Index	能效设计指数
EEOI	Energy Efficiency Operational Indicator	能源效率运行指标
EFI	Electronic Fuel Injection	电子控制汽油喷射
EGR	Exhaust Gas Recirculation	排气再循环
EI	Emission Index	排放指数
EPA	US Environmental Protection Agency	美国联邦环保局
ESC	European Steady State Cycle	欧洲稳态测试循环
EU	European Union	欧洲联盟
EUDC	Extra Urban Driving Cycle	市郊行驶循环

FID	Hydrogen Flame Ionization Detector	氢火焰离子分析仪
FTP	Federal Test Procedure	美国联邦测试规程
GDI	Gasoline Direct Injection	缸内直喷式汽油机
HC	Hydrocarbon	碳氢化合物
HCFCs	Hydrochlorofluorocarbons	氢化氯氟烃
HCLD	Heated Chemiluminescent Detector	加热式化学发光分析仪
HFID	Heated Flame Ionization Detector	加热式氢火焰离子分析仪
IDI	Indirect Injection	非直喷式(柴油机)
I/M	Inspection/Maintenance	检查/维护
IMCO	Intergovernmental Maritime Consultative Organization	政府间海事协商组织
IMO	International Maritime Organization	国际海事组织
IPCC	Intergovernmental Panel on Climate Change	政府间气候变化专门委员会
ISO	International Organization for Standardization	国际标准化组织
LEV	Low Emission Vehicles	低排放汽车
LPG	Liquefied Petroleum Gas	液化石油气
MARPOL	Maritime Agreement Regarding Oil Pollution of Liability	有关油污责任的海运协定
MEPC	Maritime Environment Protection Committee	海洋环境保护委员会
m/m	mass/mass	质量比
MPI	Multi Point Injection	多点喷射系统
MPPT	Maximum Power Point Tracker	最大功率点跟踪仪
NDIR	Non - Dispersive Infrared Analyzer	不分光红外分析仪
NMHC	Non - Methane Hydrocarbon	非甲烷碳氢
NO_x	Oxides of Nitrogen	氮氧化物
NSCR	Non Selective Catalytic Reduction	非选择性催化还原
NTP	Non - Thermal Plasma	低温等离子
ODS	Ozone Depleting Substance	破坏臭氧物质
PAN	Peroxyacetyl Nitrate	过氧乙酰基硝酸酯
PAH	Polynuclear Aromatic Hydrocarbon	多环芳香烃
PCV	Positive Crankcase Ventilation	闭式曲轴箱通风系统
PI	Pilot Injection	预喷射
PM(或 PT)	Particulate Matter	颗粒
PM2.5	Particulate Matter less than 2.5 microns in diameter	可入肺颗粒物
PM10	Particulate Matter less than 10 microns in diameter	可吸入颗粒物
ppm	Parts Per Million	百万分之一

ppb	Parts Per Billion	十亿分之一
PVC	Polyvinyl Chloride	聚氯乙烯
RON	Research Octane Number	研究法辛烷值
SCR	Selective Catalytic Reduction	选择性催化还原法
SE	Solvent Extraction	SOF 萃取及测量方法
SECA	Sulphur Emission Control Areas	硫排放控制区
SHED	Sealed Housing for Evaporative Determination	密闭室法
SI	Split Injection	多段喷射
SNCR	Selective Non - Catalytic Reduction	选择性非催化还原法
SOF	Soluble Organic Fraction	可溶性有机物
SO_x	Oxides of Sulfur	硫氧化物
SPI	Single Point Injection	单点喷射系统
TBI	Throttle Body Injection	节气门体喷射系统
TDC	Top Dead center	上死点
TGA	Thermogravimetric Analysis	热解质量分析法
THC	Total Hydrocarbon	总碳氢化合物
TLEV	Transitional Low Emission Vehicles	过渡性低排放汽车
TSP	Total Suspend Particle	总悬浮颗粒物
TWC	Three Way Catalyst	三效催化转化器
ULEV	Ultra Low Emission Vehicles	超低排放车
ULSD	Ultra Low Sulfur Diesel ($<$ 15 ppm S)	超低硫柴油
VECS	Vapour Emission Control System	蒸汽排放控制系统
VIT	Variable Injection Timing	可变喷油定时系统
VNT	Variable Nozzle Turbocharger	可变喷嘴增压器
VOCs	Volatile Organic Compounds	挥发性有机物
VV	Vacuum Volatilization	真空挥发法
ZEV	Zero Emission Vehicles	零排放车

参考文献

[1] Wright A A. Exhaust Emission from Combustion Machinery. U. K：IMarEST publication，2005.

[2] 何学良，李疏松.内燃机燃烧学[M].北京：机械工业出版社，1990.

[3] 刘巽俊.内燃机的排放与控制[M].北京：机械工业出版社，2003.

[4] 崔心存，金国栋.内燃机排气净化[M].武汉：华中理工大学出版社，1991.

[5] 王建昕，傅立新，黎维彬.汽车排气污染治理及催化转化器[M].北京：化学工业出版社，2000.

[6] 蒋德明.内燃机燃烧与排放学[M].西安：西安交通大学出版社，2001.

[7] 周龙保，刘巽俊，高宗英.内燃机学[M].北京：机械工业出版社，1999.

[8] Annex VI of MARPOL 73/78，Regulations for the prevention of air pollution from ships and NO_x technical code.

[9] Genesis Engineering Inc.，Levelton Engineering Ltd. Non-Road Diesel Emission Reduction Study [R]. U. S：October 14，2003.

[10] 解茂昭.内燃机计算燃烧学[M].大连：大连理工大学出版社，2005.

[11] 童澄教.内燃机排气与净化[M].上海：上海交通大学出版社，1994.

[12] 胡以怀，应启光.船舶柴油机振动、噪声及废气排放[M].大连：大连海运学院出版社，2003.

[13] 胡逸民，李飞鹏.内燃机废气净化[M].北京：中国铁道出版社，1994.

[14] 李约上.内燃机排放与净化[M].大连：大连理工大学出版社，1990.

[15] 程至远，解建光.内燃机排放与净化[M].北京：北京理工大学出版社，2000.

[16] 周玉明.内燃机废气排放及控制技术[M].北京：人民交通出版社，2001.

[17] 裴梅香，乔信起，黄震.混合气形成对内燃机燃烧及排放的影响[J].柴油机，2002，(5).

[18] 李伟军.喷油定时对柴油机经济性和排放的影响[J].柴油机设计与制造，2004，(2).

[19] 田肃宁.汽油烃组成对排放的影响[D].天津：天津大学，2005.

[20] 周玉松.燃料性质和成分对内燃机车排放的影响的研究[D].北京：北京交通大学，2006.

[21] 李芳，陈敏东，张爱民，等.柴油发动机颗粒排放物研究进展[J].环境科学与技术，2009，(4).

[22] 韩永强，刘忠长，许允，等.增压中冷轻型车用柴油机 HC 与 SOF 排放的关系[J].内燃机学报，2002，(3).

[23] 刘江唯，刘忠长，刘巽俊，等.车用直喷柴油机递增负荷工况下的微粒排放特性[J].内燃机学报，2002，(6).

[24] 张立军，姚春峰，廖祥兵，等.燃油品质对柴油机颗粒及多环芳烃形成影响的研究[J].内燃机工程，2000，(4).

[25] 段树林，陈刚，辛颖，等.燃烧室形状对柴油机燃烧及排放影响的试验研究[J].大连海事大学学报，2002，(3).

[26] 段树林，武占华，王迎新.燃烧室几何形状对柴油机缸内气体流动和性能的影响(英文)[J].大连海事大学学报，2003，(S1).

[27] 张海艳，徐蔡舟.喷油器参数对柴油机排放的影响[J].柴油机设计与制造，2004，(1).

[28] 胡俊巍，程志远，孙柏刚.直喷式柴油机的碳烟预测模型[J].柴油机，2002，(3).

[29] 石秀勇.喷油规律对柴油机性能与排放的影响研究[D].济南：山东大学，2007.

[30] 朱坚.燃烧系统结构参数对柴油机性能影响的试验研究[D].南宁：广西大学，2005.

[31] 陈文彬.车用柴油机排放污染物生成机理及控制技术[J].广东交通职业技术学院学报,2004,(4).
[32] 王桂华,陆家祥,顾宏中,等.直喷式柴油机微粒排放简化预测模型[J].柴油机,1998,(6).
[33] 宁智,资新运.内燃机车柴油机的排放及其控制[J].内燃机,2000,(5).
[34] 解方喜.燃料挥发性及着火性对柴油机排放的影响[D].长春:吉林大学,2006.
[35] 王锡云,徐海贵,张雨,等.电控燃油喷射汽油机冷启动过程的排放研究[J].车用发动机,2003,(5).
[36] 吴义虎,侯志祥,黎苏.电喷汽油机过渡工况废气排放特性研究[J].长沙理工大学学报,2005,(1).
[37] 栗工,李理光.汽油机冷启动 HC 排放的机理与控制策略[J].农业机械学报,2006,(6).
[38] 刘志强,杜传进,王明松,等.电喷汽油机过渡工况排放的测量与分析[J].车用发动机,2007,(3).
[39] 崔毅,邓康耀,邬静川.车用柴油机瞬变工况排放测试方法与控制措施初探[J].内燃机工程,2001,(4).
[40] 张兆合,刘忠长,闫淑方,等.用喷气式可变涡流进气系统改善柴油机的排放性能[J].内燃机学报,1999,(4).
[41] 相吉泽英二.采用 MK 燃烧概念开发的小型直喷式柴油机[J].小型内燃机,1999,(1).
[42] 刘雄.满足低排放法规的两气门电控柴油机燃烧过程研究[D].天津大学,2004.
[43] 许锋,乔寿成,魏丽云.柴油机采用分段调节实现预喷油的研究[J].大连理工大学学报,1999,(5).
[44] 杨林,卓斌,肖文雍,等.高压共轨电控柴油机燃油预喷射控制研究[J].柴油机,2004,(3).
[45] 赵金生,祖炳洁,吴利军.降低柴油机有害排放气体 NO_x 及碳烟的化学方法研究[J].石家庄铁道学院学报,2001,(3).
[46] 黄宜谅,王志明,张俊英,等.小缸径柴油机采用浅 ω 型燃烧系统的研究——燃烧率与 NO_x 排放[J].内燃机工程,1996,(1).
[47] 张华.柴油机斗笠状喷雾燃烧系统燃烧过程的试验研究[D].上海:上海交通大学,2007.
[48] 宗大勇.应用 EGR 和电控技术降低柴油机 NO_x 的排放[D].上海:上海海事大学,2006.
[49] 陈华新.柴油机尾气微粒静电净化研究[J].柴油机,2002,(1).
[50] 李党,李哲,许丽,等.柴油车及稀燃车尾气含氮氧化物研究及进展[J].太原理工大学学报,2005,(S1).
[51] 闫朝亮.柴油机高压共轨系统多次喷射策略的仿真模拟[D].长春:吉林大学,2008.
[52] 袁庭全.船用柴油机的排放控制[J].船舶,2005,(1).
[53] 金美子,张恩波.内燃机排放污染物控制技术研究[J].工业安全与环保,2001,(7).
[54] 卢晶,刘玉峰,胡俊巍,等.柴油机的颗粒物排放及其控制策略[J].柴油机,2002,(3).
[55] 孙玉玮,王瑞君.柴油机微粒捕集技术研究进展[J].柴油机,2004,(6).
[56] 沈志刚.内燃机排放废气的治理新技术[J].石油化工环境保护,2000,(3).
[57] 平银生,张逸敏,蔡东波,等.利用 EGR 降低柴油机排放的研究[J].内燃机工程,2000,(4).
[58] 朱昌吉.车用柴油机电控 EGR 系统设计及性能研究[D].长春:吉林大学,2005.
[59] 孙玉玮,王瑞君.柴油机微粒捕集技术研究进展[J].柴油机,2004,(6).
[60] 周庆辉.柴油机碳烟微粒排放净化技术的探讨[D].南宁:广西大学,2004.
[61] 张松涛.柴油机 NO_x 催化器的试验研究[D].大连:大连理工大学,2006.
[62] 魏雄武.柴油机微粒捕集器再生技术研究[D].武汉:武汉理工大学,2006.
[63] 邓元望,朱梅林,向东.柴油机微粒排放控制方法评述[J].柴油机,2001,(5).
[64] 徐正平.液化石油气汽车排放的试验研究[J].江苏大学学报(自然科学版),2002,(5).
[65] 张长斌,石晓燕,贺泓,等.乙醇柴油中十六烷值改进剂的添加对柴油机排放特性的影响[J].交通节能与

环保,2006,(3).
[66] 姚春德,程传辉,段峰,等.柴油/甲醇的组合燃烧对废气涡轮增压柴油机排放的影响研究[J].内燃机学报,2005,(2).
[67] 刘新军,魏明锐,文华.二甲基醚喷雾特性的数值模拟和实验研究[J].柴油机设计与制造,2005,(3).
[68] 洪亮.含氧燃料对柴油发动机的燃烧和排放性能影响研究[D].上海:上海海事大学,2006.
[69] 董磊.使用着火促进剂改善乙醇柴油燃烧过程的试验研究[D].长春:吉林大学,2006.
[70] 祁东辉,刘圣华,李晖,等.电喷汽油机燃用醇汽油混合燃料的试验研究[J].内燃机工程,2007,(2).
[71] 王贺武,周龙保.含氧燃料添加剂对柴油机性能和排放的影响[J].内燃机学报,2001,(1).
[72] 任毅,黄佐华,蒋德明,等.柴油机燃用柴油/二甲氧基甲烷混合燃料的性能与排放研究[J].内燃机学报,2004,(5).
[73] 宫艳峰,刘圣华,郭和军.一种含氧燃料对柴油机性能的影响[J].燃烧科学与技术,2005,(2).
[74] 王贺武,周龙保.含氧燃料添加剂对柴油机性能和排放的影响[J].内燃机学报,2001,(1).
[75] 宋清双,李跟宝,周龙保,等.柴油机燃用二甲醚/柴油混合燃料时的性能与排放研究[J].西安交通大学学报,2006,(3).
[76] 汪映,周龙保,董红义.车用多缸直喷柴油机燃用二甲醚的燃烧和排放特性研究(英文)[J].内燃机学报,2003,(5).
[77] 郭大鹏.使用含氧燃料改善柴油机燃烧及排放的试验研究[D].长春:吉林大学,2007.
[78] 吴宏伟,郎静,张煜盛,等.柴油机燃用 DME 的非常规排放物试验研究[J].车用发动机,2007,(1).
[79] 黄佐华,苗海燕,周龙保,等.汽油机燃用含氧混合燃料时燃烧特性和碳氢排放的研究(英文)[J].燃烧科学与技术,1999,(3).
[80] 赵东良.柴油机掺烧生物柴油减烟研究[D].西安:长安大学,2008.
[81] 赵校伟,韩秀坤,何超,等.生物柴油排放特性试验研究[J].车用发动机,2007,(4).
[82] 邢春鸿.直喷式柴油机燃用生物柴油的性能与排放研究[D].太原:太原理工大学,2007.
[83] 郎静,张煜盛. Tiny pollutant emissions of a dimethyl ether fuelled engine[J]. Journal of Chongqing University(English Edition),2008,(4).
[84] 黄华.二甲醚—生物柴油混合燃料对柴油机性能与排放影响的试验研究[D].南宁:广西大学,2007.
[85] 张福根.生物质含氧燃料对柴油机性能、燃烧过程和排放特性影响的试验研究[D].南宁:广西大学,2005.
[86] 常英杰,刘伟,金海,等.我国重型车用柴油机满足欧Ⅲ排放标准的对策[J].车用发动机,2004,(3).
[87] 刘忠长,赵佳佳.车用柴油机电控高压喷油系统与欧Ⅲ排放标准[J].车用发动机,2004,(4).
[88] 汪卫东.国外三大汽车排放法规体系[J].柴油机设计与制造,2003,(4).
[89] 中国环境科学研究院环境标准研究所,济南汽车检测中心. GB 17691—2005 车用压燃式、气体燃料点燃式发动机与汽车排气污染物排放限值及测量方法(中国Ⅲ、Ⅳ、Ⅴ阶段)[S],2005.
[90] 陈文森,陈虎,王建昕,等.柴油机 PM 排放测试分析方法探讨[J].车用发动机,2005,(2).
[91] 邱群麟,葛蕴珊,韩秀坤,等.汽油车稀释排放连续采样系统的分析与应用[J].车辆与动力技术,2003,(4).
[92] 张长文.世界各国汽车排放法规概况[J].重型汽车,2005,(6).
[93] 刘双喜.汽车排放法规与检测技术[J].世界汽车,2004,(7).

[94] 胡济民. ECE 排放法规与我国排放法规的研究[J]. 世界汽车,2000,(3).
[95] 孔晓霜.大功率柴油机满足国Ⅲ排放标准的技术途径分析[D].长春:吉林大学,2006.
[96] 熊可嘉,张万平.内燃机排放动态测量技术新进展[J].上海汽车,2007,(2).
[97] 王万利,宋钧,周校平,等.柴油机排放法规及控制技术分析(二)[J].内燃机,2002,(5).
[98] 张兆合,刘巽俊,刘忠长.柴油机排气微粒样品分离方法的研究[J].内燃机学报,1999,(2).
[99] 赵立.便携消光式烟度仪的研究[D].天津:天津大学,2004.
[100] 刘卫国,王庆君.船用柴油机 THC 排放的测量技术分析[J].柴油机,2003,(1).
[101] 陈育春,付名利,叶代启,等.柴油机排气 PM 与 NO_x 同时催化净化技术[J].车用发动机,2005,(1).
[102] 吴校明.基于 MARPOL73/78 附则Ⅵ的船用柴油机排放控制研究[D].上海:上海海事大学,2006.
[103] 倪智勇.船用柴油机 NO_x 排放及其检测[D].上海:上海海事大学,2005.
[104] 吴小春.柴油机 Urea-SCR 实验研究——降低 NO_x 排放[D].武汉:武汉理工大学,2004.
[105] 武占华,许乐平,陈刚.降低船舶柴油机 NO_x 的排放[J].大连:大连海事大学学报,2001,(3).
[106] 张凌,王忠俊,刘良勇.船用柴油机氮氧化物 NO_x 排放测试与分析[J].交通科技,2004,(4).
[107] 范金宇,黄加亮. MARPOL73/78 附则Ⅵ和船舶柴油机排放污染控制[J].天津航海,2000,(4).
[108] 胡先富,胡以怀.船舶柴油机废气排放的控制[J].上海:上海海运学院学报,1999,(3).
[109] 庄重.基于 IMO 附则Ⅵ的船舶柴油机 NO_x 排放研究[D].上海:上海海事大学,2006.
[110] 刘志.船用柴油机 NO_x 排放计算与分析[D].大连:大连理工大学,2006.
[111] 艾舒宁.直接喷水的降 NO_x 排放技术[J].柴油机,2001,(5).
[112] 翁石光.船舶废气排放控制技术的探讨[J].天津航海,2007,(1).
[113] 张署,赵伟.船用低速柴油机排放控制与对策[J].浙江海洋学院学报(自然科学版),2002,(2).
[114] 刘杰.柴油机氮氧化物排放的测量与计算方法研究[D].大连:大连海事大学,2006.
[115] 王忠俊.船用柴油机氮氧化物(NO_x)排放测试分析研究[D].武汉:武汉理工大学,2004.
[116] 陈景锋.低温燃烧降低船用柴油机 NO_x 排放率的研究[D].大连:大连海事大学,2000.
[117] 张跃文.船用柴油机氮氧化物排放特性与排放量计算方法研究[D].大连:大连海事大学,2000.
[118] 黄万能.船用柴油机减少 NO_x 排放措施的方法[J].中国修船,2007,(3).
[119] 郭振华.大功率船用柴油机 NO_x 排放测试计算及预测方法研究[D].大连:大连理工大学,2002.
[120] 张伟.环境条件变化对船用柴油机氮氧化物(NO_x)排放特性影响的研究[D].大连:大连海事大学,2006.
[121] 吕代臣.船用柴油机 NO_x 实船测试技术与计算方法的研究[D].大连:大连海事大学,2001.
[122] 艾舒宁.直接喷水的降 NO_x 排放技术[J].柴油机,2001,(5).
[123] 林剑锋.国际防污公约(MARPOL 73/78)附则Ⅵ实施要求[J].船海工程,2006,(3).
[124] 周响球,杨晨.选择性催化还原脱硝反应器数学模型及仿真[J].重庆大学学报(自然科学版),2007,(6).
[125] 薛红丹,董国君,龚凡,等.选择性催化还原(SCR)脱除 NO_x 的实验研究[J].应用科技,2006,(3).
[126] 王松岭,董建勋,于遂影,等.选择性催化还原烟气脱硝技术中间试验[J].动力工程,2005,(6).
[127] 杨树森.船舶柴油机排放物控制措施及前景分析[J].江苏船舶,2003,(4).
[128] 杨忠民,王慧芳.对 IMO 柴油机 NO_x 排放控制发展动向的思考[J].上海造船,2007,(2).
[129] 刘清江.船用柴油机排气后处理[J].中国水运,2003,(2).

[130] 张衡岳.船用电控柴油机的排放控制技术与试验[J].中国水运(学术版),2007,(6).

[131] 袁庭全.船用柴油机的排放控制[J].船舶,2005,(1).

[132] 姚国欣,刘伯华. 21世纪的炼油技术和炼油厂(1)[J].炼油设计,2001,(1).

[133] 刘亮.直馏柴油催化氧化脱硫催化剂的制备与评价及脱硫技术研究[D].西南石油学院,2004.

[134] 李相军.海水脱硫技术的优化研究[D]. 济南:山东大学,2007.

[135] 王亮.海水体系对二氧化硫吸收性能研究[D].青岛:中国海洋大学,2007.

[136] 李功祥,陈兰英,崔英德.常用化工单元设备设计[M].广州:华南理工大学出版社,2003.

[137] 周志华.海水脱硫中吸收塔脱硫效率的研究[D].天津:天津大学,2005.

[138] 孙鹏程.大型脱硫填料吸收塔气体分布器的研究[D].天津:天津大学,2005.

[139] 孙克勤.火电厂烟气脱硫系统设计、建造及运行[M].北京:化学工业出版社,2005.

[140] 雷仲存.工业脱硫技术[D].北京:化学工业出版社,2001.

[141] Sebastian Verhelst, Roger Sierens, Stefaan Verstraeten. A Critical Review of Experimental Research on Hydrogen Fueled SI Engines. SAE Paper 2006－01－0430. 2006.

[142] Sebastian Verhelst. A Study of the Combustion in Hydrogen-Fuelled Internal Combustion Engines[D]. Belgium: Ghent University, 2005.

[143] Abu－Jrai A, Tsolakis A, Megaritis A. The influence of H_2 and CO on diesel engine combustion characteristics, exhaust gas emissions, and after treatment selective catalytic NO_x reduction. International Journal of Hydrogen Energy, 2007, 32(15):3565-3571.

[144] Cipolat D. Analysis of energy release and NO_x emissions of a CI engine fuelled on diesel and DME. Applied Thermal Engineering, 2007,27(11-12):2095-2103.

[145] Biswas Subhasis, Hu Shaohua, Verma Vishal, et al. Physical properties of particulate matter (PM) from late model heavy-duty diesel vehicles operating with advanced PM and NO_x emission control technologies. Atmospheric Environment, 2008,42(22):5622-5634.

[146] Agus Setiabudi, Michiel Makkee, Jacob A. Moulijn. An optimal NO_x assisted abatement of diesel soot in an advanced catalytic filter design. Applied Catalysis B: Environmental,2003,42(1):35-45.

[147] Debora Fino, Nunzio Russo, Guido Saracco, et al. Removal of NO_x and diesel soot over catalytic traps based on spinel-type oxides. Powder Technology,2008,180(1-2):74-78.

[148] Ekrem Buyukkaya, Muhammet Cerit. Experimental study of NO_x emissions and injection timing of a low heat rejection diesel engine. International Journal of Thermal Sciences,2008,47(8):1096-1106.

[149] Alain Maiboom, Xavier Tauzia. Influence of EGR unequal distribution from cylinder to cylinder on NO_x－PM trade-off of a HSDI automotive Diesel engine. Applied Thermal Engineering, 2009, 29(10): 2043-2050.

[150] Mohan Krishnamurthy, Daniel K Carder, Gregory Thompson, et al. Cost of lower NO_x emissions: Increased CO_2 emissions from heavy-duty diesel engines. Atmospheric Environment, 2007,41(3):666-675.

[151] Jerzy Kowalski, Wieslaw Tarelko. NO_x emission from a two-stroke ship engine. Part 1: Modeling aspect Applied Thermal Engineering, 2009,29(11-12):2153-2159.

[152] Jerzy Kowalski, Wieslaw Tarelko. NO_x emission from a two-stroke ship engine: Part 2-Laboratory

test. Applied Thermal Engineering,2009,29(11-6):2160-2165.

[153] Aspelund A, lnvik M J M,De Koeijer G. Ship Transport of CO_2: Technical Solutions and Analysis of Costs, Energy Utilization, Exergy Efficiency and CO_2 Emissions. Chemical Engineering Research and Design,2006,84(9):847-855.

[154] Cooper D A. Exhaust emissions from ships at berth. Atmospheric Environment, 2003,37(27): 3817-3830.

[155] Wang Chengfeng, Corbett James J. The costs and benefits of reducing SO_2 emissions from ships in the US West Coastal waters. Transportation Research Part D: Transport and Environment,2007,12(8): 577-588.

[156] Satish Vutukuru, Donald Dabdub. Modeling the effects of ship emissions on coastal air quality: A case study of southern California Atmospheric Environment,2008,42(16):3751-3764.

[157] Erik Fridell, Erica Steen, Kjell Peterson. Primary particles in ship emissions. Atmospheric Environment,2008,42(6):1160-1168.

[158] Endresen, Joachim Bakke,et al. Improved modeling of ship SO_2 emissions-a fuel-based approach. Atmospheric Environment,2005,39(20):3621-3628.

[159] Jana Moldanová, Erik Fridell, Olga Popovicheva,et al. Characterisation of particulate matter and gaseous emissions from a large ship diesel engine. Atmospheric Environment, 2009,43(16):2632-2641.

[160] Arto Sarvi, Carl-Johan Fogelholm, Ron Zevenhoven. Emissions from large-scale medium-speed diesel engines: 1. Influence of engine operation mode and turbocharger. Fuel Processing Technology, 2008,89(5):510-519.

[161] Gabriele Centi, Siglinda Perathoner. Dynamics of SO_2 adsorption oxidation in SO_x traps for the protection of NO_x adsorbers in diesel engine emissions. Catalysis Today,2006,112(1-4):174-179.

[162] Aragon E,Woillez J,Perice C,et al. Corrosion resistant material selection for the manufacturing of marine diesel exhausts scrubbers. Materials & Design, 2009,30(5):1548-1555.

[163] Law Hiu-Ying, Kung Mayfair C, Kung Harold H. Low temperature NO_x removal from diesel exhaust by coupling ethylene glycol reforming with SCR. Catalysis Today,2008,136(1-2):40-45.

[164] Kelly James F,Stanciulescu Maria,Charland Jean-Pierre. Evaluation of amines for the selective catalytic reduction (SCR) of NO_x from diesel engine exhaust. Fuel, 2006,85(12-13):1772-1780.

[165] Cristian Ciardelli, Isabella Nova, Enrico Tronconi,et al. Reactivity of NO/NO_2-NH_3 SCR system for diesel exhaust aftertreatment: Identification of the reaction network as a function of temperature and NO_2 feed content. Applied Catalysis B: Environmental,2007,70(1-4):80-90.

[166] Biswas Subhasis, Verma Vishal, Schauer James J, et al. Chemical speciation of PM emissions from heavy-duty diesel vehicles equipped with diesel particulate filter (DPF) and selective catalytic reduction (SCR) retrofits. Atmospheric Environment,2009,43(11):1917-1925.

[167] Antonio Grossale, Isabella Nova, Enrico Tronconi. Ammonia blocking of the "Fast SCR" reactivity over a commercial Fe-zeolite catalyst for Diesel exhaust aftertreatment. Journal of Catalysis, 2009, 265(2):141-147.

[168] José María López, Felipe Jiménez, Francisco Aparicio, et al. On-road emissions from urban buses with SCR + Urea and EGR + DPF systems using diesel and biodiesel. Transportation Research Part D: Transport and Environment, 2009, 14(1): 1-5.

[169] Sullivan James A, Keane Orla. A combination of NO_x trapping materials and urea-SCR catalysts for use in the removal of NO_x from mobile diesel engines. Applied Catalysis B: Environmental, 2007, 70(1-4): 205-214.

[170] Enrico Tronconi, Isabella Nova, Cristian Ciardelli, et al. Modelling of an SCR catalytic converter for diesel exhaust after treatment: Dynamic effects at low temperature. Catalysis Today, 2005, 105(3-4): 529-536.

[171] Gabriele Centi, Siglinda Perathoner. Dynamics of SO_2 adsorption oxidation in SO_x traps for the protection of NO_x adsorbers in diesel engine emissions. Catalysis Today, 2006, 112(1-4): 174-179.

[172] Torbjön Henriksson. SO_x-scrubbing-marine-exhaust-gases [J]. Wartsila Technical Journal, 2007, 2: 55-58.